电力建设工程地质灾害危险源辨识与风险控制

王自高　张宗亮　汤明高　高统彪　杨元红 等　编著

中国水利水电出版社
www.waterpub.com.cn
·北京·

内 容 提 要

本书紧密结合电力建设工程实际，系统地总结了电力建设工程地质灾害类型、成灾特点以及对工程建设的影响和危害，并从地质灾害危险源的分类与辨识入手，以工程实例研究为基础，以地质灾害风险分析评价为手段，研究电力建设工程地质灾害危险源的辨识与风险控制措施，提出了地质灾害危险源风险控制的综合管理措施、具体工程措施及系统控制思路和流程。

本书可供电力建设工程勘察、设计、施工、监理及管理领域的工程技术人员学习参考，也可供从事水利、交通、建筑等工程建设的技术人员及地质灾害防治教学与研究的科研人员借鉴参考。

图书在版编目（CIP）数据

电力建设工程地质灾害危险源辨识与风险控制 / 王自高等编著. -- 北京 : 中国水利水电出版社, 2019.9
ISBN 978-7-5170-8035-0

Ⅰ. ①电… Ⅱ. ①王… Ⅲ. ①电力工程－地质灾害－灾害防治－研究 Ⅳ. ①TM7

中国版本图书馆CIP数据核字(2019)第209411号

书　　名	**电力建设工程地质灾害危险源辨识与风险控制** DIANLI JIANSHE GONGCHENG DIZHI ZAIHAI WEIXIAN YUAN BIANSHI YU FENGXIAN KONGZHI
作　　者	王自高　张宗亮　汤明高　高统彪　杨元红　等　编著
出版发行	中国水利水电出版社 （北京市海淀区玉渊潭南路1号D座　100038） 网址：www.waterpub.com.cn E-mail：sales@waterpub.com.cn 电话：（010）68367658（营销中心）
经　　售	北京科水图书销售中心（零售） 电话：（010）88383994、63202643、68545874 全国各地新华书店和相关出版物销售网点
排　　版	中国水利水电出版社微机排版中心
印　　刷	北京印匠彩色印刷有限公司
规　　格	184mm×260mm　16开本　16.75印张　408千字
版　　次	2019年9月第1版　2019年9月第1次印刷
印　　数	0001—1000册
定　　价	**135.00**元

《电力建设工程地质灾害危险源辨识与风险控制》
编 撰 人 员 名 单

王自高　张宗亮　汤明高　高统彪　杨元红　王　昆
许　强　和孙文　吴新琪　郑　平　李开德　张万奎
王小锋　李天鹏　郑　光　邓　辉　宋加升　吉雪松
张　银　黄德凡　陈　砺　姚翠霞　徐　萍　缪　信
李为乐　何健保　钱灵杰　武荣成　张玉彬　贺湘军
吴　勇　张永岗　杨育礼　何玉虎　张　恒　夏雄彬
张　焱　印振华　徐敬宾　钟延江　蒋正伟　单亚州
朱镜芳　葛浩然　沈如东　陈晋南　黄　静　罗　剑
蔡旭宇　马　旭

FOREWORD 前言

电力建设工程是一项系统工程，是国民经济的基础产业，其涉及面广，影响范围大，确保工程安全是贯穿电力建设始终的目标要求，是保障国家和人民生命财产安全的基本底线。地质灾害与地质环境及工程建设活动密切相关，地质灾害危险源类型相对较多，对工程的影响也各不相同。电力建设工程投资大、技术密集，对工程质量要求高，地质灾害的产生，不仅会拖延工期，增加投资，对人民生命财产造成损失，而且会对自然环境和社会环境产生不利影响，做好地质灾害的防范工作不仅关系到电力的安全可靠供应，也关系到员工的生命安全，更关系到社会稳定的大局。如何有效地控制工程建设与运行管理过程中的地质灾害风险已成为影响电力建设行业健康发展的突出问题。开展电力建设工程地质灾害危险源辨识与风险控制研究，并积极推广应用成果，对促进电力建设工程健康协调发展具有重要而深远的意义。

2013年10月，中国电力建设集团股份有限公司（以下简称“中国电建集团”）安全环保部牵头策划，中国电建集团昆明勘测设计研究院有限公司（以下简称“昆明院”）组织实施，中国水电建设集团第十四工程局有限公司（以下简称“水电十四局”）及成都理工大学地质灾害防治与地质环境保护国家重点实验室参与，联合开展了中国电建集团科技项目“电力工程建设项目地质灾害危险源辨识与风险控制研究应用”（AQ2013-01）的研究，同时研究工作还得到了国家重点基础研究发展计划（2013CB733202）的支持。2016年6月研究任务完成，并通过验收。该研究收集了近50个电力工程项目（包括2个依托项目）的地质灾害资料，完成地质灾害调查记录表40余份；收集了各类典型地质灾害照片数百张；收集了大量截至2015年年底的工程技术档案资料、学术交流资料、相关会议资料、网络查询资料等；参照了4项法律法规、27项有关规程规范、27项国家或行业及地方有关文件及通知；参考了4项专题研究成果资料及140多项技术文献。

该研究紧密结合电力建设工程实际，依托在建的国内外有代表性的大型电力（水电）工程，依据国家法律法规、技术标准及部门和行业的相关规定要求，开展了地质灾害危险源分类、辨识、风险分析评价及风险防治对策措施等方面的研究，并实现了成果标准化。研究成果对目前正在建设或即将开工建设的电力建设工程的防灾、减灾与治灾工作具有重要指导作用，同时，对其他工程（如水利工程、交通工程及建筑工程等）的建设也有参考或借鉴价值，具有重要的实践指导意义。

该研究全面系统地总结了电力建设工程地质灾害成因、类型、成灾特点和对工程建设的影响及危害，并从地质灾害危险源的分类及辨识入手，以大量的工程实例研究为基础，以地质灾害风险分析评价为重要手段，研究电力建设工程地质灾害危险源的辨识与风险控制措施，经过实际工程（依托工程）的应用，总结形成一系列规范化成果，并推广应用，以期达到防灾减灾的目的。该研究的理论基础较为丰厚，实践平台较为宽广，在电力建设工程地质灾害危险源分类、地质灾害危险源辨识评价方法、风险分析与控制措施及工程应用研究方面均有所创新，并取得以下成果：

（1）在对电力建设工程地质灾害成因、类型及成灾特点进行分析总结的基础上，首次对电力建设工程地质灾害危险源进行了定义和系统分类，提出了按地质灾害类型、辨识对象、危险源作用类型、空间分布位置、电力建设工程特点、危险程度及危险源状态等因素进行综合分类的方案，为电力建设工程地质灾害危险源辨识的深入研究及理论发展打下了基础。

（2）总结归纳了地质灾害遥感影像识别的途径和方法以及典型地质灾害危险源辨识的要素、标志及特征，首次提出了电力建设工程不同建设阶段地质灾害危险源辨识的流程和方法；同时，开展了电力建设工程大型隐蔽性崩滑地质灾害危险源早期辨识的研究，考虑大型滑坡变形破坏方式及控制性关键致灾因子，建立了大型隐蔽性崩滑灾害成因模式体系及早期辨识和前兆辨识指标。

（3）按照分清主次、相对一致性、科学性与实用性、定性和定量、类型评价与综合评价相结合的原则，依据危险源危险性评价和易损性评价的结果，选取合理的危险源风险评价模型及方法，研究了电力建设工程评价区所涉及的各种受灾体，进行了电力建设工程地质灾害危险源风险评价，并首次建立了适用于电力建设工程的地质灾害危险源风险评价体系。

（4）结合电力建设工程特点，依据总体控制（包括目标、原则、途径及技术）的要求，首次提出了地质灾害危险源风险控制的综合管理措施（包括建设管理控制、勘察设计控制、施工安全控制、质量监督控制、监测预警控制及环境保护控制），具体工程措施（包括常见地质灾害危险源控制、重大地质灾害危险源控制、特殊地质灾害危险源控制及分项工程地质灾害危险源控制），以及系统控制的思路和流程。

（5）首次开展了国际电力建设工程地质灾害特点与风险分析的研究，并将研究成果应用于工程实践，总结形成了标准化成果，在项目研究的系统性、规范性、实用性、全面性及成果标准化方面实现了集成创新，为全面建成电力行业地质灾害防范工作体系和地质灾害监测预警、隐患排查、应急联动工作机制打下了基础。

电力建设工程地质灾害危险源防治工作是一项长期性、基础性的工作。“防灾即是减灾，减灾即是增效”，对电力建设工程进行地质灾害危险源的有效辨识，做好电力建设工程地质灾害防治工作，降低灾害风险，不仅有巨大的经济效益和社会效益，而且有潜在的环境效益。

为了推广应用科研项目成果，发挥其应有的效益，项目研究人员在项目研究成果的基础上编著了本书，以期对电力建设工程防灾减灾发挥应有的作用。本书由项目技术负责人王自高负责统稿，张宗亮、高统彪、和孙文、许强、吴新琪、郑平等对项目进行了策划与指导，并对书稿进行了审核，其中第1章、第2章、第9章由王自高编写，第3章由王自高、杨元红、武荣成编写，第4章由王自高、王昆编写，第5章由王自高、汤明高、王昆、李天鹏编写，第6章由汤明高、许强、缪信编写，第7章由王自高、杨元红、姚翠霞编写，第8章由汤明高、许强、王昆、张万奎编写；昆明院李开德、王小锋、张银、吉雪松、黄德凡、陈砺、宋加升、贺湘军、吴勇、张恒、夏雄彬、张焱、印振华、徐敬宾、钟延江、蒋正伟，水电十四局徐萍、张玉彬、张永岗、杨育礼、何玉虎、单亚州、朱镜芳、葛浩然、沈如东、陈晋南，成都理工大学郑光、邓辉、李为乐、何健保、钱灵杰、黄静、罗剑、蔡旭宇、马旭等参与了项目研究和成果资料的整编，对他们付出的辛勤劳动，表示衷心的感谢！本书编撰时参考了大量资料和文献，在此一并致谢！

由于作者水平有限，书中难免会有一些错误，敬请读者批评指正。

作者

2018年8月

CONTENTS

目录

第1章 绪 论

1.1 研究目的和意义

2011年6月13日国务院下发的《国务院关于加强地质灾害防治工作的决定》(国发〔2011〕20号)指出：我国是世界上地质灾害最严重、受威胁人口最多的国家之一，地质条件复杂，构造活动频繁，崩塌、滑坡、泥石流、地面塌陷、地面沉降、地裂缝等灾害隐患多、分布广，且隐蔽性、突发性和破坏性强，防范难度大。特别是近年来受极端天气、地震、工程建设等因素影响，地质灾害多发频发，给人民群众生命财产造成严重损失。为此，提出了进一步加强地质灾害防治工作的指导思想、基本原则和工作目标，并作出了“全面开展隐患调查和动态巡查、加强监测预报预警、有效规避灾害风险、综合采取防治措施、加强应急救援工作”等决定。2011年9月7日，国务院办公厅印发了《贯彻落实国务院关于加强地质灾害防治工作决定重点工作分工方案的通知》(国办函〔2011〕94号)，对各项措施进行细化和分解，提出了二十三条具体措施，其中就涉及了地震地质灾害、三峡库区地质灾害、西南山区地质灾害、地下工程地质灾害及移民工程地质灾害等与电力建设工程相关的地质灾害。电力是关系国计民生的基础产业，电力供应和安全事关国家安全战略及经济社会发展全局。随着工业化和城市化的快速发展，电力在终端能源消费中的比重越来越大。电力安全稳定供应对确保经济社会又好又快发展有着十分重要的意义。

电力建设工程是指与电源建设、电网建设以及其他电力设施建设相关的工程，包括火电工程、水电工程、核电工程(除核岛外)、输配电工程及新能源(风能、太阳能、生物能)等工程。随着电力开发的不断深入，电力建设工程所面临的地质灾害风险形势日益严峻，尤其是水电工程。目前，在建的水电项目大多已转移至澜沧江、金沙江、怒江等大江大河的中上游，为开发水能资源往往需要修建高坝、大库和深长隧洞，水电工程勘察、设计、施工、管理等都面临诸多新问题。气候变化条件下的集中暴雨、泥石流等地质灾害风险对水电工程形成新的重大冲击和考验，水库安全、边坡稳定、泥石流防范、水下工程及水毁工程的修复等均大幅度地增加了难度。流域梯级电站群的开发，形成了龙头电站为首、串联式电站群联合调度的格局，使得水电站的运行安全问题更加突出。

水电工程经过前期预可行性研究、可行性研究、施工图设计等阶段，对工程区的地质情况认识得较为深入，对枢纽区工程边坡治理的措施也准备得较为充分，尤其是坝肩工程边坡、进水口边坡、厂房边坡等安全级别较高的边坡，其设计和施工都更加严谨，安全裕度充分。但是，危险因素的存在不是静止的，而是动态的，是一个变量，具有潜在性和突发性特点，在某种特定的条件和环境下，危险性是可以转化的，如果没有丰富的理论基础知识和实践经验，不系统地去评价它，就可能出现分析不到位、漏项、评价不准确等问题，最终因采取措施不当，难以达到预防控制地质灾害的目的。造成电力建设工程地质灾害事故的原因很多，其中一个重要原因就是地质灾害危险源得不到有效的辨识。因此，弄清电力建设工程地质灾害危险源辨识的原则和方法，并进行有效辨识，对地质灾害事故的预测及控制是十分必要的。我国电力开发已进入快速发展时期，电力建设工程特别是水电工程，因其投资大、周期长、不确定性因素多等特殊性，给项目的顺利进行带来了极高的风险。如何定量地评估电力建设与运行风险，以便能及时有效地规避与控制地质灾害风险，是电力建设企业亟待解决的问题。近年来，高地震烈度、高地质复杂程度地区的工程建设常常要面临崩塌、山体滑坡、泥石流等自然地质灾害的侵袭。鉴于目前我国电力建设主战场已逐渐深入西南地区这一客观现实，制定出一套针对工程建设的地质灾害风险辨识、评价和控制措施非常必要。

我国地质条件复杂，构造活动频繁，是世界上地质灾害特别严重的国家之一，地质灾害隐患点多面广。特别是近年来，强降雨和局地暴雨天气等极端气候十分频繁，破坏性地震时有发生，地质灾害多发易发。由于地质灾害的产生在时间上具有突发性，在空间上具有隐蔽性，在机制上具有复杂性，不论是建设期，还是运行期，地质灾害特别是滑坡泥石流灾害一旦发生，对电力工程建设与运行危害都比较严重，影响也比较广泛。因此，地质灾害的预防是安全生产保障体系建设的重要基础，必须高度重视。

国家高度重视地质灾害防治工作，建立了一整套法规、措施和办法，各行业和企业也在地质灾害防治上做了大量工作。由于受制于经济条件，一些企业的认识和管理水平也有局限性，再加上地质灾害防治工作专业性强，虽然人们已认识到地质灾害的危害，但在防灾减灾实践中，参与的广泛性仍不够，未能建立一套行之有效的防治工作方法，建设项目也屡受地质灾害的困扰。因此，通过研究电力建设工程地质灾害危险源辨识与风险控制，建立一整套职责明确、措施得当、浅显易懂、操作性强的地质灾害防治工作程序和方法尤为重要。电力建设工程地质灾害危险源辨识与风险控制研究应用对电力建设工程地质灾害的防治工作将有较强的指导和规范作用。

电力建设工程是一项系统工程，涉及面广，投资大，周期长，受自然条件影响大，不确定因素多，且在国民经济和社会发展中占有重要战略地位。这些特点决定了它所面临的风险种类繁多，且各风险之间的相互关系也错综复杂。地质灾害与地质环境及工程建设活动密切相关，既相互依存、相互作用，又相互影响。在电力建设发展进程中，如何有效地控制工程建设与运行管理过程中地质灾害风险已成为影响行业健康发展的突出问题。在电力建设工程地质灾害防治过程中引入风险评价与风险决策管理的思想和方法，可以保证地质灾害防治工作的顺利实施，减少灾害风险损失。加强地质灾害的预防对促进电力建设工程健康协调发展有着重要而深远的意义。

电力建设工程是国民经济的基础产业，工程建设中地质灾害的产生，不仅会拖延工期、增加投资、对人民生命财产造成损失，而且会对自然环境和社会环境产生不利影响。通过对电力建设工程地质灾害危险源辨识与风险控制研究成果的推广应用，使电力建设工程参建各方重视地质灾害，主动预防地质灾害的产生，减轻地质灾害的损失，并指明电力建设工程防灾、减灾、治灾的关键路径、防治重点及应急措施，充分估计到地质灾害可能产生的危害，能避免的尽量避免，不能避免的主动采取预防措施，防患于未然，尽量降低工程建设风险，促进电力建设工程健康协调发展。“防灾即是减灾，减灾即是增效”，对电力建设工程进行地质灾害危险源的有效辨识，做好灾害防治工作，尽量降低地质灾害风险，具有巨大的经济效益和社会效益。

1.2 研究内容及技术路线

1.2.1 研究内容

本书通过收集和分析电力建设工程地质灾害防治中的经验及教训，从工程建设中地质灾害防治的勘察、设计、监理、施工、监测预警、防灾避险、信息化管理、应急处置等方面进行梳理和总结，理清工作程序，辨识工程建设和运营期间存在的地质灾害危险源，对可能诱发或加剧地质灾害的危险性作出预测及综合评估，根据电力建设工程地质灾害防治类型的特点和主要措施的功效，制定地质灾害预防的技术措施和风险管理措施，与地方政府建立地质灾害的预警、救援机制，评估地质灾害应急预案的适宜性，建立和完善电力建设工程地质灾害防治工作体系。研究内容主要包括以下 4 个方面。

1.2.1.1 电力建设工程地质灾害典型案例分析总结

本书广泛收集国内外电力建设工程地质灾害典型案例，包括地质灾害类型、产生的危害、形成原因、防治措施、经验教训等，分析总结并形成专题成果，为后期的电力建设工程地质灾害危险源风险分析评价研究提供必要的、详细的基础资料。同时，以电力建设工程地质灾害问题研究为基础，研究地质灾害的成灾特点，阐明地质灾害与地质环境及工程建设的相互关系，加深地质灾害对工程建设危害的认识，并在思想上引起重视，为合理确定电力建设工程地质灾害防治措施提供依据。

(1) 资料收集。收集多项国内外电力建设工程地质灾害典型案例，内容包括：地质灾害发生的时间、地点、规模、对工程产生的危害和损失，工程地质条件、水文地质条件、气候特征，项目施工组织、监测数据、开挖方案、支护设计、防治措施等。

(2) 条件分析。利用收集整理的资料，对各类地质灾害类型的形成原因、产生的危害、防治措施、经验教训等进行统计分析。

(3) 研究成果。根据统计分析结果，总结形成电力建设工程地质灾害典型案例分析研究成果。

1.2.1.2 电力建设工程地质灾害危险源辨识与风险评价技术研究

地质灾害危险源辨识是进行地质灾害风险分析的基础。结合电力建设工程特点及研究依托工程，进行地质灾害危险源辨识，包括危险源分类、危险源辨识方法及手段、内容与范围，以及危险源分析、确认及管理措施等。

对地质灾害进行风险分析是确定减灾目标、优化防御措施、评价减灾效益、进行减灾决策的重要依据。在电力建设工程中，复杂多变的地质条件是影响工程质量、工期和投资的主要因素之一，不可预见的不利地质条件随时可能导致工程建设工期延长、投资增加甚至失败。尽管前期的地质勘测工作可帮助分析工程的地质条件，确定合适的施工方法，然而对电力建设工程而言，某一具体位置会遇到怎样的地质条件不可能十分精确地预测，在施工中仍不可避免地会遇到地质条件变化所带来的困难，电力建设工程是带有地质风险的工程。因此，要加强风险管理，增强风险识别意识，积极科学地探索风险，掌握科学合理的风险分析方法，对电力建设工程不同危险源产生的风险采取有效的和具有针对性的控制手段。具体研究内容包括地质灾害易发性评价、地质灾害危险性评价、地质灾害易损性评价及地质灾害风险评价。分析评价的主要因素和指标包括危险性、危害性、承灾体特征、易损性、灾害损失程度和时空概率。地质灾害风险评价结果，可以作为工程建设场地利用规划、地质灾害防治规划和风险管理的依据，也可以作为地质灾害监测预警系统建设的基础。

本书采取理论与实践相结合的研究方法，提出电力建设工程地质灾害风险评价指标体系、易损性评价、风险分析与风险管理控制等方面的具体内容与要求，总结形成了电力建设工程地质灾害危险源辨识与风险评价技术研究的成果。

1.2.1.3 国际电力建设工程地质灾害特点与风险分析研究

对国际电力建设工程而言，前期地质勘察工作受外界影响较大，特别是水电工程，与建设体制、审查机制、所在国技术标准及社会经济环境条件相关，与国内工程相比，勘察深度一般相对较浅，在施工中仍不可避免地会遇到地质条件变化所带来的地质灾害风险。因此，要加强风险管理，增强风险识别意识，积极科学地探索风险，掌握科学合理的风险分析方法，对国际电力建设工程不同危险源产生的风险采取有针对性的控制措施。国内工程的地质灾害风险评价成果，同样可以作为国际电力建设工程场地利用规划、地质灾害防治和风险管理的依据，也可以作为地质灾害监测预警系统建设的基础。

本书结合国际电力建设工程（特别是水电工程）的建设特点及研究依托工程，进行地质灾害特点、危险源种类及风险特征的分析与总结，提出国际电力建设工程地质灾害风险评价、风险分析与控制等方面的具体内容与要求，总结形成了国际电力建设工程地质灾害特点与风险分析研究的成果。

1.2.1.4 电力建设工程地质灾害危险源辨识与风险控制应用研究

本书将研究成果应用于具体工程实际，主要是依托工程的应用研究。由于水电工程涉及面广，地质灾害问题突出，因此，选择正在施工建设、地质环境条件较为复杂、地质灾害特征明显且具有代表性的国内澜沧江黄登水电站及国外的老挝南欧江六级水电站作为研究依托工程开展应用研究。

（1）从工程建设准备期开始，搜集工程所在区域的地质环境、气象水文、工程地质等基础资料，宏观上把握工程所在区域的地质灾害发育特征，预测随工程进程可能发生的地质灾害及其危害。

（2）以地质灾害科学理论为基础，根据提出的地质灾害危险源辨识原则及指标，对工程进行全面的调查梳理，掌握不同阶段工程范围内所有危险源的现状，建立危险源基础数据库，从项目建设参与各方角度对工程建设整个范围按分主次、分层次、个性与共性兼顾的原则进行地质灾害危险源辨识工作。

(3) 针对已确定的地质灾害危险源，依据提出的地质灾害危险源风险评估方法及流程，开展危险源自身以及受灾体（易损体）调查，评估各危险源易发性、危险性及易损性。建立工程地质灾害危险源风险因子数据库，并随工程进程进行动态调整。

(4) 综合以上危险源的危险性与易损性分析评价结果，界定危险源风险等级，完成各危险源的风险评估。同时开展各受灾体危害程度的评估，建立工程地质灾害各危险源危害等级数据库，并随工程进程进行动态调整。

(5) 按照电力建设工程地质灾害危险源辨识与风险评价技术研究的成果，根据危险源风险评价意见，分别建立各危险源监测预警、隐患排查、应急联动及治理等防治系统，总结形成电力建设工程地质灾害危险源辨识与风险控制应用研究的成果。

1.2.2　研究技术路线

1.2.2.1　项目研究方法

(1) 对电力建设工程地质灾害进行科学定义并对危险源进行系统分类。电力建设工程是一项系统工程，涉及面广，影响范围大，地质灾害与工程建设活动密切相关，既相互依存，又相互影响；地质灾害类型相对较多，危险源分布广泛，涉及临建工程、主体（枢纽）工程、水库工程、输电线路工程以及其他相关工程（如移民工程）等。

(2) 引入数理统计、地质灾害危险性评估、地质灾害风险分析、综合因素分析等方法，并充分利用现代信息网络技术、3S技术、3D物理和数值模拟技术等，对电力建设工程地质灾害危险源从定性到定量进行深入研究，以图、表的形式展示成果。

(3) 从自然因素到人为因素，从主观因素到客观因素，对依托工程从工程的勘察设计、施工建设到与运行管理全过程进行调查与分析，总结电力建设工程地质灾害发生的本质原因，明确参建各方在地质灾害防治中的地位、作用及责任。

(4) 联合成都理工大学地质灾害防治与地质环境保护国家重点实验室对电力建设工程地质灾害危险源风险分析评价进行研究。

(5) 进行全面总结，提出对电力建设工程地质灾害危险源进行有效辨识、风险控制及地质灾害预防措施，并在工程中推广应用。

1.2.2.2　项目研究技术路线

研究工作紧密结合中国电建集团“多元化经营、国际化优先、产业化发展”的战略，在国际、国内两个方面及设计业务、施工业务两条线有所侧重；研究内容以水电工程为主，兼顾火电及新能源项目，以点带面；走从实践到理论、再由理论到实践、最终上升为理论的技术路线，明确建设管理单位、勘察设计单位、施工单位共同参与并联合高等院校及科研院所进行科技攻关的总体思路。

项目研究技术路线见图1.1。

(1) 广泛收集国家、行业以及电力企业有关电力建设工程地质灾害防治相关的法律法规、规程规范、技术标准、管理文件和规定通知，以及国内外地质灾害危险源辨识与风险控制相关的文献档案资料。

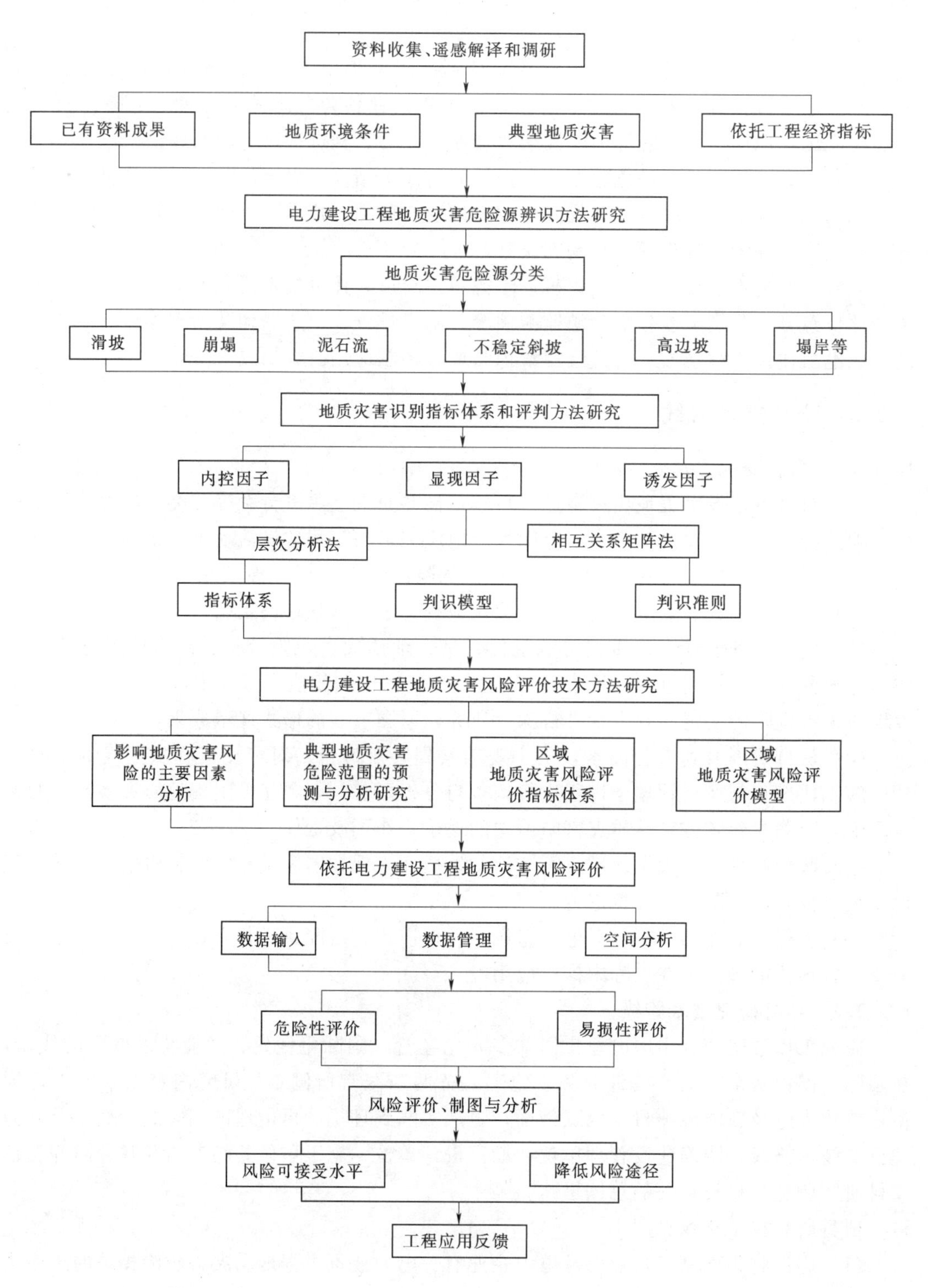

图1.1 项目研究技术路线图

（2）对国内外电力建设工程特点、地质灾害成灾特征及防治现状进行调查研究，采用资料收集、遥感解译、工程地质调查与测绘以及综合分析论证等手段，对电力建设工程遇到的各类地质灾害危险源开展深入细致的研究，提出地质灾害危险源的分类以及危险源辨识的方法。

（3）通过分析论证，对电力建设工程地质灾害危险性、易损性评价因子及评价指标体系进行研究。结合依托工程开展地质灾害危险源辨识及风险分析评价，辨识工程建设和运营期间存在的地质灾害危险源，对可能诱发或加剧地质灾害的危险性和风险大小作出预测及综合评价。

（4）分析总结电力建设工程地质灾害防治的经验及教训，从电力建设工程地质灾害防治的勘察、设计、监理、施工、监测预警、防灾避险、信息化管理、应急处置等方面进行总结和研究，理清工作流程，明确工作职责，制定相关管理办法和规定，形成标准化成果。

（5）根据电力建设工程地质灾害防治类型的特点，建立地质灾害监测预警、隐患排查、应急联动工作机制等防治工作体系，提出电力建设工程地质灾害风险控制及综合预防措施。

（6）对研究成果进行系统的分析、归纳和总结，提出研究成果报告，并进行工程应用研究，反馈应用信息，提出需进一步研究的工作内容及今后的研究方向。

1.3　国内外研究现状

国内外对地质灾害防治进行了长期、大量卓有成效的研究，研究方法从定性、定量评价，到 GIS 技术的全面引入，地质灾害防治技术也日趋完善，并充分应用到工程实践中。

有资料表明，由于全球气候异常变化，世界范围内的降水量日渐增多，地质灾害隐患也在不断增加；特别是随着人类活动的加剧和活动范围的不断扩大，工程建设造成的地质性破坏越来越多。随着资源开发与环境保护的问题越来越受到重视，环境地质及地质灾害对环境的影响评价方面的研究逐渐增多。

殷跃平在对三峡工程库区地质灾害防治经验总结的基础上指出，我国减灾面临“对潜在灾害体早期辨识差而‘灾后’研究普遍、西部大开发中突发性地质灾害问题突出、缓变地质灾害问题严重、地质灾害基础理论和防灾技术亟待加强、地质灾害防治知识宣传普及工作力度不够”等主要问题。同时，提出了加强“潜在灾害识别及详细调查、灾害预防与群测群防、人类工程活动引发地质灾害、西部高原山区气候地质灾害、综合减灾与兴利防灾及风险管理与巨灾保险”研究的地质灾害减灾建议。

20 世纪以来，遥感技术在认识地球环境及探索宇宙的强大需求推动下高速发展。随着高空间、高时相、高光谱遥感（包括卫星遥感、航空遥感）技术的发展，遥感成为滑坡监测更准确的定性、定量调查和监测手段。发生滑坡灾害的影响因素众多，主要影响因素包括地质构造与岩性，前者决定了灾害发生的力学条件，后者影响了灾害发生的触发因素。因此，在利用遥感影像对地质灾害进行监测之前，首先需要利用遥感影像对研究区进行地质构造与岩性的识别与判读，分析可能发生的地质灾害，并利用高时相、高空间分辨率数据对地质灾害的发生进行监测与预警。

风险评估和风险管理概念的提出由来已久，国内外已有不少成功的应用实例。国内地质灾害风险管理方面的工作起步稍晚一些，但仍然有不少学者对此给予了充分的关注。姜云、王兰生等在重庆市中区危岩稳定性研究中，第一次明确尝试运用地理信息系统技术来进行数据管理，并首次提出了岩体稳定性管理与控制的概念。以国土资源经济研究院（原中国地质矿产经济研究院）为代表的科研院所，十余年来一直致力于探求地质灾害易损性分析、风险评估、经济评价的理论与方法。1992—1994年，由原国家计委国土地区司和原地质矿产部环境司共同组织的全国地质灾害现状调查，对全国地质灾害损失程度和分布情况进行了估算评价。张业成、张梁等在地质灾害灾情分析的基础上，运用层次分析（AHP）法分析评价了我国地质灾害的危害程度，进行了全国范围的危险性区划。罗元华等在借鉴国外和国内其他领域研究成果的基础上，根据环境经济理论，对地质灾害评估和经济损失分析的理论基础进行了探讨。罗元华等所著的《地质灾害风险评估方法》则较为系统全面地阐述了我国各类地质灾害风险评估理论和方法体系。黄润秋等在充分借鉴发达国家和地区、特别是中国香港地区边坡安全管理经验的基础上，首次提出尝试从区域上对滑坡地质灾害进行风险评价和风险管理的基本构想。此外，国内其他学者也进行过相关研究（吴益平 等，2001；汪敏 等，2001；彭满华 等，2001；朱良峰 等，2002；胡新丽 等，2002；殷坤龙 等，2003）。

近年来，为了防止和减轻地质灾害带来的巨大破坏，科技工作者做了大量卓有成效的工作，专门性的地质灾害风险评价研究也取得了长足进展，特别是在滑坡、泥石流等灾害风险评价方面，更是蓬勃发展，但在风险管理方面至今尚未形成系统。殷坤龙等指出，灾害风险分析与评估是制订突发性重大灾害应急预案最重要的基础性研究工作，灾害风险分析、评估与管理研究不仅是一个前沿性的科学课题，更是一个防灾减灾所迫切需要解决的重要实际问题；同时针对滑坡地质灾害现象，结合不同比例尺滑坡灾害和三峡库区滑坡次生涌浪灾害的风险分析，从理论与实践的角度，阐述了滑坡灾害风险分析的基本理论与技术方法。

在危险源辨识与危险源危险度评价方面，目前已有相关的研究并取得进展。针对水电工程建设工期长，水文、地质条件及建筑结构复杂，施工点多面广且具有多样性，事故多发，安全管理工作难度大等特点，为了统一水电水利工程施工重大危险源辨识评价标准，规范评价方法，保证评价质量，刘先荣等在总结水电水利工程施工重大危险源辨识与评价经验的基础上，编制完成了行业标准《水电水利工程施工重大危险源辨识及评价导则》（DL/T 5274—2012），该标准规定了水电水利工程施工重大危险源辨识的内容和评价方法；吉锋等在《水电工程环境边坡危险源危险性评价体系初步研究》一文中，通过对环境边坡危险源的定义、类型、边坡安全等级、防治标准等一系列问题进行阐述和讨论，建立了系统的边坡危险源危险性评价体系，为进一步研究打下了基础；董家兴等在《水电工程环境边坡危险源危险度评价体系及其应用》一文中，结合相关行业规范，在考虑工程重要性、稳定性的基础上，选取危险源自身、途径边坡、触发因素3个一级指标，以及危险源稳定性、势能、形状、途径边坡形态、坡度、植被发育情况、地震、降雨等二级指标和基础指标，建立了指标齐全、易于操作的环境边坡危险源危险度评价体系，实现了危险度评价定量化，并按评分值大小将危险度分为高、中等、低 3 个等级。以卜寺沟水电站地面厂房环境边坡危险源评价为例，通过现场调查得出地面厂房环境边坡共有危险源 12 处，其中高危险度 3 处，中等危险度 9 处。由于评价结果较符合实际，评价体系能较准确地评价危险源的危险度，为危险源防治提供了依据和指导。

在现代工程项目建设管理中，风险分析和控制已成为工程管理研究的热点问题。地质灾害风险研究是近年来兴起的一个研究领域，并且越来越受到人们的重视与关注。近年来，电力建设工程中因各种不确定因素引起的风险正日益受到重视，相关的工程风险分析和风险管理也正在成为一项新兴的技术和行业，并逐渐应用于工程实践之中。电力建设工程的主要风险包括自然灾害风险、意外事故风险、设计风险、施工过程风险以及其他因素带来的风险（如风险意识、管理方面、施工经验及施工设备方面的风险等）。其中地质灾害属于自然灾害风险，但与设计、施工及管理密切相关。目前，我国电力行业风险管理的学科建设还是一片空白，而英国、美国、日本等都有了 30 年到 60 年不等的历史。

近年来，为解决水电工程尤其是大中型水电工程建设及运营过程中的风险问题，中国水力发电工程学会在大中型水电工程风险管控方面进行了大量有益的探索、研究和实践，例如，由中国水力发电工程学会风险管理专业委员会会同有关科研单位完成的基于长河坝水电工程的首个应急预警示范项目，开展了泥石流风险调查和监测预警系统建设。在水电站现有拦挡坝和排导槽防治工程的基础上，设置了具有夜视、透雾、实时传输及远程监控功能的雨量计、泥位计、激光视频和数据传输系统等现代化监测预警设备。该系统具有夜间可视化、实时传输和互联网上远程监控的特点，即使在夜间浓雾暴雨恶劣条件下，也可尽早发现高程 2000m 以上的高山山洪泥石流暴发，具备早期预警能力。目前，该系统已在高山峡谷区推广使用，不仅为项目业主提供了灾害防治方法，同时也为其他水电建设企业提供了宝贵经验。

地质灾害监测预警研究是当前国内外灾害研究领域的热点课题。在电力系统领域，地质灾害监测预警系统的研究引起了广泛的重视，并已取得了较多成果。但由于自然灾害的发生及致灾过程复杂，目前，对于致灾过程机理、耦合灾变作用和灾变动力演化规律等的研究，还有待于进一步深化。

经查询，关于电力建设工程地质灾害危险性分析、评估、危险源辨识、风险控制以及地质灾害综合防治措施的研究已有文献报道，但通过系统收集和分析电力建设工程地质灾害防治的经验及教训，结合地质灾害防治类型的特点，从电力建设工程地质灾害危险源风险控制的勘察、设计、监理、施工、应急处置等方面进行系统总结和研究，理清工作程序，辨识电力建设工程在不同阶段存在的地质灾害危险源，建立地质灾害危险源防治工作体系，以及探索地质灾害危险源风险管理与控制等尚无先例，本书的研究具有开创性。

第2章 电力建设工程开发规划与特点

2.1 国内电力建设工程开发规划情况

2.1.1 “十二五”期间开发建设情况

“十二五”是我国转变电力发展方式的关键时期，电力企业坚持统筹协调、节约优先、结构优化、科技驱动、绿色和谐、市场导向的原则，以转变电力发展方式为主线，以深化改革和科技创新为动力，坚持节约优先，优先开发水电，优化发展煤电，安全高效发展核电，积极推进新能源发电，适度发展天然气集中发电，因地制宜发展分布式发电，加快推进坚强智能电网建设，带动电力装备产业升级，促进绿色和谐发展。从电力建设投资结构来看，2012年，全国电力工程投资中，电源工程建设完成投资3772亿元，同比下降3.9%；电网工程建设完成投资3693亿元，比上年增加0.3%。

截至2015年年底，我国全社会用电量达到56900亿kW·h，全国发电装机容量达到15.3亿kW，其中水电3.2亿kW，占21%；火电9.9亿kW，占65%；核电2608万kW，占1.7%；风力、太阳能等新能源发电量约为1.7亿kW·h。发电装机容量和发电量均居世界第一位。220kV及以上输电线路合计60.9万km，变电容量33.7亿kVA。非化石能源在一次能源消费中的比重从2010年的9.4%提高到2015年的12%。

不同电源结构开发建设情况如下。

2.1.1.1 火电

根据中国电力企业联合会发布的调查报告，2010年，火电依然是我国能源供应体系的主力电源，在总装机容量9.62亿kW中，火电装机容量达7.07亿kW，火电占整个发电能力的73.44%、发电量的80.30%。煤炭在保障能源安全中，仍起着基础性作用。

《能源发展“十二五”规划》中提出了“高效清洁发展煤电”的思路，稳步推进大型煤电基地建设，统筹水资源和生态环境承载能力，按照集约化开发模式，采用超超临界、循环流化床、高效节水等先进适用技术，在中西部煤炭资源富集地区，鼓励煤电一体化开发，建设若干大型坑口电站，优先发展煤矸石、煤泥、洗中煤等低热值煤炭资源综合利用发电。在中东部地区合理布局港口、路口电源和支撑性电源，严格控制在环渤海、长三角、珠三角地区新增除“上大压小”和热电联产之外的燃煤机组。积极发展热电联产，在符合条件的大中城市，适度建设大型热电机组，在中小城市和热负荷集中的工业园区，优先建设背压式机组，鼓励发展热电冷多联供。继续推进“上大压小”，加强节能、节水、脱硫、脱硝等技术的推广应用，实施煤电综合改造升级工程。“十二五”时期，全国新增煤电机组3亿kW，其中热电联产7000万kW、低热值煤炭资源综合利用5000万kW。到“十二五”末，煤电装机容量为9亿kW，煤电装机比重达59%，淘汰落后煤电机组2000万kW，火电每千瓦时供电标准煤耗下降到318g。

2.1.1.2 水电

《能源发展“十二五”规划》中提出了“积极有序开发水电”的任务，坚持水电开发与移民致富、环境保护、水资源综合利用、地方经济社会发展相协调，加强流域水电规划，在做好生态环境保护和移民安置的前提下积极发展水电，优先开发水能资源丰富、分布集中的河流，建设10个千万千瓦级大型水电基地，全面推进金沙江中下游、澜沧江中下游、雅砻江、大渡河、黄河上游、雅鲁藏布江中游水电基地建设，有序启动金沙江上游、澜沧江上游、怒江流域水电基地建设，优化开发闽浙赣、东北、湘西水电基地，基本建成长江上游、南盘江红水河、乌江水电基地。统筹考虑中小流域的开发与保护，科学论证、因地制宜积极开发小水电，合理布局抽水蓄能电站。“十二五”时期，开工建设常规水电1.2亿kW。2014年全国规模以上电厂水电发电量为9440亿kW·h，同比增长18.0%。到2015年，全国水电装机容量达到2.97亿kW，抽水蓄能电站装机容量达到2303万kW。

2.1.1.3 核电

《能源发展“十二五”规划》中提出了“安全高效发展核电”的任务，把“安全第一”方针落实到核电规划、建设、运行、退役全过程及所有相关产业。在做好安全检查的基础上，持续开展在役在建核电机组安全改造。全面加强核电安全管理，提高核事故应急响应能力。在核电建设方面，坚持热堆、快堆、聚变堆“三步走”的技术路线，以百万千瓦级先进压水堆为主，积极发展高温气冷堆、商业快堆和小型堆等新技术；合理把握建设节奏，稳步有序推进核电建设；科学布局项目，对新建厂址进行全面复核，“十二五”时期只安排沿海厂址；提高技术准入门槛，新建机组必须符合三代安全标准。同步完善核燃料供应体系，满足核电长远发展需要。利用有限时间、依托有限项目完成装备自主化任务，全面提升我国装备制造业水平。加快建设现代核电产业体系，打造核电强国。到2015年，运行核电装机容量达到0.27亿kW。

2.1.1.4 新能源

新能源是指传统能源之外的各种能源形式，直接或者间接地来自于太阳或地球内部深处所产生的热能（潮汐能例外），包括太阳能、风能、生物质能、地热能、海洋能等。积极促进新能源发电，节约和代替部分化石能源，是保障国家能源安全、优化能源结构、促进经济与社会可持续发展、保护生态环境、应对气候变化、调整产业结构的战略选择。经过电力行业及制造行业的不懈努力，2011年年底中国并网的新能源发电装机容量达到5159万kW，发电量达到93.5亿kW·h，相当于节约标煤2885万t，相应减排二氧化碳8020万t、二氧化硫62万t、氮氧化物27万t。

《能源发展“十二五”规划》中提出了“加快发展风能等其他可再生能源”的任务，坚持集中与分散开发利用并举，以风能、太阳能、生物质能利用为重点，大力发展可再生能源。优化风电开发布局，有序推进华北、东北和西北等资源丰富地区风电建设，加快风能资源的分散开发利用。协调配套电网与风电开发建设，合理布局储能设施，建立保障风电并网运行的电力调度体系。积极开展海上风电项目示范，促进海上风电规模化发展。加快太阳能多元化利用，推进光伏产业兼并重组和优化升级，大力推广与建筑结合的光伏发电，提高分布式利用规模，立足就地消纳建设大型光伏电站，积极开展太阳能热发电示范。加快发展建筑一体化太阳能应用，鼓励太阳能发电、采暖和制冷、太阳能中高温工业应用。有序开发生物质能，以非粮燃料乙醇和生物柴油为重点，加快发展生物液体燃料。鼓励利用城市垃圾、大型养殖场废弃物建设沼气或发电项目。因地制宜利用农作物秸秆、林业剩余物发展生物质发电、气化和固体成型燃料。稳步推进地热能、海洋能等可再生能源开发利用。到2015年，风能发电装机容量达到1.31亿kW；太阳能发电装机容量达到0.42亿kW；生物质能发电装机容量达到1300万kW，其中城市生活垃圾发电装机容量达到300万kW。

2.1.1.5 输电工程

2015年，我国已形成以华北、华东、华中特高压电网为核心的“三纵三横”主网架。锡林郭勒盟、蒙西、张北、陕北能源基地通过3个纵向特高压交流通道向华北、华东、华中地区送电，北部煤电、西南水电通过3个横向特高压交流通道向华北、华中和长三角特高压环网送电。“十二五”时期能源输送通道建设包括：①水电外送，金沙江溪洛渡水电站送电浙江及广东，雅砻江锦屏等水电站送电江苏，四川水电送电华中，糯扎渡等水电站送电广东，云南水电送电广西；②煤电和风电外送，蒙西送电华北及华中，锡林郭勒盟送电华北及华东，陕北送电华北，山西送电华北及华中，淮南送电上海及浙江，新疆送电华中，宁东送电浙江，陕西送电重庆等。

根据我国水能资源及电力市场分布特点，充分考虑西部地区用电负荷增长需要，深入推进“西电东送”战略，通过加强北部、中部、南部输电通道建设，不断扩大水电“西电东送”规模，完善“西电东送”格局，强化通道互连，实现资源更大范围的优化配置。北部通道主要依托黄河上游水电，将西北电力输往华北地区；中部通道主要将长江上游、金沙江下游、雅砻江、大渡河等水电基地的电力送往华东和华中地区；南部通道主要将金沙江中游、澜沧江、红水河、乌江和怒江等水电基地的电力送往广东、广西。根据南北区域能源资源分布特点和电力负荷特性，合理规划能源配置范围和能源流向，建设跨流域互济通道。“十一五”期间已建成西北电网与四川电网直流联网工程，实现长江流域与黄河流域水电的互济运行（规模300万kW）。“十二五”期间进一步加强了华中与华北、四川与西北、西藏与青海输电通道建设，形成南北跨流域互济格局。

2.1.2 “十三五”规划情况

“十三五”是我国全面建成小康社会的决胜期，深化改革的攻坚期，也是电力工业加快转型发展的重要机遇期。电力工业面临供应宽松常态化、电源结构清洁化、电力系统智能化、电力发展国际化、体制机制市场化等一系列新形势、新挑战。根据《电力发展“十三五”规划（2016—2020年）》，电力发展的基本原则是：“统筹兼顾、协调发展，清洁低碳、绿色发展，优化布局、安全发展，智能高效、创新发展，深化改革、开放发展，保障民生、共享发展”。坚持开放包容、分类施策、合作共赢原则，充分利用国际国内两个市场、两种资源，重点推进电力装备、技术、标准和工程服务国际合作。我国“十三五”电力工业发展主要目标见表2.1。

表2.1　　我国“十三五”电力工业发展主要目标

类别	指　　标	2015年	2020年	年均增速	属性
电力总量	总装机容量/亿kW	15.3	20	5.5%	预期性
	西电东送/亿kW	1.4	2.7	14.04%	预期性
	全社会用电量/(10^{12}kW·h)	5.69	6.8～7.2	3.6%～4.8%	预期性
	电能占终端能源消费比重	25.8%	27%	[1.2%]	预期性
	人均装机容量/(kW/人)	1.11	1.4	4.75%	预期性
	人均用电量/[(kW·h)/人]	4142	4860～5140	3.2%～4.4%	预期性
电力结构	非化石能源消费比重	12%	15%	[3%]	约束性
	非化石能源发电装机比重	35%	39%	[4%]	预期性
	常规水电/亿kW	2.97	3.4	2.8%	预期性
	抽蓄装机/万kW	2303	4000	11.7%	预期性
	核电/亿kW	0.27	0.58	16.5%	预期性
	风电/亿kW	1.31	2.1	9.9%	预期性
	太阳能发电/亿kW	0.42	1.1	21.2%	预期性
	化石能源发电装机比重	65%	61%	[−4%]	预期性
	煤电装机比重	59%	55%	[−4%]	预期性
	煤电/亿kW	9	<11	4.1%	预期性
	气电/亿kW	0.66	1.1	10.8%	预期性
节能减排	新建煤电机组平均供电煤耗/[g/(kW·h)]	—	300	—	约束性
	现役煤电机组平均供电煤耗/[g/(kW·h)]	318	<310	[−8]	约束性
	线路损失率	6.64%	<6.50%		预期性
民生保障	充电设施建设	满足500万辆电动车充电			预期性
	电能替代用电量/(亿kW·h)	—	4500		预期性

注　1. [ ] 为五年累计值。
2. 资料来源于《电力发展“十三五”规划（2016—2020年）》。

（1）供应能力方面。预期2020年全社会用电量68000亿～72000亿kW·h，年均增长3.6%～4.8%，全国发电装机容量为20亿kW，年均增长5.5%。人均装机突破1.4kW，人均用电量为5000kW·h左右，接近中等发达国家水平。城乡电气化水平明显提高，电能占终端能源消费比重达到27%。

（2）电源结构方面。按照非化石能源消费比重达到15%左右的要求，到2020年，非化石能源发电装机容量达到7.7亿kW左右，比2015年增加约2.5亿kW，占比约39%，提高4个百分点，发电量占比提高到31%；气电装机增加5000万kW，达到1.1亿kW以上，占比超过5%；煤电装机力争控制在11亿kW以内，占比降至约55%。电源结构得到进一步优化，具体有以下几个方面：

1）积极发展水电，统筹开发与外送。我国水电开发程度为 37%（按发电量计算），与发达国家相比仍有较大差距，还有较广阔的发展前景。在坚持生态优先和移民妥善安置前提下，积极开发水电。以重要流域龙头水电站建设为重点，科学开发西南水电资源。坚持干流开发优先、支流保护优先的原则，积极有序地推进大型水电基地建设，严格控制中小流域、中小水电开发。到 2020 年，水电总装机容量达到 3.8 亿 kW，其中，常规水电 3.4 亿 kW，抽水蓄能 4000 万 kW，年发电量 12500 亿 kW·h，折合标煤约 3.75 亿 t，在非化石能源消费中的比重保持在 50%以上。“西电东送”能力不断扩大，2020 年水电送电规模达到 1 亿 kW。预计 2025 年全国水电装机容量达到 4.7 亿 kW，其中，常规水电 3.8 亿 kW，抽水蓄能约 9000 万 kW，年发电量 14000 亿 kW·h。“十三五”期间将加快抽水蓄能电站建设，以适应新能源大规模开发需要，保障电力系统安全运行。

2）大力发展新能源，优化调整开发布局。按照集中开发与分散开发并举、就近消纳为主的原则优化风电布局，统筹开发与市场消纳，有序地开发风电光电。2020 年，全国风电装机容量达到 2.1 亿 kW 以上，其中海上风电装机容量为 500 万 kW 左右。按照分散开发、就近消纳为主的原则布局光伏电站。2020 年，太阳能发电装机容量达到 1.1 亿 kW 以上，其中分布式光伏装机容量达 6000 万 kW 以上、光热发电装机容量达 500 万 kW。按照存量优先的原则，依托电力外送通道，有序推进“三北”地区可再生能源跨省区消纳 4000 万 kW。

3）安全发展核电，推进沿海核电建设。“十三五”期间，全国核电投产约 3000 万 kW、开工建设 3000 万 kW 以上，2020 年装机容量达到 5800 万 kW。

4）有序发展天然气发电，大力推进分布式气电建设。“十三五”期间，全国气电新增投产 5000 万 kW，2020 年达到 1.1 亿 kW 以上，其中热电冷联供达 1500 万 kW。

5）加快煤电转型升级，促进清洁有序发展。严格控制煤电规划建设。合理控制煤电基地建设进度，因地制宜规划建设热电联产和低热值煤发电项目。积极促进煤电转型升级。“十三五”期间，取消和推迟煤电建设项目 1.5 亿 kW 以上。到 2020 年，全国煤电装机规模力争控制在 11 亿 kW 以内。

（3）电网发展方面。筹划外送通道，增强资源配置能力。合理布局能源富集地区外送通道，建设特高压输电和常规输电技术的“西电东送”输电通道，新增规模 1.3 亿 kW，达到 2.7 亿 kW 左右；优化电网结构，提高系统安全水平。全国新增 500kV 及以上交流线路 9.2 万 km，变电容量 9.2 亿 kVA。升级改造配电网，推进智能电网建设。

（4）综合调节能力方面。加强系统调峰能力建设，提升系统灵活性，从负荷侧、电源侧、电网侧多措并举，充分挖掘现有系统调峰能力，加大调峰电源规划建设力度，优化电力调度运行，大力提高电力需求侧响应能力。“十三五”期间，抽水蓄能电站装机新增约 1700 万 kW，达到 4000 万 kW。热电联产机组和常规煤电灵活性改造规模分别达到 1.33 亿 kW 和 8600 万 kW。

（5）节能减排方面。力争淘汰火电落后产能 2000 万 kW 以上。新建燃煤发电机组平均供电煤耗低于 300g/(kW·h)，现役燃煤发电机组经改造平均供电煤耗低于 310g/(kW·h)。电网综合线损率控制在 6.5%以内。

（6）民生用电保障方面。“十三五”期间将立足大气污染防治，以电能替代散烧煤、燃油为抓手，不断提高电能占终端能源消费比重，加快充电设施建设，推进集中供热，逐步替代燃煤小锅炉，积极发展分布式发电，鼓励能源就近高效利用。

（7）科技装备发展方面。推广应用一批相对成熟、有市场需求的新技术，尽快实现产业化。

（8）电力体制改革方面。组建相对独立和规范运行的电力交易机构，建立公平有序的电力市场规则，初步形成功能完善的电力市场。

2.2 世界水电工程开发建设情况

根据国家能源局《水电发展“十三五”规划（2016—2020年）》，目前，全球常规水电装机容量约为10亿kW，年发电量约为40000亿kW·h，开发程度为26%（按发电量计算），欧洲、北美洲水电开发程度分别达54%和39%，南美洲、亚洲和非洲水电开发程度分别为26%、20%和9%。发达国家水能资源开发程度总体较高，如瑞士达到92%、法国为88%、意大利为86%、德国为74%、日本为73%、美国为67%。发展中国家水电开发程度普遍较低。今后全球水电开发将集中于亚洲、非洲、南美洲等资源开发程度不高、能源需求增长快的发展中国家，预测2050年全球水电装机容量将达2050GW。

随着电网安全稳定经济运行要求的不断提高和新能源在电力市场的份额快速上升，抽水蓄能电站开发建设的必要性和重要性日益凸显。目前，全球抽水蓄能电站总装机容量约为1.4亿kW，日本、美国和欧洲诸国的抽水蓄能电站装机容量占全球的80%以上。我国抽水蓄能电站装机容量为2303万kW，占全国电力总装机容量的1.5%。英国《国际水力发电与坝工建设》出版的《2000年水电地图集》，统计了全球157个国家和地区的水能资源，结果见表2.2。

表2.2 全球157个国家和地区的水能资源统计表

分类及地区	理论蕴藏量/(亿kW·h)	技术可开发/(亿kW·h)	经济可开发/(亿kW·h)	经济可开发比重/%
总计	400000	143700	80820	100.00
发达国家合计		48100	25100	31.10
发展中国家合计		95600	55700	68.90
北美、中美洲	63100	16600	10000	12.37
拉丁美洲	67660	26650	16000	19.80
亚洲	194000	68000	36000	44.54
大洋洲	6000	2700	1070	1.32
欧洲	32200	12250	7750	9.59
非洲	40000	17500	10000	12.37

注 原独联体各国的水能资源分别计入亚洲和欧洲，俄罗斯的水能资源全部计入亚洲。

美国、日本、俄罗斯、澳大利亚等发达国家拥有技术可开发水能资源48100亿kW·h，经济可开发水能资源25100亿kW·h，分别占世界总量的33.5%和31.1%。发展中国家拥有技术可开发水能资源共计95600亿kW·h，经济可开发水能资源55700亿kW·h，分别占世界总量的66.5%和68.9%。我国水能资源可开发量居世界第一位，其次为俄罗斯、巴西和加拿大。亚洲国家中，除我国大力发展水电外，印度、土耳其、尼泊尔、老挝、越南、巴基斯坦、马来西亚、泰国、缅甸、菲律宾、斯里兰卡、哈萨克斯坦、吉尔吉斯斯坦、约旦、黎巴嫩、叙利亚等国家也都有大型的水电项目在建设。日本、韩国水电开发程度较高，大型抽水蓄能项目的建设速度比较快；非洲国家的水电开发程度、水资源调控能力都比较低。

据中国大坝协会2013年统计资料：世界上已建、在建坝高不小于100m的大坝共888座，其中，437座位于亚洲，占49.2%；225座位于欧洲，占25.3%；115座位于北美洲，占13.0%；64座位于南美洲，占7.2%；其余5.3%位于大洋洲、非洲等。世界上坝高不小于100m的大坝中，土石坝417座，占47.0%；混凝土坝（含碾压混凝土坝）417座（包括重力坝230座，拱坝187座），占47.0%，其他坝型54座，占6.0%。我国坝高不小于100m的大坝中，土石坝101座，占46.8%，混凝土坝（含碾压混凝土坝）110座（包括重力坝73座，拱坝37座），占50.9%。

水电是技术成熟、运行稳定的可再生能源，受到世界各国的高度重视。目前，北美和欧洲等地区的发达国家已基本完成水电开发任务，发展重点转移到了对已建水电站的更新改造上；亚洲、南美洲等地区的多数发展中国家制定了发展规划，计划在2025年左右基本完成水电大规模开发任务；非洲等地区的欠发达国家，虽然拥有丰富的水能资源，也一直积极致力于水能资源开发，但因资金、技术等条件限制，水电开发仍面临诸多困难。还有一些政局不稳定的国家，虽然急需发展水电，但是限于国力条件，水电开发进程相对缓慢。总体上看，今后10～15年，水电仍具有较大开发潜力，优先开发水电仍是发展中国家能源建设的重要方针。全球水电开发将集中于亚洲、非洲等资源开发程度不高、能源需求增长快、经济欠发达的地区。

总体上看，国外水电开发已取得较好的发展经验：

（1）优先发展水电是发达国家发展初期的共同选择。开发水电可以实现多目标利用，综合效益显著。水电开发成为众多发达国家能源建设的首选。

（2）流域梯级开发是水电发展的成功模式。从多数国家，特别是发达国家水电开发经验来看，统筹规划、统一管理、权责明确的流域梯级开发是水电发展的成功模式。

（3）建立利益共享机制是促进水电开发的重要经验。水电开发涉及的利益主体较多，建立水电开发利益共享机制，协调并保障好涉及流域开发各方的利益关系，是促进水电开发的重要经验。

中国河流众多，径流丰沛、落差巨大，蕴藏着非常丰富的水能资源。全国流域面积在1000km^2以上的河流有1598条，江河年均径流量为26800亿m^3；河流水能资源蕴藏量为6.76亿kW，年发电量为59200亿kW·h；可开发水能资源的装机容量为3.78亿kW，年发电量为19200亿kW·h。不论是水能资源蕴藏量，还是可开发的水能资源，我国在世界各国中均居第一位，但水能资源分布很不均匀，东北、华北、华东地区仅占全国可开发水能总量的6%，中南地区占15.5%，西北地区占9.9%，西南地区最多，占全国的67.8%。2017年年底，我国已建成各类水坝9.8万余座，总库容达8967亿m^3，总装机容量超过3.4亿kW。大坝数量、库容、装机容量均居世界首位。这些水库大坝在保障我国供水安全、能源安全、应对气候变化和节能减排等方面，发挥了不可替代的作用。

《能源发展“十二五”规划》提出了“坚持国际合作”的原则。统筹国内、国际两个大局，大力拓展能源国际合作范围、渠道和方式，提升能源“走出去”和“引进来”水平，推动建立国际能源新秩序，努力实现合作共赢。目前电力建设系统不少国际化工程公司以工程项目总承包（EPC）等方式承包火电、核电、燃气、水电、风电、变电站、生物发电等国际工程建设，业务范围覆盖了设计咨询、远洋运输、调试运行等多个领域，能够为客户提供从电站项目科研到选址勘探、设计、采购、施工、调试、运行维护的一揽子解决方案，取得了良好的经济效益和社会效益。结合国际水电开发的形势和现状，“十二五”期间，我国继续深化与周边国家的合作，积极营造跨境河流开发环境，加快实施水电“走出去”战略，全面提升国际合作水平。

（1）继续深化与周边国家的合作。加强与东南亚国家的合作，建立健全对外协调机制，为东南亚水电向我国供电创造条件。“十二五”期间，继续做好柬埔寨额勒赛等水电项目建设工作，推进缅甸伊洛瓦底江、瑞丽江、丹伦江和老挝南乌江等河流规划梯级的前期工作，根据国际形势和国内电力消纳等实际情况，有序推进我国企业参与的老挝北本、萨拉康，伊洛瓦底江乌托、腊撒，丹伦江滚弄、哈吉，瑞丽江二级，太平江二级等一批大中型电站项目。深化与巴基斯坦、哈萨克斯坦、吉尔吉斯斯坦、塔吉克斯坦、俄罗斯等国家的交流合作。

（2）积极营造跨境河流开发环境。加强政府间的交流和对话，发挥国际组织和非政府组织的作用，充分利用大湄公河次区域等合作机制，加强与其他国家和地区的区域水电合作，探索和建立跨境河流开发合作机制，为跨境河流开发创造良好条件，积极推动雅鲁藏布江、怒江、澜沧江等河流开发。

（3）加快实施水电“走出去”战略。鼓励我国水电企业通过水电咨询、规划设计、工程承包、投资合作等方式参与境外水电开发，提升我国水电的国际影响力和竞争力。加快我国的水电技术、水电标准、水电设备“走出去”的步伐，不断拓展国际合作领域，深化与亚洲、非洲、拉丁美洲等国家的合作，促进非洲、东南亚等国家水电产业共同发展。

在“一带一路”倡议的带动下，中国水电产业“走出去”全面升级，积极耕耘国际市场，输出先进技术与优质产能，服务所在国社会经济发展。我国已经与80多个国家建立了水电规划、建设和投资的长期合作关系。据不完全统计，截至2016年年底，承建了近200项国际水电工程，占有国际水电市场50%以上的份额。我国在全球水电建设中越来越多地扮演着“领跑者”角色，成为推动世界水电发展的重要力量。卡科多-辛克雷水电站（CCS）被誉为“厄瓜多尔的三峡工程”，装机容量为150万kW，是目前厄瓜多尔最大的水电站，建成后可满足厄瓜多尔全国1/3人口的电力需求。中巴经济走廊能源合作规划中的水电项目，基本由中国提供解决方案。目前全球水电装机容量超过10亿kW，在未来30年内，全球水电装机容量将再翻一番。中国以全球领先的技术与管理，不断展现高效的项目运作能力和强大的投资能力，在推动国际水电发展上发挥更大的作用。

目前，全世界已建、在建200m及以上的高坝有96座，我国拥有34座；250m以上的高坝 20 座，我国拥有 7 座。其中已投运的锦屏一级混凝土双曲拱坝（305m）、在建的双江口心墙堆石坝（314m），更是位列全球之冠。2010 年以来，世界规模最大的三峡水利枢纽工程、世界最高的光照碾压混凝土重力坝（200.5m）、总水推力最大（1900 万 t）的小湾混凝土双曲拱坝、泄洪功率最大（98710MW）的溪洛渡水电工程、地震设防烈度最高（0.557*g*）的大岗山水电工程、规模最大的深埋长大洞室群锦屏二级水电站已成功建设并投入运行。这些世界级巨型工程的成功建设，极大地推动了水电工程领域的技术进步，也带动了基础科学的发展和各学科的交叉融合。

2.3　电力建设工程的特点

2.3.1　国内电力建设工程的特点

（1）电力工业的行业特点决定了电力建设工程的特殊性，具体表现在以下几个方面：

1）投资大。一般的电力建设项目，尤其是新建项目都需要巨大的投资。

2）技术密集。电力系统同时具有资金密集和技术密集的特点，专业面广、各项技术发展迅猛。

3）对工程质量要求高。由于电力属于公用事业，对国计民生影响甚大。因此，无论是过去还是现在，对电力工程的质量都提出了很高的要求。

4）注重安全。无论在工程建设期还是投入运行以后，电力工程的安全都受到了相当的重视。

5）工程进度的控制和工程的经济效益评估十分重要。电力建设正逐步走向市场经济，要求加强对进度和投资的控制。

（2）电力建设工程种类较多：核电工程一般布置于沿海地带，对场地选择及施工建设要求极高；火电（煤电）工程、新能源工程（如风电、太阳能及生物质能等）及输电线路工程对场地选择及施工建设要求相对较低，只要场地平整，相对稳定即可，建设影响范围较小；水电（包括抽水蓄能发电）工程分布于江河之上，多处于深山峡谷之中，不仅对场地选择及施工建设要求较高，而且工程结构复杂，建设影响范围广，它常兼顾防洪、航运、灌溉、供水、养殖、旅游等综合功能，并注重水资源开发的多重效益，要求具备开发资源、发展经济、保护生态三大效应，涉及影响人类生存、发展的地质环境问题及生态环境问题，工程建设中的地质灾害问题也最为明显。因此水电工程建设特点更加突出，具体表现在以下几个方面：

1）流域梯级规划、滚动开发的方式。为充分利用水能资源，减少淹没损失，避免形成过多的高坝大库，降低水电站对河流生态影响，目前江河流域的水电资源开发均采取梯级规划、滚动开发的方式，这种开发方式使得地质灾害的形成与江河流域的自然环境存在密不可分的联系。

2）筑坝壅水成库，是改变水流运动的大型土木工程。水电工程都需要修建拦河坝体，在江河上形成长数千米、几十千米甚至几百千米长的水体，并发挥其蓄水、防洪、发电、航运、引水、灌溉、养殖、旅游、调节气候及改善环境等方面的作用。但水库改变了局部河流的天然状态，库水位周期性升降和水量的不断变化，都会引起库区及周围自然地质条件的改变，诱发一系列对环境产生不利影响的地质灾害。地质灾害问题不仅涉及主体（枢纽）工程，还与水库工程、附属与临建工程、移民工程等密切相关。

3）涉及学科门类众多，技术资金密集，管理难度较大。水电工程涉及自然科学、社会科学、管理科学与人文科学等领域，是土木工程、建筑工程、结构工程、电气工程、交通运输工程、环境工程的集成，必须进行质量控制、进度控制、投资控制、风险控制与协调控制。地质灾害问题不仅与自然因素有关，还与勘测设计、施工建设、运行管理等因素有关。

4）建设环境复杂，结构形式多样。水电工程多分布在偏远山区或少数民族地区，自然环境条件差，地质环境与社会环境均较复杂，且每个工程不仅规模大小、结构形式、功能与作用各不相同，工程地质条件及建设环境条件也千差万别。因此地质灾害产生的类型、特点、规模和对工程及环境的影响也不尽相同。

5）风险种类多，安全责任大。水电工程建设周期少则几年，多则十几年，工程投资少则几千万元，多则几十亿元、上百亿元。水电工程由于地质环境复杂、建设规模大、投资高、周期长，所面临的风险也较多，包括自然风险（如地质灾害）、政策风险、市场风险、技术风险、环境与移民风险、设计规划及投资风险等，各种风险之间相互关系错综复杂；社会关注度高，安全责任重大，工程项目从规划设计到生产运行管理，全生命周期中都必须重视地质灾害风险管理及安全生产管理。

2.3.2 国外电力建设工程的特点

近年来，涉外电力建设项目不断增多，为扩大对外交往、开拓国际市场、培养外向型企业创造了条件，取得了较好的经济效益。随着对外业务的不断延伸和市场服务范围的扩大，国际电力建设工程业务由早期的技术咨询、招投标文件编制和现场设计发展到现在的以工程项目规划设计、勘察设计科研、施工总承包、投资合作等方式全面参与国外电力工程开发与建设，涉及勘察设计、咨询监理、工程施工、装备制造及投资运营管理等相关专业。国外电力建设工程与国内电力建设工程相比存在建设体制的多样性、工作环境的复杂性、执行标准和审查机制的双重性、基础资料的缺乏性等特点。国外电力建设工程除具有一般电力工程项目的临时性、一次性、唯一性、整体性、不可逆性、产品地点的固定性外，还具有复杂性、国际性、高风险性等特点，具体表现在以下几个方面。

（1）工作环境复杂。一方面，自然条件恶劣，导致现场工作条件较为艰苦，住宿饮食卫生条件差，交通通信困难，员工生理及心理状态需要及时进行调整；另一方面，政治环境复杂，法律风险大，尤其是在东南亚及非洲的一些地区，地方武装与政府军纠纷等造成工程现场人员的人身安全受到威胁，并且工程项目的进度难以保证。由于工作及生活条件与国内相比均有很大不同，要想认真履行好职责、创造性地开展工作，需要付出更多的劳动和克服更大的困难。

（2）地域差异性大。一个大型的国际电力建设工程项目可能涉及多个国家，业主、承包商、分包商、咨询工程师、贷款银行和劳务等可能来自不同的国家，并且项目所在国的地理位置、社会制度、风俗习惯、自然条件、法律法规等不同，再加上工程项目自身的性质、规模、要求不同，施工条件、施工组织、施工方法也各有特色，地域差异明显。

（3）过程控制困难。对于国外电力建设工程而言，一方面进出关手续较为烦琐，勘测设备、人力物力资源调配困难，导致工程现场的应变能力不足，生产效率低下；另一方面，现场交通及通信不便，难以进行及时有效的指导及现场的检查与监督，进度与质量过程控制较为困难。

（4）对承包商要求高。国外电力建设工程一般采用国际招标的方法，通过相对自由的竞争来决定承包方，因而往往存在着激烈的竞争，对承包商要求高。首先要求资金雄厚，技术力量和配套能力强；其次要求有较好的信息网络，能及时掌握国际市场信息；第三要求企业有经济分析、财务管理、工程技术、法律事务等方面的高素质专门人才，工作人员既要懂技术，又要懂外语，还要有良好的身体素质和环境适应能力。

（5）安全风险较大。国外电力建设工程项目通常涉及面很广，资金额度大，承建周期长，项目参与方较多，遇到的问题可能相当复杂，因而风险也高。除要面临政策风险、市场风险、环境与移民风险及投资风险外，还要面临自然风险，如疾病、洪水、海啸及各类地质灾害等，安全生产形势更为严峻。

第3章 电力建设工程地质灾害现状分析

3.1 地质灾害类型、规模及险情划分

3.1.1 地质灾害类型

地质灾害通常是指由不良地质作用引起的对人类生命财产和生态环境造成损失的地质现象，即由于地质作用使地质环境产生突发的或渐进的破坏，并造成人类生命财产损失的现象或事件。概括地说，地质灾害是指在自然或者人为因素作用下形成的，对人类生命财产、环境造成破坏和损失的地质作用（现象）。常见的地质灾害包括崩塌、滑坡、泥石流、地面塌陷、地裂缝、地面沉降等6种与地质作用有关的灾害。就电力建设工程而言，地质灾害不仅包括自然因素或不良地质作用引起的灾害，还包括电力工程建设等人类工程活动诱发引起的对工程安全、人民生命财产和生态环境造成危害或损失的灾害。电力建设工程场地一般环境地质条件复杂，地质灾害问题较多，主要涉及与岩土体稳定、施工安全及对工程和环境的影响等相关问题。

3.1.1.1 地质灾害分类方法

地质灾害的分类有不同的角度与标准，十分复杂。

（1）根据成因类型，可分为自然地质灾害（主要由自然变异导致的地质灾害）与人为地质灾害（主要由人为作用诱发的地质灾害）。

（2）根据地质环境或地质体变化的动态特征，可分为突发性地质灾害（如崩塌、滑坡、泥石流及地面塌陷等）与缓变性地质灾害（如地裂缝与地面沉降、水土流失及土地沙漠化等）两大类，其中缓变性地质灾害又称为环境地质灾害。

（3）根据地质灾害的主导动力成因，可分为内动力地质灾害、外动力地质灾害、人为诱发地质灾害与复合型地质灾害。其中，内动力地质灾害和外动力地质灾害又统称为自然地质灾害。

（4）根据地质灾害活动与灾害主导动力的关系，可分为原生地质灾害（由地质动力作用直接造成的灾害，如火山、地震、岩爆等）与次生地质灾害（由地质灾害引发的连带性的地质灾害链，如地震次生灾害）。

（5）根据地质灾害发生的自然地理条件，可分为山地地质灾害（如崩塌、滑坡、泥石

流等）与平原地质灾害（如地裂缝、地面沉降、地面塌陷、水土流失、软土震陷等）以及高原地质灾害（如地震、火山、地裂缝、岩溶塌陷、岩土体变形、地热）和海洋地质灾害（如地震、火山、地裂缝、海底滑坡、海啸等）。

（6）根据地质灾害与社会经济和人类活动的依存关系，可分为城市地质灾害、矿区地质灾害与电力建设工程地质灾害等。

（7）根据目前国内相对统一的认识，按照致灾地质作用的性质和发生处所大致将地质灾害分为3个大类、12个亚类、48个灾种。3个大类为自然动力类型、人为动力类型和自然与人为动力复合类型。

3.1.1.2　电力建设工程地质灾害类型

与电力建设工程相关的地质灾害类型主要包括以下几种：

（1）地壳活动灾害，如地震、火山喷发、断层错动、地热害等。

（2）斜坡岩土体运动灾害，如崩塌、滑坡、泥石流、碎屑流等。

（3）地面变形灾害，如地面沉降、地面塌陷、地裂缝、建筑地基与基坑大变形等。

（4）地下工程灾害，如洞井塌方、冒顶、片帮、鼓底、岩爆、高温、突水、突泥、有毒有害气体等。

（5）河、湖、水库地质灾害，如塌岸、淤积、渗漏、浸没、溃决等。

（6）海岸带及海洋地质灾害，如海平面上升、海水入侵、海岸侵蚀、海港淤积、风暴潮、水下滑坡、潮流沙坝、浅层气害等。

（7）特殊岩土灾害，如煤层自燃、瓦斯爆炸、放射性危害、黄土湿陷、膨胀土胀缩、冻土冻融、砂土液化、淤泥触变、水土流失等。

3.1.1.3　电力建设工程地质灾害分类

（1）根据有关研究成果，电力建设工程地质灾害按成因可分为3类：

1）工程建设直接引发地质灾害，如工程开挖、人工堆渣、建筑物加载、水库蓄水、线路架设等直接引发的崩塌、滑坡、围岩坍塌、地下涌水、突泥、岩爆、岩土体大变形、水库大流量渗漏、库岸坍塌、滑坡涌浪、水库地震诱发次生灾害、地基塌陷、基坑涌水等。

2）工程建设与自然因素共同引发地质灾害，如暴雨、洪水、地下水、地震等共同引发的泥石流、山体滑坡、河岸冲刷、地面塌陷、泄洪区雾化冲刷等。

3）自然因素引发地质灾害，包括地震及暴雨期间工程区产生的崩塌、滑坡、塌陷、砂土液化、滚石、泥石流及堰塞湖等以及特殊岩土灾害。

（2）根据电力建设工程特点、主要工程地质问题的性质特征及成灾对象，可将电力建设工程地质灾害分为水库工程地质灾害、主体（枢纽）工程地质灾害、临建工程地质灾害、输电线路工程地质灾害、移民工程地质灾害及其他地质灾害六大类型，每一类型可根据成灾特点进一步细分。

1）水库工程地质灾害，指与水库蓄水及运行相关的地质灾害，主要涉及水电工程（含抽水蓄能电站）及火电厂供水水源工程。

2）主体（枢纽）工程地质灾害，指与主体（枢纽）工程（如水电站枢纽建筑物）建设及运行相关的地质灾害，可分为边坡工程地质灾害、地基工程地质灾害及地下工程地质灾害三大类。

3）临建工程地质灾害，指与临建工程（包括场区道路、材料场地、堆弃渣场、加工系统、施工营地等）建设及运营相关的地质灾害。

4）输电线路工程地质灾害，指与输电线路工程建设及运行相关的地质灾害，主要涉及塔基的稳定与安全。

5）移民工程地质灾害，指与建设征地移民工程（包括移民安置、城镇迁建、专业设施改复建等）建设及运营相关的地质灾害。

6）其他地质灾害，指与工程建设相关的其他自然地质灾害（如山洪地质灾害、地震地质灾害及远程地质灾害等）。

3.1.2 地质灾害规模与险情等级划分

3.1.2.1 地质灾害规模划分

根据《滑坡防治工程勘查规范》（GB/T 32864—2016）及《泥石流灾害防治工程勘查规范》（DZ/T 0220—2006），滑坡、崩塌、泥石流地质灾害规模类型划分见表 3.1。根据《地质灾害分类分级标准（试行）》（T/CAGHP 001—2018），地面塌陷、地裂缝、地面沉降地质灾害规模类型划分见表 3.2。

表 3.1 滑坡、崩塌、泥石流地质灾害规模类型划分

规模	滑坡/万 m^3	崩塌/万 m^3	泥石流	
			一次堆积总量/万 m^3	洪峰流量/(m^3/s)
巨型	≥10000			
特大型	1000～10000	≥100	≥100	≥200
大型	100～1000	10～100	10～100	100～200
中型	10～100	1～10	1～10	50～100
小型	<10	<1	<1	<50

表 3.2 地面塌陷、地裂缝、地面沉降地质灾害规模类型划分

规模	地面塌陷		地裂缝		地面沉降	
	塌陷坑直径/m	影响范围/km^2	累计长度/km	影响范围/km^2	沉降面积/km^2	累计沉降量/m
巨型	≥50	≥20	≥10	≥10	≥500	≥1.0
大型	30～50	10～20	1～10	5～10	100～500	0.5～1.0
中型	10～30	1～10	0.1～1	1～5	10～100	0.1～0.5
小型	<10	<1	<0.1	<1	<10	<0.1

3.1.2.2 地质灾害险情等级划分

按危害程度和规模将地质灾害险情和灾情划分为 4 级，见表 3.3。

表 3.3 地质灾害险情和灾情等级划分

分级	地质灾害险情		地质灾害灾情	
	直接威胁人数/人	潜在经济损失/万元	因灾死亡人数/人	直接经济损失/万元
特大型	≥1000	≥10000	≥30	≥1000
大型	500～1000	5000～10000	10～30	500～1000
中型	100～500	500～5000	3～10	100～500
小型	<100	<500	<3	<100

3.2 地质灾害成灾特点与危害

电力建设工程地质灾害涉及水库工程、主体（枢纽）工程（包括边坡工程、地基工程、地下工程）、移民工程、输电线路工程及其他相关工程，其中水电工程涉及面最广。除了常规的灾害外，还包括水库或坝基大流量渗水、库岸再造、滑坡涌浪、岩土体大变形、大流量涌水及水库诱发地震等地质灾害问题，以及可能形成灾害的地质现象或问题，如水库浸没、潜在不稳定岩土体、斜坡滚石、坡面泥石流、地基变形、围岩坍塌、岩爆、流沙、有害气体、地下泥石流及地下水侵蚀、泄洪区岸坡冲刷等。

电力建设工程尤其是水电工程常位于深山峡谷区，地质环境条件复杂，工程区常分布有综合成因的大型堆积体（如崩塌、滑坡、泥石流、坡积、冲洪积、冰积等混合堆积体），并经长期的后生变化及改造，地表形态不完整，多具有潜在不稳定性特征，遇环境变化（如降雨、开挖、加载、冲刷、蓄水及震动等）即可能引发变形、滑移甚至破坏，形成地质灾害。许多工程区地质灾害众多，严重威胁工程的安全。地质灾害对电力建设工程的影响主要体现在对水库工程区、主体（枢纽）工程区、输电线路工程及附属或临建工程区的影响，其中附属或临建工程区主要包括进场公路、天然建筑材料场地、堆弃渣场、砂石加工系统、业主营地与承包商营地等。大规模的地质灾害一旦发生，往往会造成重大人员伤亡和财产损失，轻者延误工期，增加成本，重者坝毁人亡，对电力建设工程带来毁灭性的影响。山体崩塌滑坡埋没电站设施，阻断交通和输电线路，引发水库涌浪甚至翻坝；特大山崩阻断河流形成堰塞湖，淹没电站，对下游造成威胁。

水电工程地质灾害种类众多，其中以边坡工程地质灾害最为突出，影响也最为严重。除边坡地质灾害外，地下工程地质灾害及山洪泥石流灾害也较为常见，特别是泥石流灾害出现高发趋势。近年来，地下竖井工程地质灾害也多发，如云南泗南江水电站调压井塌方、缅甸瑞丽江一级电站调压井塌方及厄瓜多尔科卡科多-辛克雷水电站竖井开挖过程中发生塌方等，造成了工期拖延、投资增加及人员伤亡。

电力建设工程地质灾害是电力建设工程活动或自然因素共同诱发引起的地质灾害，与工程地质问题及工程建设密切相关，工程建设本身是诱发地质灾害的因素，而工程建设的成果（建筑物）又成为地质灾害的危害对象。地质灾害与工程建设活动相互依存、相互影响，按工程类别及成灾特点分述如下。

3.2.1 水库工程

3.2.1.1 成灾特点

根据水电站（含抽水蓄能电站）水库工程特点及建设实践，水库工程地质灾害主要发生在蓄水及运行期。水库蓄水改变环境地质条件而引发的工程地质问题，不仅影响到工程的安全与正常运行，也对当地居民的生产生活产生影响。水库库岸再造是水电工程中经常遇到的工程地质问题，产生灾害的影响范围广，持续时间长，对库岸居民点安全影响较大。下面对其成灾特点进行重点分析与评价。

水库岸坡的变形与失稳造成的地质灾害及次生地质灾害主要有：①近坝库岸大规模坍塌和滑坡，产生涌浪，直接影响坝体安全；②库岸滑坡和塌陷危及河岸农村村民和城镇居民、工矿企业等建筑物的安全；③坍塌和滑坡物质造成大量的固体径流，使水库迅速淤积，失去效益。水库岸坡变形及破坏类型大致可分为岸坡坍蚀和岸坡崩滑破坏两大类。

大型高速滑坡不仅会冲毁水工建筑物、堵塞河道，而且还会激起巨大的涌浪，威胁航行船只、库区、坝体及沿岸居民生命财产安全。如1963年10月9日发生的意大利瓦依昂大滑坡，巨大的深层滑动岩体（约2.8亿m^3）在30s内从峡谷左岸快速滑至库底，产生260m高的涌浪，越过高276m双曲拱坝的坝顶冲向下游河谷，造成了巨大的财产损失和人员伤亡。

对大量水电工程水库岸坡失稳现象的调查研究显示，水库岸坡失稳与时间及蓄水状态存在一定的变化规律，岸坡失稳是一个长期的水-土、水-岩作用问题。总体上，库岸再造引发的地质灾害特点如下：

（1）具有短时性、突发性等特点，对库区沿岸的土地资源利用及居民生活安全产生影响。

（2）水库蓄水初期、连续降雨期及库水位骤降期，是库岸再造的高发期。

（3）库岸再造影响范围通常在覆盖层库岸相对较大，基岩库岸再造影响范围较小；有滑坡体存在的库岸，由于库水的掏蚀及岸坡的坍塌对滑坡的稳定性极为不利，特别是滑坡抗滑段处于库岸再造影响范围，滑坡稳定性就会变得更差，甚至失稳，库岸再造影响范围更大。

（4）库岸再造以水库岸坡表部岩土体的变形破坏为主要形式，一般规模不大，对电站安全运行不构成威胁；但近坝库岸的大型堆积体、变形体或潜在不稳定岩体，在水库蓄水后一旦产生变形失稳，则对工程安全构成威胁，如鲁布革水电站、小湾水电站及拉西瓦水电站等。

（5）库岸塌陷主要发生在岩溶发育区和矿产采空区，对库岸的居民点及厂矿等产生不同程度的影响，如白龙江立节水电站水库蓄水后，库岸淘金洞充水，引发地面塌陷，导致约200户房屋出现裂缝。

3.2.1.2 典型工程实例

（1）鲁布革水电站近坝库岸分布有一个大型崩滑堆积体，体积为4300万m^3，堆积体结构复杂，地质层面倾向河床，呈明显的滑坡形态。水库蓄水后，改变了滑坡原有的平衡状态，加之人类活动及水库诱发地震等外力因素影响，堆积体产生了局部复活，前缘坍塌，坡体开裂（图3.1）。1989年雨季，滑坡表部变形曾出现加速发展的趋势，范围继续扩大，附近屋基开裂，前缘陡坡段坍塌更加严重，雨季过后滑坡发展速度变缓。1997年7月13日水库放空冲沙时，前缘区域失稳，整体下滑，绝大部分滑落到水库正常蓄水位为1130m以下，曾短时间堵塞河道。当时水库水位在8h内连续下降了13.83m，平均降幅为1.73m/h，1h最大降幅为3.54m，滑坡下滑时的水库水位为1095.06m；在堆积体后缘出现了环状拉裂缝，中前部出现横向拉裂缝，局部有错落现象，南侧堆积体后缘错落高度约为1m，滑坡体上多处房屋也出现了裂缝，部分较严重，危及了居住在该滑坡体上村民的生命财产安全。

图3.1 鲁布革水电站某大型崩滑堆积体

（2）小湾水电站水库在蓄水至水位1160m的过程中，库区两岸出现高度大于5m的塌岸103处（其中干流澜沧江73处，支流黑惠江30处），塌岸高度一般均小于塌岸宽度（塌岸高度为5～30m，宽度为20～60m）；塌岸规模以中小型为主，塌岸规模小于1000m^3的占43.8%，塌岸规模为1000～10000m^3的占47.9%，塌岸规模大于10000m^3的占8.3%；38.3%的塌岸发生在崩坡积土质岸坡中，35.6%的塌岸发生在全强风化岩质岸坡中，全风化岸坡占13.7%。塌岸模式包括坍（崩）塌型、滑移型（可细分为古滑坡复活型、深厚覆盖层滑坡型、沿基-覆界面滑移型和顺层滑移型）和坍塌-滑移转化型，其中以坍塌后退型最为发育。2009年7月20日小湾水电站水库近坝库岸发生滑坡，总体积约300万m^3的滑坡体滑入澜沧江中，掀起30多米高的水浪，致使14人下落不明。滑坡体平面位置为梯形，后缘部位为高100～120m的陡壁，坡度为60°～70°。滑坡体见两级平台：高程1400m附近为滑坡体滑动后形成的上部平台，平台上的树木有明显的倾斜歪倒，平台下部为坡度50°～60°的陡壁，高250～300m；高程1125～1150m为滑体塌滑形成的下部平台，小湾水电站水库近坝库岸滑坡见图3.2。

（3）三峡水电站水库蓄水后，库岸发生了不同程度的再造现象，塌岸的典型模式主要包括冲蚀磨蚀型、坍（崩）塌型、滑移型和流土型。2003年、2006年、2008年分期实施的高程135m蓄水、156m蓄水和175m试验性蓄水，每次蓄水运行均导致200余处老滑坡体发生变形。截至2010年12月，自高程135m蓄水以来累计发生变形的滑坡达600余

图 3.2　小湾水电站水库近坝库岸滑坡

处；从 175m 试验性蓄水以来，全库区发生塌岸 100 余处，不稳定库岸达几十千米，涌浪灾害已逐步显现，直接影响人民群众生命财产安全、地质环境保护和生态环境保护。其中，2003 年 7 月 13 日，湖北省秭归县沙镇溪镇千将坪村二组和四组山体突然下滑，体积达 1542 万 m^3，滑坡历时 5min，造成 14 人死亡，10 人失踪，129 户村民的 346 间房屋倒塌，4 家企业厂房摧毁，1200 人无家可归，省道宜巴公路交通中断；滑坡体堵断青干河时，产生 20 多米高的涌浪，导致 22 艘船舶翻沉，经济损失严重，三峡水电站水库库岸千将坪滑坡见图 3.3。2007 年 5 月 6 日，上游 17km 的水库区一处滑坡体（总体积达 1200 万 m^3）发生蠕动变形，出现长 200m、宽 0.7mm 的裂缝，蠕动变形与水位消涨有关。滑坡体上重点区域的村民进行了搬迁避险。

图 3.3　三峡水电站水库库岸千将坪滑坡

（4）拉西瓦水电站果卜错落体位于大坝上游的右岸，紧靠右坝肩（图 3.4）。2009 年初期蓄水后，发现果卜平台及岸坡多处发生拉裂及错动变形，坡面发生垮塌和滑动破坏。变形区范围高程为 2350～2950m，中下部最大水平深度为 172m，中上部水平深度超过

250m，变形体总体积达6000多万 m^3，变形速率与水库水位变动密切相关，表面测点的日变形速率达到20～30mm/d，累计位移超过40m。

(a) 果卜错落体分布图

(b) 果卜错落体变形一(局部)

(c) 果卜错落体变形二(局部)

图3.4 拉西瓦水电站果卜错落体变形

(5) 其他工程，如天生桥一级水电站、毛尔盖水电站、大朝山水电站、乌泥河水电站、阿海水电站、戈兰滩水电站、梨园水电站和白龙江立节水电站等水电工程，塌岸地质灾害也较为典型（图3.5）。

3.2.2 边坡工程

3.2.2.1 成灾特点

边坡工程地质灾害是电力建设工程最为常见、影响最为严重的灾害，其中以滑坡居多，不仅在工程建设期间频发，影响工程进度与施工安全，而且在运行期间也时有发生，对工程及生命财产造成严重危害；其次是边坡岩土体大变形，主要发生在施工期间。由于变形是破坏的前奏，必须进行有效处理，既要增加投资，又耽误工期。三峡、二滩、小浪底、溪洛渡及小湾等水电站，涉及的天然边坡高达1000m以上，工程边坡高达300～700m，也遇到了很多边坡崩塌、滑动、倾倒、蠕变等地质灾害，危及工程的安全。1986年6月，南盘江天生桥二级水电站导流明渠边坡发生塌方，造成24人死亡；泗南江水电

(a) 天生桥一级水电站水库库岸坍塌

(b) 毛尔盖水电站库区塌岸

(c) 大朝山水电站水库塌岸

(d) 乌泥河水电站近坝库岸坍塌

(e) 阿海水电站库岸塌岸

(f) 戈兰滩水电站库区塌岸

(g) 梨园水电站库岸堆积体塌岸

(h) 白龙江立节水电站库岸塌陷

图 3.5　水电工程塌岸地质灾害典型案例

站调压井边坡塌方，处理难度太大，只能另选位置；2000年8月，盈江县汇流河水电站滑坡，毁坏一幢4层楼房，死13人，伤26人，直接经济损失达800余万元。这样的例子较多。部分水电工程典型边坡地质灾害调查统计见表3.4。

表3.4　水电工程典型边坡地质灾害调查统计

工程名称	发生地点	发生时间	灾害类型	灾害影响
澜沧江漫湾水电站	左岸坝间边坡	1989年1月7日	滑坡地质灾害	增加工程处理费用，工期推迟
金沙江梨园水电站	导流洞进口明渠边坡	2008年8月15日	岩土体大变形	上部建筑物严重开裂，影响导流工程的建设进度，增加工程投资
	导流洞进口洞脸边坡	2009年5月22日	岩土体大变形	影响导流洞进口明渠的正常施工，增加工程投资
	溢洪道进口明渠边坡	2011年2月24日	岩土体大变形	增加工程投资，若变形进一步发展，危及下部施工安全
天生桥一级水电站	厂房后边坡	1994年4月20日	岩土体大变形	增加工程投资，影响工程进度，并对工程施工安全造成危害
	溢洪道引渠右侧边坡	1999年5月22日	滑坡地质灾害	上方公路被迫改线，增加工程投资，影响工程进度及对外交通，并对溢洪道明渠开挖施工安全造成危害
澜沧江景洪水电站	二期围堰采石料场边坡	2008年7月26日	崩塌地质灾害	影响到边坡顶部50m左右出线塔基础的稳定及出线塔的安全
龙江水电站	左岸砂石筛分系统	2007年5月31日	滑坡地质灾害	滑体堆积物大量滑入江中，对库区水流有一定堵塞，库容和环境有影响
	左岸缆机后边坡	2008年9月9日	滑坡地质灾害	影响缆机正常运行，并对875m公路和发电进水口安运行造成危害
澜沧江小湾水电站	右岸边坡	2003年6月11日	崩塌地质灾害	造成施工设备损坏，影响土建高峰期的出渣强度
	饮水沟崩塌堆积体	2003年12月	岩土体大变形	对下游侧大坝、混凝土拌和系统及缆机等的施工安全造成较大影响
	右岸场内E段公路边坡	2007年8月2日	滑坡地质灾害	危及生产、生活，交通中断
	布纠河渣场	2010年6月2日	滑坡及岩土体大变形	调整布纠河渣场排水方案（由明渠改为隧洞），导致进度滞后、投资增加
阿墨江普西桥电站	溢洪道闸室段边坡	2011年8月18日	岩土体大变形	影响上部施工营地安全，对工程进度造成影响，并增加投资
金沙江向家坝水电站	右岸马延坡砂石加工系统边坡	2006年主汛期	岩土体大变形	对上部已完建的工程中心变电站和砂石加工系统建（构）筑物造成较大影响，处理变形增加工程投资
天生桥二级水电站	厂房下山包滑坡变形	1987年	岩土体大变形及滑坡灾害	导致设计方案变更、进度滞后，增加工程投资
雅砻江二滩水电站	发电厂房集洪池	1998年	滑坡地质灾害	影响进场公路运行，危及电厂办公楼、集洪池及幼儿园安全，增加投资

水电站枢纽工程区及其影响范围内的自然边坡、近坝库岸分布的潜在不稳定岩土体，在蓄水、开挖、爆破等影响下均可能产生失稳破坏，引发地质灾害。

综合起来，边坡工程地质灾害有以下特点。

(1) 类型多样。变形破坏包括崩塌、滑动、倾倒、溃屈、拉裂、流动等类型。

(2) 隐伏性强，事发突然。边坡的变形破坏有一个发生、发展以及由量变到质变的过程。其中，土质或土石混合体边坡破坏前常有较大变形，而岩质边坡在发生较小变形后即可发生破坏失稳。

(3) 施工期及雨季多发，危害严重。开挖支护不及时，边坡开挖过陡，加固力度不足，强烈的机械震动或大爆破，以及特大暴雨、大暴雨、较长时间的连续降雨，最易诱发边坡灾害。

3.2.2.2 典型工程实例

(1) 江坪河水电站梅家台滑坡（图3.6）。2007年7月25日发生第一次大规模的急速滑坡，塌滑高度约为150m，高程为370～520m，方量约为60万m^3，河水水位壅高约为7m；7月28日发生第二次大规模塌滑，塌滑宽度约为140m，塌滑高度约为100m，高程为520～620m，塌滑方量约为30万m^3，其中滑入河道约10万m^3，再次堵塞河道，堰塞体顶部高程约为306m；7月30日下午又突降暴雨，发生第三次大规模塌滑，塌滑宽约为140m，塌滑高度约为60m，高程为620～680m，堰塞体中部突出，堰顶高程约为316m；7月31日，高程680m以上发生第四大规模整体塌滑，塌滑方量约为55万m^3，其中滑入河道约25万m^3，河道堆积体中部凸出部分的顶部高程约为340m、右侧低槽高程约为320m，上游水位高程为307m。

(a) 滑坡后缘

(b) 滑坡堵江

图3.6 江坪河水电站梅家台滑坡

(2) 2008年10月20日—11月5日，澜沧江古水水电站坝址区连续降雨，导致争岗堆积体大范围变形（图3.7）。以争岗沟为界，上游侧Ⅰ区主要为朝向澜沧江的滑动，争岗村后侧（滑坡体后缘）可见明显的错台，高度为2～3m，分布高程为2550～2600m。Ⅰ区有6处泉水出露。争岗沟下游侧Ⅱ区主要为斜倾上游的滑动，后缘地表可见断续的横向拉张裂缝，其中裂缝宽度一般为20～30cm，可见深度为50～80cm，最深可达3m，高程2300m、高程2430m见纵向、横向裂缝，勘探路槽出现明显错台现象，Ⅱ区有6处泉水出露。

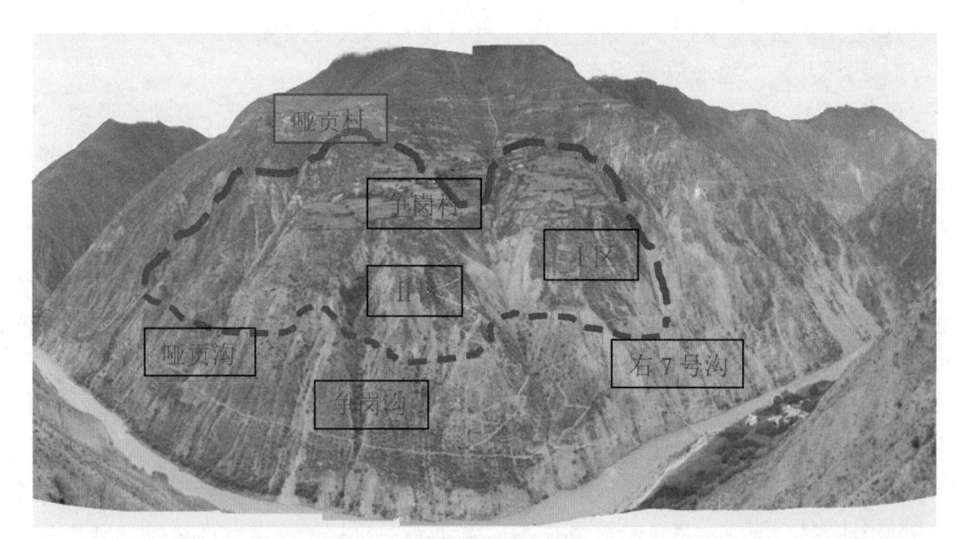

(a) 堆积体变形范围

(b) 堆积体后缘错台 2～3m

(c) 堆积体上水管镇墩被拉断

图 3.7　古水水电站争岗堆积体大变形

(3) 金沙江梨园水电站念生垦沟堆积体分布于坝址上游右岸，分布高程为 1500～1850m，临江部位堆积物沿河宽度约为 460m，靠后缘宽度约为 200m，横河方向长约为 1200m，面积约为 0.6km^2，总体上堆积体两侧及后缘薄，中间部分堆积相对较厚，厚度一般为 30～60m，总方量约为 2000 万 m^3。2008 年汛期，念生垦沟堆积体从经历大规模施工开挖、持续降雨以至较大范围的变形滑移，最大变形速率为 440mm/d，累计滑移变形 30 余米（图 3.8）。按分级布置、分期实施的原则，同时采取削坡减载、排水、抗滑支挡等措施对堆积体进行综合治理。经过两期治理，已累计完成卸载 350 万 m^3，设置直径为 2.2m 的机械造孔钢筋混凝土抗滑桩 115 根，200t 级预应力锚索 595 根，300t 级预应力锚索 126 根，以及 4 条排水洞及相关排水孔。通过应急处理和综合治理，最终使堆积体变形得到有效控制，虽然未造成人身伤亡事故，但给工程的施工进度及投资等造成了一定的影响。

(4) 其他水电工程边坡地质灾害见图 3.9。

(a) 堆积体前缘冲刷塌岸

(b) 堆积体后缘开挖边坡剪切变形

(c) 堆积体排水沟错移变形

(d) 堆积体中部建筑物变形

(e) 堆积体前缘剪切推移变形

(f) 堆积体前缘变形开裂

图 3.8　梨园水电站念生垦沟堆积体大变形

3.2.3　地下工程

3.2.3.1　成灾特点

根据水电工程（含抽水蓄能电站）地下洞室特点及建设实践，地下工程地质灾害主要发生在施工期，与围岩环境地质条件、隧洞规模、埋深及施工方法密切相关，其中，深埋（埋深大于 300m）、高压（水头大于 100m）、大跨度（跨度大于 20m）、长隧洞（长度大于 2km）围岩稳定问题相对突出，而不良地质洞段（隧洞跨越沟谷、浅埋及傍山段、隧洞进出口段、断裂破碎影响带、岩溶强烈发育段、软岩和软土地段、煤系地层、富水地带、采空区等）围岩自承能力差，自稳时间短，是隧洞地质灾害高发地段。

地下工程地质灾害按客观成因总体上可分为以下三大类：

(a) 漫湾水电站左岸坝肩边坡塌方

(b) 甲岩水电站泄洪洞进口边坡坍塌

(c) 三江口水电站引水洞进口边坡塌方

(d) 藏木水电站进场区左岸山体垮塌

(e) 黄登水电站甸尾堆积体大变形

(f) 威远江水电站溢洪道边坡塌方

(g) 大湾水电站泄流兼导流洞出口边坡塌方

(h) 凤凰谷水电站右岸边坡坍塌

图 3.9(一) 水电工程边坡地质灾害典型案例

(i) 瑞丽江一级电站进水口边坡大变形

(j) 泗南江水电站左岸趾板开挖边坡大变形

(k) 藤条江那兰水电站溢洪道边坡坍塌

(l) 居普渡水电站边坡塌方

(m) 骑马岭水电站导流洞出口边坡滑坡

(n) 糯扎渡水电站场区公路边坡塌方

(o) 云鹏水电站泄洪洞进口边坡塌方

(p) 普西桥水电站进水口边坡塌方

图 3.9（二） 水电工程边坡地质灾害典型案例

（1）不良地质洞段易引发地质灾害，如断层破碎带或不利结构面组合坍塌、浅覆盖洞段塌方冒顶、软弱围岩或高地应力大变形、松散饱水岩体地下泥石流等。

（2）地下水引发和加剧地质灾害，如流沙、涌水、突泥、地下水侵蚀等。

（3）特殊地质条件引发地质灾害，如高地温、高地应力岩爆、有害气体及放射性物质等灾害。

前两类地质灾害发育最普遍，常常相伴而生，具有时效性强、可预测但随机性大的特点，地下水既能引发灾害，也能加剧灾害。根据相关工程经验总结，地下工程围岩失稳的模式一般分为块体塌落（屋脊型塌落、楔型块体塌落）、松散岩土体塌落和复合型失稳；绝大多数塌方与结构面有关，以结构面组合失稳为主要特点；大的塌方均发生在Ⅳ类、Ⅴ类围岩洞段，从变形到失稳有一个缓慢发展的过程，与地质构造（包括断层、层间错动、软弱夹层、构造挤压带、节理密集带）、岩性及岩溶发育程度有直接关系；各类塌方随着时间的延续，均有不断发展扩大的趋势。

涌水、突泥是地下工程施工中常见的地质灾害之一，其特点如下：①发生概率高。由于地下工程（尤其是深埋地下工程）大多处于地下水位以下，只要存在导水通道，就可能发生涌水，且发生的概率高。据不完全统计，中国已建成的众多座隧道中，约有 1/3 的隧道发生过不同程度的涌水或突泥问题，尤其是在岩溶地区隧道施工中有 80％遇到涌水灾害。②突发性和大流量的涌水和突泥危害大。大规模涌水及突泥发生后，一方面，会严重威胁施工面上人员、设备安全，且对其处理又十分困难，影响工期；另一方面，会降低工程区内地下水位，造成地表水枯竭，生态环境恶化，地下水污染，甚至引起地面塌陷等伴生环境地质问题，给工程建设带来不良影响。③地下工程涌水由于受岩体结构影响而存在滞后现象，对隧道稳定性构成灾害性的影响。隧道的涌水受控水构造控制，涌水量大小和特征与开挖工序以及构造特征有关。

地下工程涌水、突泥是影响施工进度和造成工程事故的主要工程地质问题和常见的工程地质灾害。当地下工程穿过地下水富水层、汇水构造、强透水带、与地表溪沟及库塘有水力联系的透水层、断层破碎带、岩溶通道或采空区等部位时，断层破碎泥化物质、岩溶洞穴充填的泥及碎石等与地下水一起涌进洞室，给施工带来困难和灾害。

特殊地质条件引发的地质灾害只在特定情况下发生，具有局部性、可预防但难治理的特点。高地温也是深埋地下洞室的工程地质问题之一，国内外一些资料表明，高地温多出现在埋深在 2000m 以下的岩体内，深埋隧洞洞内温度的影响随着埋深的增加而增加。当地温超过 30℃时，常给施工设备造成损害，造成施工困难。地下工程中的高地温不仅恶化作业环境，降低劳动生产效率，严重威胁到施工人员的生命安全，而且影响施工材料的运用并危及工程安全，某些高地温热水对金属还具有潜蚀性腐蚀作用。岩爆具有滞后性、延续性、衰减性、突发性、猛烈性、危害性等特点，伴有片状剥落、严重片帮、声响，以及岩片弹射、能量猛烈释放、洞室突然破坏等特征，给人员、设备及建筑物安全造成巨大损失。

3.2.3.2　典型工程实例

地下工程地质灾害实例较多，如南盘江天生桥一级水电站 1 号导流洞进口段塌方冒顶，被迫单洞截流；雅砻江锦屏一级水电站导流洞塌方，处理耗时近半年；南盘江云鹏水电站导流兼泄洪洞塌方，影响工期并增加投资；龙江水电站枢纽工程导流洞塌方冒顶，被迫采取明挖处理，影响工程按期截流，并加大工程投资；老挝南欧江六级水电站导流洞出口段隧洞塌方引起上部边坡塌陷，不得不采取“明挖法”处理方案；厄瓜多尔科卡科多-辛克雷水电站竖井塌方，造成20多人伤亡。地下工程典型地质灾害见图3.10。

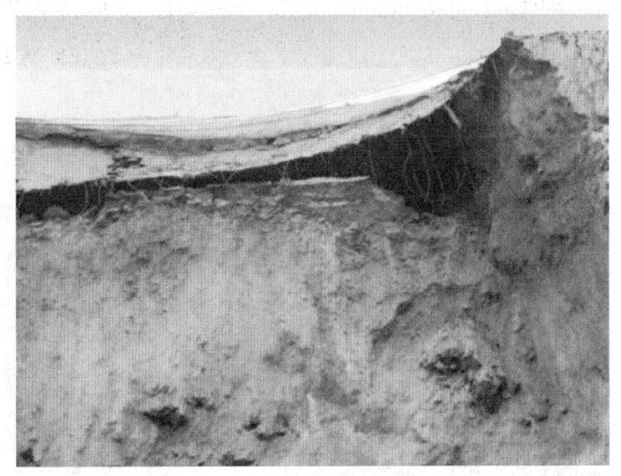

(a) 龙江水电站枢纽工程导流洞塌方导致地表塌陷

(b) 墒丽江一级水电站调压井塌方

(c) 梨园水电站1号导流洞塌方

(d) 铁索桥水电站普渡河断裂涌砂

(e) 乌泥河朝阳水电站引水隧洞涌水

图3.10（一） 地下工程典型地质灾害

(f) 锦屏二级水电站交通洞高压涌水

(g) 泗南江水电站调压井垮塌

(h) 锦屏二级水电站交通洞岩爆

(i) 小湾水电站地下厂房岩爆

(j) 普渡河甲岩水电站引水隧洞断层带塌方

(k) 普渡河甲岩水电站引水隧洞地下泥石流

图 3.10(二) 地下工程典型地质灾害

3.2.4 地基工程

3.2.4.1 成灾特点

随着电力建设工程规模越来越大，复杂地基（如深厚覆盖层、软弱岩层、溶蚀砂化地层、复杂构造和软弱夹层、高应力强卸荷岩体等）建坝工程地质问题也越来越突出，主要表现在抗滑稳定、变形稳定与渗透稳定几个方面。地基工程地质灾害也是水电工程较为常见的灾害，但主要发生在运行期，特别是运行初期。一般软弱岩基、松软土或深厚覆盖层地基、构造和岩溶发育的地基易产生灾害，主要表现为地基大变形、塌陷、大流量渗漏涌水、砂基液化及渗透破坏。

地基变形灾害有多种类型，包括不均匀沉降变形、滑动变形、渗透变形、地基失效变形等，危害程度有所不同。据不完全统计，国外建于覆盖层上的水工建筑物，约有一半的事故灾害是由于坝基渗透破坏、沉陷太大或滑动等因素导致。

地基塌陷主要发生在喀斯特溶洞或土洞发育地区，常与地基渗漏相伴而生。岩溶塌陷不仅会使水库产生严重渗漏，还会形成塌陷地震，若坝基或建筑物部位塌陷，将直接威胁建筑物稳定安全，有的会造成建筑物失事。岩溶塌陷的产生在时间上具有突发性，在空间上具有隐蔽性，在机制上具有复杂性。

地基渗漏不仅会造成渗漏量过大，影响水库效益，也导致地基扬压力超过设计值，对坝体的稳定构成威胁，而且还可能造成地基松散岩土层产生机械潜蚀，有的甚至对当地居民的生产生活构成严重威胁。

3.2.4.2 典型工程实例

云南苏拔河茄子山水电站运行期间坝基沿断层带产生渗透变形，不得不采取降低水位的方式进行处理，既影响发电效益，又增加处理投资；黄河小浪底水电站心墙基础置于冲积层上，由于变形过大导致坝体开裂，同时坝基运行期间局部沿断层带产生渗透变形，不得不进行专门处理。

国内部分水电工程地基地质灾害实例见图 3.11，国外部分水电工程地基地质灾害实例见图 3.12。

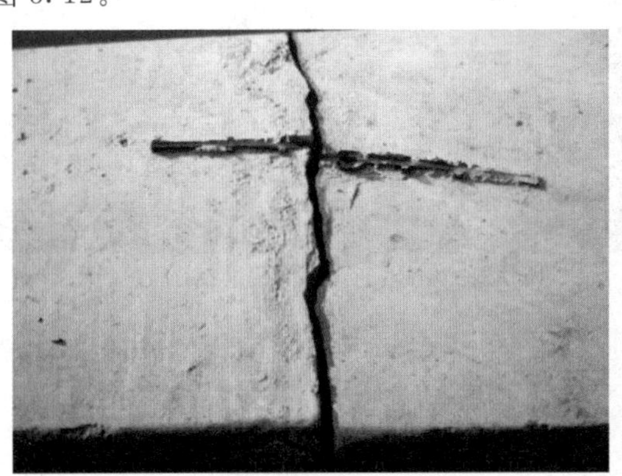

(a) 金河二级水电站前池地基变形导致混凝土开裂

(b) 鲁布革水电站库岸开发区地基变形

(c) 普渡河铁索桥水电站基坑坍塌

(d) 普渡河铁索桥水电站围堰变形坍塌

图 3.11 国内部分水电工程地基地质灾害实例

(a)老挝色边桑片-桑南内水电站副坝顶部沉降开裂

(b)老挝色边桑片-桑南内水电站副坝渗透变形破坏

(c) 老挝南欧江六级水电站业主营地地基变形

(d) 老挝南欧江六级水电站业主营地挡墙拉裂错台

图 3.12 国外部分水电工程地基地质灾害实例

3.2.5 临建工程

3.2.5.1 成灾特点

临建工程主要包括承包商营地、天然建筑材料场地、堆弃渣场、进场公路及砂石加工系统等。近年来，临建工程（特别是施工营地）地质灾害频发，常造成建筑物倒塌、设备设施损坏、人员伤亡和被埋受困等事故。其中，山洪地质灾害（如滑坡、泥石流、河岸冲刷等）是汛期多发的地质灾害，具有隐蔽性和突发性、持续时间短、成灾快、破坏性强、危害大且难以预测和防治的特点，是对临建工程危害最大的灾害。不少水电工程施工期都曾经发生山洪引发的泥石流及滑坡，造成重大人员伤亡的事故。例如，2006 年 7 月，云南省戈兰滩水电站拌和站后边坡突然发生滑坡坍塌，死亡 3 人；2007 年 7 月 19 日，云南槟榔江苏家河口水电站小江平坝料场发生滑坡引发泥石流灾害，死亡 29 人，伤 10 人；2010 年 6 月 14 日，四川省康定县金汤河流域金平水电站施工场地发生滑坡，死亡 23 人，伤 7 人；2012 年 6 月 14 日，金沙江阿海水电站大坝右岸，两个工棚被山洪形成的泥石流卷走，死亡7人，重伤1人；2014年7月8日，厄瓜多尔德尔西水电站1号营地发生泥石流，死亡3人，伤1人，直接经济损失达590万元；1996年5月18日，天生桥一级水电站4号弃渣场堆渣过程中由于沉降变形过大并沿外侧产生剪切滑移，约50万m^3弃渣及阶地冲积层滑入天生桥二级水电站水库，增加水库淤积并减少库容。

3.2.5.2 典型工程实例

（1）2008年7月26日，大雨过后，景洪水电站二期围堰采石料场边坡上游侧上部发生塌方（崩塌），方量为10000多m^3，最大块石直径达5m，见图3.13；下游侧上部已支护段（锚拉板加固）未塌方，但有变形松弛现象。

(a) 崩塌全貌

(b) 崩塌堆积物

图3.13 景洪水电站二期围堰采石料场边坡塌方

（2）龙江水电站砂石加工系统、混凝土拌和系统位于坝址左岸上游约3km处水库岸边，前缘施工时作为弃渣场，弃渣形成的平台考虑将来作为存渣场，至2008年5月30日已部分回填碾压至860m高程，回填弃渣约12万m^3。由于连续几天降雨，于5月31日渣场发生整体滑坡直达龙江，回填的弃渣已全部滑移，并且砂石加工系统高程876m平台上出现裂缝，危及砂石系统的运行安全，见图3.14。

(a) 滑坡全貌

(b) 后缘拉裂错台

图3.14 龙江水电站砂石加工系统前缘滑坡

（3）澜沧江黄登水电站下游右岸布纠河堆积体体积约为250万m^3，在布纠河渣场排水明渠开挖过程中，首先在前缘出现滑坡，随后中上部大范围出现变形开裂，后缘民房地基下沉，拉张裂缝张开宽度一般为10～30cm，最大为60cm，局部错台高度为10～15cm，最大张开可见深度为50cm。边坡出现整体滑移迹象，直接影响到堆积体上居民安全。后来不得不调整布纠河渣场排水方案，由明渠改为隧洞，对影响范围内的居民进行搬迁，导致进度滞后、投资增加。澜沧江黄登水电站布纠河堆积体大变形见图3.15。

(a) 前缘坍塌

(b) 后缘拉裂

图3.15 澜沧江黄登水电站布纠河堆积体大变形

(4) 其他工程。部分地质灾害实例见图3.16～图3.21。

(a) 滑坡全貌

(b) 滑坡堆积物

图3.16 普西桥水电站石料场滑坡

(a) 后缘拉裂错台

(b) 前缘坍滑

图3.17 观音岩水电站龙洞转料场边坡变形坍塌

3.2.6 输电线路工程

不论是水电、火电还是新能源工程，都涉及输电线路工程。输电线路按结构形式分为

(a) 前缘坍滑

(b) 后缘拉裂错台

图 3.18 威远江水电站石料场滑坡变形

(a) 料场公路边坡塌方

(b) 业主营地后山坡泥石流

图 3.19 甲岩水电站工程区地质灾害

图 3.20 梨园水电站料场边坡楔形体塌方

图 3.21 三江口水电站沙石系统基础淘刷破坏

架空输电线路和电缆线路。按照输送电流的性质，输电分为交流输电和直流输电。输电线路工程包括运输工程、土石方工程、基础工程、杆塔工程、架线工程、附件安装工程、接地工程等。施工过程中由于自然条件的影响和人为施工不当，易诱发或遭受地质灾害的影响和危害，而运行期主要存在的问题是雷击、覆冰和外力破坏，其中，外力破坏包括崩塌、滑坡、泥石流、塌陷及地震地质灾害的影响和危害。

输电线路工程由于跨越距离较长，工程地质条件复杂多变，塔基往往定位于山坡上。山坡的稳定直接影响塔基的稳定和送电线路的正常运行，塔基稳定是线路工程建设中主要的工程地质问题。其中，滑坡的研究和治理是线路地质灾害研究和防治的重点。

输电线路建设中最常出现的地质灾害是滑坡和垮塌，它们不仅给线路造成直接的经济损失，而且对工期和投资都有影响。四川某地区在2001—2004年，发生了22起重大铁塔基础滑坡事故，导致5处铁塔搬迁、2处使用抗滑桩进行处理、2处改线等，造成巨大的经济损失。线路电压等级不同，发生滑坡的规模和频率也不尽相同，电压等级高的线路比电压等级低的线路发生灾害的概率要大得多。如受“4·20”芦山地震以及连日降雨的影响，500kV甘蜀一二线149号塔位D腿外侧山体出现了大面积山体滑坡，滑坡边缘靠近塔基D腿基础上边缘，塔位周围有多条拉裂缝，合计总长约为195m，D腿至C腿堡坎开裂严重，严重威胁149号塔基稳定性。另据调查，汶川地震使国家电网有限公司遭受重大损失，主要受损的为变电站和输电线路，初步估计损失超过100亿元。此外，山洪、泥石流、地面沉降也是输电线路中常见的地质灾害，对输电线路建设和运行造成影响。输电线路的典型灾害见图3.22和图3.23。

图3.22　输电线路塔基大变形

图3.23　输电线路塔基前缘滑坡

3.2.7　移民工程

移民工程因选址不当、规划设计不合理、在库岸影响区后靠安置等，会发生地质灾害，如天生桥一级水电站水库区不少移民安置点因发生地质灾害导致房屋开裂，不得不进行二次搬迁。三峡工程在湖北巴东、巫山等新县城的选址及移民迁建过程中，因为地质环境论证和地质灾害评估不充分，造成选址不当，在已投入大量建设项目后，不得不又重新选址，新县城两次建在滑坡体上，三次易址；库区不少支流沿岸移民回流乱建现象普遍，蓄水至135m后，已出现多处危害严重的滑坡和库岸塌滑；库区城镇建设和发展规模迅速扩展，地质环境容量严重不足，不少边坡不仅顶上建房、坡脚建房，而且中部也开始建房，破坏了原有的边坡岩体结构，也毁损了已建的防护工程，产生了新的地质灾害。瀑布沟水电站水库区万工集镇107户移民因二蛮山滑坡导致房屋损毁，357户房屋受到不同程度的影响。其他水电站（如毛尔盖水电站、小湾水电站等）的移民工程都不同程度地受到地质灾害的影响和危害，见图3.24。

(a) 三峡水库移民工程边坡塌滑(据殷跃平)

(b) 瀑布沟水电站二蛮山滑坡导致万工集镇房屋损毁情况(据王旭红)

(c) 天生桥一级水电站移民区坡面泥石流

(d) 毛尔盖水电站移民点库岸滑坡灾害

(e) 小湾水电站南涧县孔雀山神庙岭岗移民安置区滑坡

图 3.24 水电站移民工程典型地质灾害

3.2.8　其他地质灾害

3.2.8.1　山洪地质灾害

洪水地质灾害与降雨、泄洪密切相关，是汛期多发的地质灾害，多在暴雨期间及大范围、长时间降雨之后发生，如滑坡、泥石流、河岸冲刷等灾害，具有隐蔽性和突发性、持续时间短、成灾快、破坏性强、危害大且难以预测和防治的特点。泄洪冲沙虽然有利于减少淤积，但堤坝被冲刷也容易造成垮堤现象。一些大型水电工程施工期都曾经发生山洪引发的泥石流及滑坡造成重大人员伤亡的事故，如 2000 年 8 月 13 日云南大盈江汇河水电站发生滑坡、泥石流灾害，死亡 18 人，伤 26 人；2002 年 8 月 17 日凌晨，一场暴雨导致小湾水电站水库右岸砂石料加工系统场地北侧的大沙坝沟突发泥石流，造成较大的人员伤亡，部分设施及设备损毁，砂石料系统生产受到影响；2005 年 8 月 11 日四川海螺沟发生大规模泥石流，建在磨子沟的所有小型水电站全部被冲毁，造成严重灾害；云南的藤条江、元江、李仙江上的多座水电站汛期曾发生河岸受冲刷而坍塌及围堰溃决或被洪水冲毁的灾害，不得不进行专门处理或二次截流；2008 年 6 月 9 日，金沙江鲁地拉水电站工程施工区突降暴雨，导致水电站枢纽区左岸鲁地拉村 2 号沟发生泥石流，造成施工单位所属临时办公生活设施、钢筋加工场地、临时拌和站和部分临时工棚损毁严重，因灾死亡 9 人，受伤 1 人；2010 年 7 月 26 日，云南省怒江咪谷河蓝溪水电站施工期因山洪暴发发生泥石流灾害，造成 11 人死亡，11 人受伤；2012 年 6 月 22 日，乌东德水电站工地上发生泥石流灾害，两辆卡车掉落山谷，1 人死亡、2 人失踪；2014 年汛期，普渡河小河口水电站尾水管被洪水泥石流冲毁，桥头工棚被泥石流掩埋。部分工程山洪泥石流地质灾害见图 3.25。

(a) 鲁地拉水电站工程区泥石流

(b) 阿海水电站鱼类增殖站泥石流

(c) 小湾水电站大沙坝沟泥石流

(d) 普渡河小河口水电站尾水管被冲毁

图 3.25　部分工程山洪泥石流地质灾害

其他典型工程受山洪地质灾害影响的实例如下：

（1）2009 年 7 月 23 日凌晨 1 时许，四川康定县普降大到暴雨，2h 降雨量达 56.1mm。暴雨致使舍联乡干沟村响水沟发生特大山洪泥石流灾害，冲毁响水沟大渡河切口处的长河坝水电站建设施工单位营地，形成长约 500m、最大宽度约 500m、平均堆积厚度约 5m、总体积约 40 万 m^3 的堆积扇，致使大渡河一度堵塞，出现河道淤积的险情（图 3.26）。此次灾害共造成 18 人死亡、36 人失踪、4 人受伤、141 人被困；省道 211 线多处中断，3000m 道路被淹没，1500m 道路被冲毁；136 间工棚、32 台车辆、61 台机具、80 台设备被毁，1400t 各类建筑物资被冲走，估算直接经济损失达 8000 余万元。

(a) 隧洞出口被泥石流掩埋

(b) 工程区河道淤积

图 3.26 长河坝水电站施工区“7·23”特大山洪泥石流灾害

（2）2007 年 7 月 19 日，因持续降雨，腾冲县槟榔江苏家河口水电站小江平坝料场剥离标段采石场边坡开口线以外的山体发生滑坡（滑坡体积约 3 万 m^3），引发泥石流灾害（图 3.27），3 间工棚被埋，灾害涉及人员 74 名，其中 40 人逃生，34 人被掩埋，被埋人员中抢救生还 5 人，死亡 29 人。

(a) 滑坡泥石流形成位置

图 3.27（一） 槟榔江苏家河口水电站小江平坝料场滑坡泥石流灾害

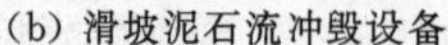

(b) 滑坡泥石流冲毁设备

(c) 滑坡泥石流冲毁工棚

图 3.27（二）　槟榔江苏家河口水电站小江平坝料场滑坡泥石流灾害

(3) 2009 年 6 月 30 日—7 月 3 日，云南阿墨江三江口水电站工程遭遇一场较大洪水（以下简称“7·1”洪灾），最大洪峰流量达 995m^3/s，导流洞下泄流量约为 800m^3/s；导流洞出口对岸（泗南江左岸）岸坡受到洪水冲刷，钢筋混凝土护岸部分塌损，有少量临江房屋垮塌，个别楼房基础外露，数十间房屋的安全受到威胁。洪灾发生前，地方政府已提前启动防灾应急预案，受灾区及危险区居民提前转移，疏散 200 余人，未出现人员伤亡。2009 年 8 月 5 日，工程再次遭遇更大洪水，入库洪峰流量达 1680m^3/s，导流洞下泄流量约为 1350m^3/s，洪峰历时较长。洪水造成“7·1”洪灾后应急抢险实施的钢筋石笼护岸全部被冲毁，河岸受冲刷土方 4 万～5 万 m^3，导致部分危房倒塌。由于泗南江乡 2009 年 8 月 5 日起发生强降雨，加之河岸受冲刷，泗南江乡堆积体在一定范围内发生蠕滑变形，部分地面开裂，临江沿岸房屋倒塌 13 幢 87 间，道路坍塌长度范围近 20m（图 3.28）。泗南江乡的洪灾虽未造成人员伤亡，但导致泗南江乡近千人搬迁，工程被迫停工，造成较大经济损失。

(4) 2012 年 6 月 27 日 20 时至 28 日 6 时许，白鹤滩水电站施工区矮子沟遭受局部特大暴雨，降雨量达 236.8mm，导致矮子沟处发生特大山洪泥石流灾害，泥石流总量达 57.4 万 m^3，固体物质达 27 万 m^3。泥石流冲毁沟口一栋三层民居楼房及施工区营地（图 3.29），10 人遇难，30 人下落不明。

(5) 2012 年 8 月 29—30 日，四川省凉山州盐源、木里和冕宁三县交界的锦屏山地区因持续强降雨影响诱发群发性地质灾害，形成灾害点 72 个，其中，沟槽泥石流 18 个，坡面泥石流 28 个。正在该地区施工建设的锦屏一级、二级水电站工程区遭遇特大山洪泥石流群发性灾害（图 3.30），暴雨泥石流灾害导致施工区道路、隧洞、桥梁受到严重破坏，交通、通信、电力全部中断，部分营地供水中断，个别部位坡面泥石流造成人员伤亡。

(6) 2016 年 5 月 8 日，福建泰宁池潭水电站扩建工程因持续强降雨，导致池潭水电站厂区办公楼后方山体发生滑坡泥石流（图 3.31），冲毁了池潭水电厂扩建工程施工单位生活营地及厂区办公大楼，死亡 36 人。

3.2.8.2　地震地质灾害

地震地质灾害是指在地震力的作用下地质体遭到变形或破坏而引起的地质灾害，其主要危害是造成场地失效和建筑物损毁。地震地质灾害可分为地基土液化、软土震陷、崩

(a) 三江口水电站导流洞泄洪

(b) 护岸钢筋石龙被洪水冲毁

(c) 前缘岸坡冲刷塌岸

(d) 前缘岸坡滑坡灾害

图 3.28 阿墨江三江口水电站泗南江乡洪水冲刷灾害

(a) 泥石流冲毁道路

(b) 泥石流损毁民房

图 3.29 白鹤滩水电站施工区“6·28”特大山洪泥石流灾害

(a) 施工营地泥石流灾害

(b) 北沟拼装厂泥石流灾害

图 3.30 锦屏一级、二级水电站工程区“8·30”特大山洪泥石流群发性灾害

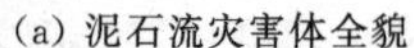

(a) 泥石流灾害体全貌

(b) 泥石流摧毁施工营地

图 3.31 福建泰宁池潭水电站扩建工程“5·8”泥石流灾害

塌、滑坡、地裂缝、泥石流、海啸或湖涌（库涌）、地表断层等。地震地质灾害的类型和影响程度，不仅取决于场地所遭受的地震动强度，而且也取决于场地的地震工程地质环境和条件，如地形地貌、地质构造、工程地质、水文地质、断层活动性等。地震地质灾害主要发生在地震期间，纯属自然灾害，具有突发性强、影响范围广、造成伤亡大、难以预测和防治的特点。

对电力建设工程而言，地震产生的崩塌、滑坡、塌陷、地基土液化、软土震陷、滚石、库涌及泥石流等次生灾害对水库工程、主体（枢纽）工程、输电线路工程及移民工程等均会产生影响和危害，对地基工程及边坡工程危害相对较大。根据汶川地震灾区水电工程震损调查及工程抗震复核工作成果，震区 4 座 100m 以上的高坝工程在汶川地震中表现出良好的抗震性能，均经受住了超过设计标准的强震考验，震区大坝无一溃决，说明水电工程的选址和设计是合理的，灾害和震损主要来自于地震引发的次生地质灾害。水电工程震害表现为“二重一轻”，即水工建筑物上部结构震损重，地质滑坡造成的次生灾害重，而水工建筑物主体结构和地下洞室震损轻；水电工程中，处理后的工程边坡整体稳定，地下工程抗震能力强，地面结构、设施的直接震损有限，次生地质灾害的影响突出。典型工程实例如下：

(1) 汶川 8.0 级地震影响。汶川地震导致不同规模的崩塌滑坡及泥石流发生数万起，具有危害的 6000 余起，形成近百个堰塞湖，大量人员伤亡，毁房无数，并造成了大范围山体表面松动，形成了大量临界稳定边坡、不稳定边坡等物理地质现象，其分布具有点多面广、类型多样、成灾迅速、危害严重、监测预报困难等特点，且受地震烈度、地质构造、地形地貌、地层岩性的制约，有明显的滞后性和延续性。灾区大中型水电工程区的天然岸坡几乎都发生了崩塌及滑坡堆积，导致交通中断，人员进入困难，地震造成的次生灾害不仅给人民的生命财产造成重大损失，而且也对电力建设工程形成重大威胁。地震地质灾害不仅是重大次生灾害，而且是电力建设工程安全的主要危险源。汶川 8.0 级地震灾区水电工程地质灾害部分实例见图 3.32。

(2) 鲁甸 6.5 级地震影响。2014 年 8 月 3 日云南省鲁甸发生 6.5 级地震，地震前 1 区 4 县（昭阳区、鲁甸县、永善县、巧家县、会泽县）共有地质灾害点 1579 个，其中，滑坡 1154 个，崩塌 61 个，泥石流 12 条。震后经排查，因地震触发的新增地质灾害隐患点

(a) 沙牌水电站管桥破坏厂房被淹

(b) 映秀湾水电站厂房被山体崩塌砸坏

(c) 渔子溪水电站厂房被山体滑坡掩埋

(d) 太平驿水电站尾水出口被掩埋

(e) 紫坪铺水电站坝基沉降

(f) 紫坪铺水电站厂房基础沉降

图 3.32　汶川 8.0 级地震灾区水电工程地质灾害部分实例

749 处。地震次生地质灾害高敏感区主要集中分布在地震烈度为Ⅷ度的区域内，且主要沿牛栏江及支流水系分布，严重影响区主要为鲁甸县龙头山镇、火德红镇、巧家县翠屏镇等地。

鲁甸 6.5 级地震发生在鲁甸县李家山村和巧家县红石岩村交界的牛栏江干流上，地震造成两岸山体塌方形成堰塞湖。据实测，堰塞体位于红石岩水电站取水坝（目前已被淹没）下游约 1km 处，堰塞体顶部左岸高、右岸低，右岸边缘为崩塌形成的块石堆积体，顶部顺河向平均宽度约为 262m，顶部横河向平均长度为 301m，迎水面最低点高程为 1222m，堰塞体左岸最高点高程为 1270m，下游最低点高程为 1091.7m，上游面平均坡比约为 1∶2.5，下游面平均坡比约为 1∶5.5。高程 1222m 处顶宽约 17m，顺河向底宽约

910m；沿高程 1222m 坝轴线长度约为 307m。堰塞体上游综合坡比约为 1：2.5，下游综合坡比为 1：5.5。堰塞体总体高度约为 100m，总方量约为 1000 万 m^3，水库长约为 25km，库容约为 2.6 亿 m^3。鲁甸 6.5 级地震地质灾害部分实例见图 3.33。

(a) 堰塞体全貌

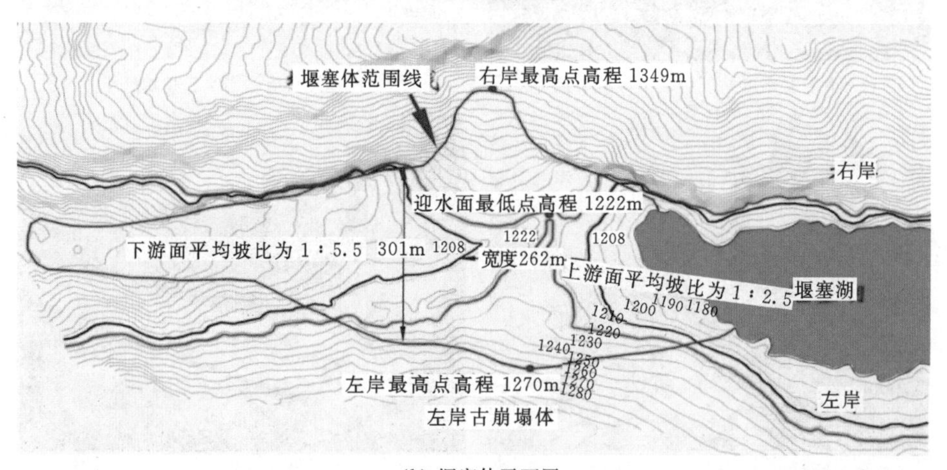

(b) 堰塞体平面图

(c) 右岸红石岩崩塌

(d) 右岸王家坡前缘土质滑坡

图 3.33（一） 鲁甸 6.5 级地震地质灾害部分实例

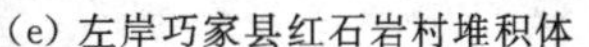

(e) 左岸巧家县红石岩村堆积体

(f) 左岸巧家县红石岩村堆积体前缘滑坡

图 3.33（二） 鲁甸 6.5 级地震地质灾害部分实例

红石岩崩塌位于鲁甸县李家山村红石岩组。牛栏江两岸斜坡坡体陡峻，坡度为 50°～80°。红石岩崩塌处，崩塌前坡高近 700m，坡度为 70°～85°。经现场调查，该崩塌体岩性主要为奥陶系中统巧家组、志留系、泥盆系及石炭系、二叠系的中厚层状白云质灰岩、白云岩夹砂岩、页岩，岩体节理、裂隙发育，坡体上部卸荷裂隙发育，岩体破碎、松弛。该崩塌总方量约为 1000 万 m^3，沿河流方向山体崩塌的长度约为 890m，后缘岩壁高度约为 500m，属特大型崩塌。该崩塌体上部为白云岩，下部为砂泥岩、页岩，坡体结构呈上硬下软的岩质边坡。坡面岩体发育三组节理，即横河向陡倾节理、顺河向陡节理及层间节理。边坡岩体软硬相间，边坡岩体软岩在上部岩体自重的作用下，不断压缩变形，致使上部脆性岩体拉裂、解体，形成压致拉裂变形，在地震作用下沿顺河向卸荷裂隙在其他结构面（如层面节理）的组合作用下产生大面积崩塌。边坡崩塌物质堆积于牛栏江河床，形成堰塞湖。根据岩性组合初步估测，堰塞体主要部分颗粒粗大，最大粒径大于 5m，堰塞体堆积物中块径为 50cm 以上的约占 50%，块径为 2～50cm 的约占 35%，块径为 2cm 以下的约占 15%。堰塞体渗流量较小，初步判断高程 1180m 以下堆石体级配基本连续，密实度较高；堰塞体表部为大块石堆积，细颗粒较较少，存在架空现象。堰塞体顶部左侧颗粒较细，最大粒径约为 2m，块径为 50cm 以上的约占 30%，块径为 2～50cm 的约占 45%，块径为 2cm 以下的约占 25%。

另外，地震还形成大量滑坡。其中，王家坡滑坡位于鲁甸县李家山村王家坡组牛栏江右岸。滑坡体主滑区斜长约 300m，宽约 190m，滑体厚度约 40m，体积约为 228 万 m^3，属大型滑坡。滑坡平面形态呈不规则“长舌”状，整体相对高差约为 112m。后缘主滑区在前缘陡崖剪出后在陡崖面上形成坡面碎屑流，斜长 500m，最大宽度为 270m，沿坡面及坡脚堆积，碎屑流主要堆积于缓坡平台上，与前缘土质滑坡存在明显的分界面。

3.2.8.3 远程地质灾害

远程地质灾害主要指形成区已远远超出了受灾对象的视野或一般日常活动或工程建设影响范围、运动距离较远的滑坡、泥石流、碎屑流等灾害，对工程（特别是移民工程）也会造成危害，特别是高速远程滑坡、泥石流灾害。如 2010 年 7 月 27 日，受暴雨的影响，四川省汉源县万工乡双合村一组二蛮山突发大型覆盖层滑坡，滑坡顺山谷而下，运动过程中转化为碎屑流，沿沟堆积长约 1720m，滑坡堆积体前缘高程为 953m，后缘高程为

1635m，高差为682m，滑坡面积为24.9万m^2，体积为240万m^3，造成了万工乡双合村一组原住居民住房9户损毁，20名村民失踪；万工集镇107户移民房屋损毁，357户房屋受到不同程度的影响。万工集镇后部约4万m^2的耕地损毁，集镇通往双合村和树林头的乡村公路受阻，掩埋原大沟泥石流导流堤约200m，损毁原双合村的变电器、电线等基础设施（图3.34）。

(a) 远程灾害体全貌

(b) 原住居民房屋损毁

(c) 移民新区部分房屋被掩埋

(d) 移民房屋损毁

图3.34 瀑布沟水电站库区万工集镇远程滑坡地质灾害
（据中国电建集团成都勘测设计研究院）

电力建设工程施工期是人类工程活动对自然条件改变最大的时期，也是电力建设工程地质灾害的集中发育期，建设初期是工程地质灾害（包括边坡工程和地下工程地质灾害）高发期，其中尤以临建工程（如导流工程、进场道路工程、临时营地、堆弃渣场等）地质灾害发生频率最高，同时还受到自然地质灾害的影响，地质灾害对人身财产安全、建设工期和工程投资直接或间接产生影响；电力建设工程运行期是工程与自然的磨合期，运行初期是水库工程与地基工程地质灾害高发期，地质灾害直接威胁工程安全，如地基渗漏与变形、水库诱发地震及滑坡涌浪等。

由于地质灾害的产生在时间上具有突发性，在空间上具有隐蔽性，在机制上具有复杂性，不管是建设期，还是运行期，一旦发生地质灾害，对电力建设工程的危害都是比较严重的。从近年情况来看，电力建设工程重大及以上人身伤亡事故多发生在电力建设工程施工阶段，并且大部分集中在汛期由地质灾害引发，其中水电工程最为突出。大量工程实例证明，电力建设工程地质灾害的危害具体表现在对人身财产安全的影响、对工程进度的影响、对工程投资和效益的影响、对工程质量和安全的影响及对生态环境的影响。

3.3 国内典型地质灾害案例分析

3.3.1 阿墨江普西桥水电站溢洪道边坡坍滑

3.3.1.1 工程概况

阿墨江普西桥水电站位于云南省普洱市墨江县雅邑乡普西村普西铁索桥附近河段，是阿墨江规划河段梯级电站中的第三个梯级。水电站坝址距昆明公路里程为346km，距墨江县城公路里程为86km，右岸龙潭乡-江边简易公路长度约22km。普西桥水电站是以发电为主，兼顾防洪、灌溉等综合利用的水利水电枢纽工程，水库相应库容为5.04亿m^3，调节库容约为3.11亿m^3，最大坝高为144m，工程为Ⅱ等大（2）型工程，具有年调节性能。水电站总装机容量为190MW，枢纽工程由面板堆石坝、右岸溢洪道、左岸泄洪冲沙洞、左岸引水发电系统及导流建筑物等组成。工程于2009年7月20日开工，于2014年12月建成发电。

3.3.1.2 溢洪道地质环境条件

溢洪道引渠闸室段边坡开口线高程在835m左右，覆盖层较厚，且覆盖层土体保水性较好。边坡开挖开口线最高处于T_3y^{c-5}岩组，以下为T_3y^{c-4}、T_3y^{c-3}、T_3y^{c-2}、各岩组岩性软硬相间（砂、泥岩），地形坡度受岩性控制，软岩地形坡度较缓，硬岩地形坡度较陡。各岩组层厚分布基本稳定，岩层产状近水平缓倾坡内，倾角一般为5°～15°。土石分界面产生剪切滑移（图3.35）。软岩以泥质岩为主，强风化呈泥土状，吸水膨胀，失水收缩开裂；弱风化抗压强度为17.3～23.1MPa，崩解、软化现象较明显。泥质岩石崩解后岩体强度、抗剪断强度大幅度降低，对边坡稳定性及抗滑稳定极为不利；泥质岩石自开挖裸露后3～5天开始崩解，7～10天崩解裂纹较为明显，15天左右完全崩解成碎片、碎块状（图3.36）；粉砂质泥岩自开挖裸露后5～7天开始崩解，15天左右崩解裂纹较为明显，25天左右完全崩解成碎片、碎块状；T_3y^{c-3}岩组以硬质岩为主，岩体风化相对较强，对边坡稳定不利，加之受边坡陡倾角节理的切割，边坡易形成不利边坡稳定的块体，形成楔形体垮塌破坏。

图3.35 边坡沿土石分界面产生剪切滑移

图3.36 边坡泥质岩石崩解垮塌

溢洪道边坡引渠闸室段构造不发育，卸荷裂隙水平发育深度 10～25m，连通性差。节理裂隙以陡倾角为主，延伸长度普遍大于 2m，主要发育节理特性：N5°～30°W，SW∠12°～13°，面平直、稍光滑，闭合，延伸长度为 5～12m，发育间距为 1～5 条/m。

3.3.1.3 地质灾害情况

2011 年 5—9 月汛期期间，溢洪道引渠闸室段桩号 0－022.5～0＋045 范围高程 780m 以上边坡（高约 55m）在开挖成型后，受地质、降雨等因素影响，边坡沿不利结构面发生滑塌，并造成上部岩体大变形。滑塌未造成人员伤亡，但滑塌后采取了削坡、强支护、排水等治理措施，增加的工程量为土石方开挖 3.8 万 m^3、1000kN 预应力锚索 141 束、锚筋桩 195 根、锚拉板混凝土 3151m^3、挡土墙混凝土 1750m^3、深排水孔 257 个等，治理费用为 633.8 万元，边坡滑塌治理造成工期延误 8 个月。

3.3.1.4 灾害成因分析

（1）根据现场灾害发生情况分析，发生灾害的主要原因既有客观因素，又有主观原因，其中客观原因包括以下 3 个方面：

1）地质条件影响。引渠闸室段边坡开挖成型后，岩石加速崩解、软化，强度明显降低，引起滑动面抗剪强度衰减时。根据现场观察，新开挖出来的碳质泥岩边坡往往强度较高，暴露于大气中，受光照、雨水作用，短时间内强度大大降低，时间不长即在重力作用下崩落，随着风化裂隙扩展，破坏范围不断扩大。

2）降雨影响。水对边坡的稳定性影响很大，工地上每次降雨后，边坡的变形破坏便加剧。雨水深入边坡后，大量的泥质成分会遇水软化，从而使土的黏聚力减小，强度显著降低；另外深入坡体内的水会令干燥状态的结构面软化、润滑，也降低潜在滑动面的抗剪强度，促使边坡滑动。

3）边坡内应力改变。雨水通过边坡裂隙渗入坡体后，由于排泄速度较慢，加上雨季经常有雨水补充，导致边坡内的地下水长期处于较高水位，地下水对潜在的滑动体产生的静水压力和动水压力也随之增加，对边坡的稳定性更加不利。边坡岩性本身软弱，由于开挖造成原始应力状态的改变，岩土体卸荷造成边坡表面岩土回弹松弛，边坡裂隙扩大，为雨水深入创造了条件。随着岩土体卸荷裂隙的发展和雨水的长期作用，当坡体较大范围土层强度衰减时，边坡就会产生滑动破坏。

（2）发生灾害的主观原因包括以下两个方面：

1）原支护类型不能满足边坡开挖后的稳定需要。

2）在发生滑塌后，业主单位考虑投资成本，起初未同意采用强支护方案，导致边坡发生二次、三次滑塌，增加治理难度。

3.3.1.5 灾害处理措施

（1）2011 年 5 月 20 日，溢洪道桩号 0－022.5～0＋045.0 段高程 795～811m 边坡出现垮塌，高程 811m 出现约 50cm 高错台。在高程 795m 马道下部修建衡重式挡墙，并将边坡削坡减载至 1∶2.5 坡比，封堵产生的裂缝。

（2）2011 年 6 月 27 日，受大雨影响，引渠段边坡开口线外侧出现 2 条裂缝，裂缝走向基本平行于两个临空面，并在坡顶相交。根据要求继续对该处边坡实施削坡减载至 1∶2 坡比，将高程 810m 马道宽度调整为 6m，并采用网格梁＋20m 深排水孔的支护排水措施。

(3) 2011年8月25日，闸室段高程795m以上的边坡土体隆起，网格梁剪切破坏，挡墙基础挤压破碎，挡墙出现较大沉降与位移，且下部岩体已有剪出迹象。根据要求，在混凝土挡墙上增加长35m、1000kN级的锚索8束，在挡墙下部高程780～791m边坡设置50cm厚锚拉板，锚拉板上共设置39束1000kN级锚索，同时在马道以上的相应位置设置深排水孔。

(4) 2011年9月6日，查勘溢洪道边坡发现在桩号0－43.5～0－63.5段高程790m附近有一剪出面，剪出面上部为覆盖层，覆盖层较厚，并可见少量渗水，在桩号0－43.5～0－63.5段高程795～780m处增加锚拉板（锚索9束），高程781m处增加一排深排水孔。

(5) 2011年9月25日，边坡削坡至高程795m，高程805～798m位置出现一斜长土石交接面。9月28日，该部位已喷混凝土开裂，局部土体下沉脱空，高程798～805m土石交接上部土体已有剪出迹象，剪出位移为20～30cm。溢洪道闸室段挡墙位移出现突变，挡墙基础破碎，高程820m平台及篮球场、羽毛球馆地面出现牵引式裂缝。根据要求，再次按照1：2.5坡比对高程785～822m闸室边坡进行削坡处理，高程785m以上的每级马道以上1m设置间距8m、上倾10°、长20m、ϕ90的深排水孔，并在其他出水点位置补打随机排水孔。在高程810～822m位置增加50cm厚锚拉板（锚索22束，长20m的深排水孔15个）。

(6) 2011年10月初，溢洪道边坡桩号约0－18.4～0＋17.00、高程810m马道及以上边坡出现贯通性裂缝。2011年10月10日以后，裂缝宽度加大。在桩号0－43.5～0＋17、高程795～810m部位增加50cm厚锚拉板（锚索21束）。

(7) 2011年11月初，在上部边坡加固防护措施完成之后，仍有轻微蠕变，致使部分边坡再次产生裂缝。经参建方商讨后，决定拆除残留的混凝土挡墙（桩号0－25.2～0＋4.8，高程789～796m），在下部高程780～795m的边坡（桩号0－28.33～0＋31.6）再次增加锚拉板（锚索29束，长12m的排水孔16个）。

(8) 2012年1月6日溢洪道引渠闸室段桩号0＋004～0－028.5段高程787.5～795m边坡开挖完成后发生滑塌现象。在高程780～825m边坡范围内再次增加了大量锚拉板（锚索39束，长20m的深排水孔33个）。

经处理，溢洪道引渠闸室段边坡变形基本趋于稳定。

3.3.1.6 灾害预防措施

在类似的工程建设中应注意加大对潜在地质灾害的认识，尽量在开挖初期采取加强支护措施，如深排水孔、锚拉板及开挖面快速封闭。

设计单位结合引渠闸室段的施工经验，对溢洪道泄槽段开挖支护参数进行了调整，根据地质条件适当增加锚拉板、深排水孔等措施。在2012年1月以后的泄槽段开挖支护过程中，未再发生类似边坡滑塌事件。

3.3.1.7 经验教训总结

针对这次灾害事故以及处理，经验总结如下：

(1) 普西桥水电站溢洪道引渠闸室段滑坡体治理施工共耗时8个月，施工时段跨越一个汛期，前后共发生过两次较大范围的滑坡。处理方案是削坡后在高程791m处修建混凝土挡墙，并在挡墙上布设预应力锚索。但在挡墙立模过程中，上部土体即再次滑塌，后浇筑完成的混凝土挡墙在锚索未及时张拉时即发生倾倒破坏，因此如何快速有效地对开挖卸荷后的边坡进行支护是滑坡体治理的一大关键要素。通过采取早期先封闭以及滑模浇筑锚拉板、钢垫板代替混凝土锚墩等措施，有效缩短了边坡支护周期，为滑坡体治理争取了宝贵时间，并为以后泄槽段边坡治理提供了宝贵的经验。

（2）普西桥水电站溢洪道引渠闸室段滑坡体治理时曾考虑过在下游侧冲沟内向山体内打排水洞，并在洞内布设排水孔的方案，但由于施工周期较长以及洞内施工人员安全没有保障等原因未实施；后来采用先封闭开挖边坡，再布设孔深20m以上、孔径为146mm的大孔径深排水孔的措施，解决了边坡排水问题。

（3）根据引渠闸室段边坡处理的经验教训，若支护措施不能一步到位，将严重影响工程进度，大量工作面被占压近8个月，不但造成施工方资源浪费，而且制约了业主方总计划的顺利实施。

3.3.2　雅砻江锦屏一级、二级水电站工程区群发地质灾害

3.3.2.1　工程概况

锦屏一级、二级水电站位于四川省凉山彝族自治州盐源县、木里县和冕宁县境内雅砻江下游河段，总装机容量为8400MW。其中，锦屏一级水电站位于雅砻江下游锦屏大河湾西侧，锦屏二级水电站位于雅砻江下游锦屏大河湾上，利用大河湾的天然落差截弯取直引水发电。开发河段内河谷深切、滩多流急、不通航，沿江人烟稀少、耕地分散，无重要城镇和工矿企业。

锦屏一级水电站水库正常蓄水位为1880m，库容为77.6亿m^3，属年调节水库，对下游梯级电站的补偿效益显著。水电站的主要任务是发电，装机容量为3600MW。工程枢纽区建筑物主要由305m高混凝土双曲拱坝、引水发电建筑物、泄洪消能建筑物等组成。锦屏二级水电站总装机容量为4800MW。首部设低闸，闸址以上流域面积为10.3万km^2，闸址处多年平均流量为1220m^3/s，本身具有日调节功能，与锦屏一级水电站同步运行时则具有年调节特性。工程枢纽建筑主要由拦河低闸、泄水建筑物、引水发电系统等组成，4条引水隧洞平均长约16.6km，开挖洞径为13m。

3.3.2.2　地质环境条件

雅砻江流域处于川西高原腹地，地处青藏高原向四川盆地过渡之斜坡地带。地貌上多属侵蚀山地，其间分布有大小不等、形态各异的山间盆地和构造洼地，地势总的趋势是西北高东南低，沟谷切割深度为1000～2000m，呈阶梯状逐渐降低，沿河两岸山势巍峨，层峦叠嶂，呈典型的高山峡谷地貌景观。区域构造变形复杂，断裂活动强烈，导致一系列历史地震的发生。由于频繁的构造活动和地震，致使流域内地层发生形变、岩体破碎、稳定性降低，在水的冲击、侵蚀等外力作用下，地质灾害频发。

在大地构造部位上位于鲜水河断裂带、安宁河断裂带、则木河-小江断裂带及金沙江-红河断裂带所围限的“川滇菱形断块”内的Ⅲ级断块——雅江-九龙断块中部。断块内以褶皱为主，断裂构造不发育，新构造运动以整体均衡抬升为主，无明显差异性活动，属构造稳定区。工程场区内不具备发生强震的地质构造条件，其地震效应属外围地震带强震活动的波及区。锦屏一级水电站坝址区基本烈度为Ⅶ度，相应水平向峰值

加速度为0.10g。

锦屏一级水电站引水发电系统及泄洪洞布置于坝区雅砻江右岸，河谷断面为深切V形谷，地形陡峻。水电站进水口布置于深切的普斯罗沟下游陡壁。

工程区出露地层为三叠系中上统杂谷脑组第二段（$T_{2-3}z^2$）大理岩，少量为后期侵入的煌斑岩脉（X），第四系（Q）松散堆积层主要为分布于谷底的河流冲积物。

工程区岩层产状变化较大，断层、层间挤压错动带、节理裂隙等构造结构面较发育。建筑物区所在右岸岸坡为顺向坡，岩层总体产状为N15°～80°E，NW∠15°～45°。发育NE向的f_{13}、f_{14}等断层，以及NEE向和NW～NWW向的小断层。此外还随机发育有层间挤压错动带，总体产状为N30°～60°E，NW∠30°～40°；优势节理裂隙可归纳为4组：①N30°～60°E，NW∠25°～45°（层面裂隙）；②N50°～70°E，SE∠50°～80°；③N50°～70°W，NE（SW）∠80°～90°，一般延伸长数十米，为建筑物区主要导水结构面；④N25°～40°W，NE∠80°～90°，局部密集成带出现，带长数十米，为导水结构面。

工程区岩体风化程度受岩性、构造及地下水活动影响明显，风化作用主要沿构造破碎带和裂隙进行，具典型的夹层式和裂隙式风化特征。

除沿构造破碎带和绿片岩夹层局部有强风化外，岩体一般无强风化，弱风化岩体水平深度一般小于20m。f_{13}、f_{14}断层破碎带及影响带附近，多沿断层带形成弱—强风化夹层，一般宽3～5m，局部达10～20m。

工程区两岸岸坡高陡，天然状态下地应力较高，谷坡岩体向临空方向卸荷回弹变形明显。强卸荷带下限水平深度一般为5～10m，弱卸荷带水平深度一般为20～40m。

工程区大理岩岩溶化程度微弱，前期平洞、钻孔勘探揭示未见较大规模的岩溶形态，属岩溶裂隙含水岩体，地下水的分布主要受裂隙的发育及分布情况控制。微风化—新鲜的煌斑岩脉、f_{13}等压扭性断裂带则为隔水岩体或相对隔水岩体。f_{13}、f_{14}断层里外地下水位不连续，存在水位陡坎。f_{13}断层以里为高压富水带，前期探洞和施工期排水廊道开挖揭穿后，曾出现涌水现象。NW向和NWW—EW向小断裂、溶蚀裂隙为地下水运移主要通道。

锦屏一级水电站枢纽区现今构造应力与高自重应力叠加导致天然状态下地应力量值高。实测最大主应力（σ_1）量值普遍为20～30MPa，最大值达35.7MPa；最大主应力（σ_1）方向一般为N30°～60°W，与区域应力场基本一致。

雅砻江流域地处青藏高原东侧边缘地带，属川西高原气候区，主要受高空西风环流和西南季风影响，干季、湿季分明。每年11月至次年4月为流域的干季，日照多、湿度小、日温差大。干季高空西风带被青藏高原分成南北两支，流域南部主要受南支气流控制，它把在印度北部沙漠地区所形成的干暖大陆气团带入本区，南部天气晴和，降水很少，气候温暖干燥。流域北部则受北支干冷西风急流影响，气候寒冷干燥。5—10月是流域的雨季，日照少、湿度较大、日温差小。由于南支西风急流逐渐北移到中纬度地区，与北支西风急流合并，西南季风盛行，使流域内气候湿润、降雨集中。

流域多年平均年降水量为500～2470mm，分布趋势由北向南递增。甘孜、道孚以北，多年平均年降水量为500～650mm；甘孜、道孚以南至大河湾，由西向东多年平均年降水量为600～900mm，大河湾以南多年平均年降水量为700～2470mm；高值区在安宁河上游团结、托乌一带及流域南部，最大值在择木龙（多年平均年降水量为2470.2mm）。流域内雨日多，连续降雨日较长，雨日最多长达191天，连续降雨日数最长可达48天。甘孜、道孚以北地区，历年平均雨日为130～169.8天，以南至大河湾的平均雨日为128.9～164天，大河湾以南地区的平均雨日为121～155天。

3.3.2.3 地质灾害情况

工程区施工期已多次发生小型的岩土大变形、滑坡、塌方、塌陷、岩爆、涌水、地基与支护开裂及泥石流等地质灾害，其中以2013年的“8·30”地质灾害为最具典型性的较大型群发性地质灾害，8月29—30日工程所在区域出现特大暴雨，在27h内雨量达到了101mm，暴雨中心甚至达到了175mm，引发了主要以泥石流为主（其中又以沟道泥石流破坏最大、坡面泥石流次之）、土体滑崩与地基塌陷为辅的较大型地质灾害，造成了较大的危害以及损失，见图3.37。

(a) 交通道路边坡崩滑灾害

(b) 交通道路塌陷灾害

(c) 3号营地附近泥石流灾害(一)

(d) 3号营地附近泥石流灾害(二)

(e) 90号拌和楼附近泥石流灾害

(f) 北沟拼装厂坡面泥石流灾害

图3.37（一） 雅砻江锦屏一级、二级水电站工程区群发地质灾害

(g) 水电十四局项目部泥石流灾害

(h) 地下厂房渗水灾害

图 3.37（二） 雅砻江锦屏一级、二级水电站工程区群发地质灾害

灾害造成锦屏水电站施工区内外发生 100 多处泥石流及滑坡，经济损失与人员伤亡较大，营地及工程设施受到损坏，通信、交通、35kV 及以下电力供应全部中断，对工程建设造成严重影响。

（1）3 号营地南北沟征地红线外泥石流造成营区排水渠堵塞，洪水及泥石流通过营区漫流，造成营区特别是排洪渠右侧及二坪营地办公生活房屋一楼不同程度被淤积体掩埋，大量交通车辆、物资财产被泥石流严重损毁；3 号营地北沟水厂被冲毁且管道损毁，1 号营地水厂取水口淤积，造成营地断水。

（2）锦屏一级水电站大坝左岸高程 960m 平台上部多处垮塌。锦屏水电站西端道班沟下游至大沱区间所有道路明线段均被泥石流掩埋，场内交通及对外专用公路 30 余处公路路基、护坡、防撞地桩及沿线承包商的临建设施被泥石流损毁，造成西端场内交通全部中断 4 天。

（3）印把子沟发生了 3 处坡面泥石流，冲沟拦挡坝和排水洞口淤积。葛洲坝印把子砂石系统机电仓库营区、印把子生活营区基本被摧毁，印把子砂石系统生产和 1 个生活供水系统损毁。

（4）锦屏二级水电站西端拌和楼后山坡发生泥石流和滑坡，导致正在运行的 1 个灰罐被冲入水中，2 个灰罐罐体受损，1 个拌和楼中控室被毁，受料单位的混凝土罐车有多台严重受损、5 台彻底报废。锦屏二级水电站进水口冲沟发生泥石流，导致消淤船倾覆。

（5）锦屏一级水电站机电安装工程 3 号营地北沟生产车间和部分设备、物资材料库大部分材料及 1 号钢管厂内存放的锦屏一级水电站 4 号发电机组设备被埋，二坪两个机电设备仓库排水沟被淤积，设备库内底层设备被水浸泡。

（6）棉纱沟泥石流造成 3 号路隧洞进口、5 号路、2 号路隧洞进口及该部位的骨料输送系统 4 号转载站掩埋，转载站设备全部损毁，骨料输送线无法运行；棉纱沟内两座拌和楼仓库被泥石流掩埋。同时棉纱沟泥石流夹带洪水冲入锦屏一级水电站地下厂房，造成进厂交通洞、厂房安装间、主变室、母线洞、排水廊道等部位普遍淤积，供电线路损毁后尾水洞内无法排水导致最高水位至基础环部位，发电机组部分叠片、设备被水浸泡，5 号、6 号机组发电机层及水轮机层被浸泡约 15cm。

（7）地质灾害损毁供电线路造成停电，锦屏一级水电站 1 号、2 号、3 号、4 号引水洞内渗水无法抽排，导致洞内施工设备、材料被淹；锦屏一级水电站大坝高程 1601m 层廊道无法抽排水，导致灌浆设备、材料被淹。

(8) 辅助洞洞口坡面、冲沟泥石流导致辅助洞A洞出口被掩埋，辅助洞口物资仓库、钢筋加工厂和部分营地被埋。

(9) 由于泥石流、滑坡、崩塌等地质灾害损毁供电线路，造成锦屏水电站西端全面停电，锦印三回、锦辅、印沱两回、棉大、印坪两回等锦屏西端10回线路被多次砸断，1座35kV铁塔倒塌，3号营地和4号箱变损坏，5个变电所停电，印把子35kV变电站淤积，西端道路沿线多处箱变损坏。

(10) 锦屏水电站东端泥石流导致模萨沟排水洞口几乎被泥石流堵塞；海腊沟泄槽受损，过水路面的涵洞堵塞，海腊沟停止通行约15天，海腊沟内营地房屋受损；对外公路2号TBM堆存场场地被毁，乡村公路被摧毁，设备部分损失，部分转运至泼水湾；对外公路里庄段、木珠垄等地边坡垮塌；穆家例子发生滚石，土质边坡开裂，需增加被动防护网、主动防护网、消坡减载、锚筋等设施；三股泉供水边坡开裂，需增加钢管桩等处理措施。

3.3.2.4 成因分析

锦屏水电站施工区位于雅砻江下游锦屏大河湾西侧，河谷切割深度为1000～2000m，属于典型的高山峡谷地貌，地形陡峭、高山坡陡。该区域地处鲜水河断裂带、安宁河断裂带、则木河-小江断裂带及金沙江-红河断裂带所围限的“川滇菱形断块”内的Ⅲ级断块中部，历来构造活动较强烈，导致区域山体支沟极为发育，泥石流发育点很多。这种地形为固体物质及山体滑崩岩土体的集聚、输移提供了有利条件，也为泥石流发展成破坏力大的沟道泥石流提供了有利的地形条件。

在地面工程区域，岩体以砂板岩、变质岩为主，岩体裂隙风化现象较明显，加之山体植被单薄、岩土裸露，属于地质灾害高发、易发的自然地质条件。在充足的雨水侵蚀条件下，岩土体稳定性能大大降低，极易发生滑坡、塌陷、塌方、坡面泥石流等灾害，这也为泥石流提供了丰富的物质来源。同时，在2013年8月29—30日，工程所在区域出现30年一遇至50年一遇的局部特大暴雨，印把子、3号营地北沟一带的暴雨中心，降水量大、持续时间长，且有多次降水过程，在27小时内雨量达到了101mm，而暴雨中心最高甚至达到了175mm，为泥石流的形成与流通提供了充足的水源动力条件。

3.3.2.5 灾害防治措施

锦屏“8·30”群发性地质灾害发生后，当地政府、雅砻江流域水电开发公司、各参建单位等通力合作，立即启动了灾害应急预案，成立应急指挥部，迅速展开了快速有效的抢险救援和应急治理工作：①立即调动相关人力、物力、设备等积极营救被困人员，疏散与转移处于潜在风险区的群众，确保人员安全，同时调动应急储备物资做好安抚工作；②积极开展相关灾害现场清理工作，快速疏通交通通道，确保灾区群众生活问题得到及时解决；③及时开展地质灾害隐患排查，发现隐患及时报告，做好评估与应急工作，快速推进实施治理工程；同时做好地质灾害评估，有序地恢复生产；④加强灾害现场管理与管控，确保应急物资有序发放；⑤及时开展危机处理，规范信息管理，做到公开透明，确保人民群众的知情权。

根据开工以来建设期发生的地质灾害数据资料及“8·30”群发性地质灾害资料，以及采取的相应防治与处理措施和应急预案的实施情况可知，虽然其中大部分地质灾害得到了有效防治，避免了损失和灾害的蔓延，但仍有一些不足，需要引起重视。有些方面需要改进和完善：①应继续坚持“以人为本、预防为主”与“主动避让、提前避让和预防避让”的原则，加强对建设工程区域的地质灾害评估和排查，对可能发生地质灾害的区域积极采取如构建拦挡坝、排洪洞、防护网等的防治与治理措施，确保员工住宿等营地房屋工程建设结构强度及营地选址满足安全需要，以便灾害发生时提供有利防护和场地空间；②加强生态系统的保护，加大对工程建设的监控力度，将工程对环境的破坏控制在最低程度，防止工程施工造成山体滑坡、随意弃渣、挤占河道等情况的发生，减少地质灾害发生的频率和规模，使地质灾害造成的危害与损失降到最小。

3.3.2.6 经验教训总结

（1）在不利地质环境条件下施工时，施工建设单位应采取有效的防治处理措施如提前勘探、超前支护、及时支护等，确保人员和设备财产安全，达到避免或者将损失和危害降到可控范围。

（2）加强地质灾害日常管理，定期或不定期地开展安全教育宣传及防灾减灾基本知识的学习，强化巡视检查与监测预警工作，及时将潜在的地质灾害区域信息告知区域人民群众，做好相应的预防措施与避让。

（3）进一步改进和完善应急预案管理体系，建立常态化的应急指挥部，做到责任明确、执行高效和反应迅速，确保灾害发生时采取快速、积极、有效的措施，有效管控灾害，将损失降到最低。同时，加大应急设施建设和物资储备的力度，灾害发生时有效解决灾区群众生活问题，从而保证救灾抢险工作有效顺利进行。

（4）高度重视地质灾害保险工作，重视重要数据资料的收集与保存，进一步缩小灾害损失范围。

3.3.3 金沙江白鹤滩水电站矮子沟泥石流

3.3.3.1 工程概况

金沙江白鹤滩水电站位于金沙江下游河段，是金沙江下游乌东德、白鹤滩、溪洛渡、向家坝4个梯级水电站中的第二级，坝址左岸属四川省凉山彝族自治州宁南县跑马乡，右岸属云南省昭通市巧家县大寨镇，距离上游巧家县城45km，距离上游乌东德水电站坝址约182km，距离下游溪洛渡水电站195km。白鹤滩水电站坝址多年平均流量为4190m^3/s。坝址至昆明公路里程约为306km，至重庆、成都、贵阳直线距离均在400km左右。白鹤滩水电站的开发任务为以发电为主，装机容量为16000MW，兼顾防洪。水库正常蓄水位为825.00m，水库总库容为206.27亿m^3，具有年调节性能。水电站枢纽由拦河坝、泄洪消能设施、引水发电系统等主要建筑物组成。混凝土双曲拱坝最大坝高为289m。

3.3.3.2 地质环境条件

矮子沟流域位于金沙江白鹤滩峡谷左岸，大凉山山脉南坡。流域内地势西高东低，地貌类型属中山区，流域西侧属黑水河流域，南侧属骑骡沟流域，北侧属衣补河流域。矮子沟沟源高程为3500m，出口处金沙江枯水期水位为604.00m，高差为2896m。矮子沟自西向东汇入金沙江，主沟长 21.96km，流域面积为 65.55km²，沟道平均坡度约为 131.9‰。干流矮子沟与支流瓜绿沟呈不规则的 Y 形分布，干流下游主沟称矮子沟，干流上游主沟称泥罗汉沟，上游主要支流瓜绿沟位于流域北侧，交汇点的沟底高程约为 1600m。矮子沟流域分为 3 个汇流区，即上游泥罗汉沟汇流区、瓜绿沟汇流区及下游矮子沟汇流区。矮子沟流域松散物源总量约为 4813 万 m³，其中残坡积物 2388 万 m³，崩坡积物 1158 万 m³，滑坡 855 万 m³，老泥石流堆积物 411 万 m³。

矮子沟流域属亚热带季风气候区。受大气环流和地形的影响，气候的垂直变化显著，年内干湿季节十分明显。由于流域内地形高差大，气温垂直变化明显，金沙江河谷地带，年平均气温达 21.8℃，极端最高气温可达 42℃；而在大寨镇政府所在地，高程为 1373m，年均气温为 17.5℃，年内最高气温仅 35℃，最低气温可达－1℃；在东北部的海拔 3000m 左右的亚高山地区，最低气温可达－8℃。

年内降雨每小时最大强度值主要出现在 6 月、7 月，其中最大雨强达 30.5mm/h。从区域泥石流暴发的临界雨强分析，不同流域泥石流启动的临界雨强变化差别较大（4.9～50.1mm/h），矮子沟流域的雨强值满足泥石流启动的临界雨量条件。

综上所述，矮子沟流域沟谷干流纵比降、岸坡平均坡度大，有较丰富的固体物源，流域雨量丰富，且大雨—暴雨集中，具备发生泥石流的地形、物源及降雨条件。

3.3.3.3 地质灾害情况

矮子沟流域地处四川省凉山彝族自治州宁南县白鹤滩镇境内，是金沙江左岸的一条支流，位于白鹤滩水电站坝址上游，沟口距离坝址 6.1km。在矮子沟沟口部位布置有弃渣场，需要在沟口上游布置排水洞将矮子沟改道，矮子沟排水洞进口至沟口区域，是工程主要弃渣场之一。2012 年 6 月 28 日早晨 6 时左右，矮子沟发生特大泥石流自然灾害事故，造成白鹤滩水电站工程 3 号公路施工队伍 10 人死亡，21 人失踪，直接经济损失达 178.77 万元，间接经济损失达 40 余万元。当时工程尚处于筹建期，弃渣场未征地、未启用，排水洞正在施工。

3.3.3.4 灾害成因分析

矮子沟流域位于鲜水河-滇东地震带边缘，而且周边的地震对矮子沟流域的影响较为明显，1986—2005 年的 20 年间，临近县市波及矮子沟流域不小于 4.0 级的地震共发生 16 次，最近两次 4.0 级以上地震发生在 2010 年和 2011 年。

矮子沟流域经历了近百天的极端干旱天气，在山坡土体表面形成大量的地表裂缝，“6·28”泥石流发生前，又经历了一周持续降雨过程，降水从地表裂缝入渗坡体，导致斜坡饱水，稳定性变差。矮子沟流域 6 月 23—27 日 5 天的累积降雨量为 39.9mm，2012 年 6 月 28 日凌晨 1 时左右矮子沟上游开始降雨，持续到上午 10 时，9h 降雨量为 77.7mm。

综上所述，矮子沟“6·28”泥石流是在地震、干旱影响及大暴雨激发作用下，坡面及小支沟产生泥石流，支沟泥石流堵塞沟道，瞬间溃决形成较大山洪，沟床松散物在山洪作用下被启动，沿途不断有岸坡松散物坍塌补给，下游段有块石加入，规模不断增大而形成。

同时，还有一些人为因素，导致伤亡较大，主要体现如下：

（1）工程建设各方对防范自然灾害的措施、手段和预防范围的认知不足，预警机制和应急预案的更新完善存在薄弱环节。

（2）施工队伍素质参差不齐，防灾应急避险意识差。

（3）施工营地选址未做到“三防一高”（即防风、防洪水、防泥石流及高出水位线）。

（4）汛期对周边地质灾害排查不彻底。

3.3.3.5 灾害防治措施

（1）在矮子沟上游修筑三级拦挡坝，对沟内积水进行引排。

（2）在事故发生区域及冲沟影响区域修筑排导槽，进行截（排）水。

（3）完善预警机制，完善地方联动信息平台，确保信息畅通、政令畅通，并严格执行24小时领导值班制度。

（4）制订《防洪度汛应急救援预案》，并组织进行预案演练，完善应急救援机制。

（5）对冲沟等重点部位指定责任单位、责任人，并在每次雨前、雨中、雨后进行排查。

（6）组织对施工区域内人员进行全员培训教育，并针对地质灾害预防和逃生自救方法、应急救援注意事项等进行了专项培训。

（7）在民工营地等重点部位安装了预警装置，并指派专人进行24小时巡查，发现异常情况及时撤离避险。

（8）定期对重点部位进行安全评估，并制定专项安全整改措施。

3.3.4 陕西韩城电厂滑坡

火电厂建设项目一般包括电厂工程、灰库工程、水库工程、铁路专用线工程及其他附属工程。火电厂主要面临活动性断裂构造及地震活动、开挖边坡失稳、软土地基变形、砂土液化及人类工程活动等灾害性地质因素影响，地质灾害在工程建设期及运行期均时有发生，以滑坡居多，其明显受地质环境条件和工程建筑类型的影响。如福建省漳平电厂4号山滑坡、陕西略阳电厂滑坡及陕西韩城电厂滑坡等，下面以陕西韩城电厂滑坡为例进行分析。

3.3.4.1 工程概况

陕西韩城电厂位于澽水河河谷二级阶地上，与象山煤矿相邻，装机容量为38万kW，是一座坑口火力发电厂，为陕西省的重要电厂之一。工程分两期建设：一期工程安装两台7.5万kW国产汽轮发电机组，1973年5月主厂房破土动工，1975年年底首台机组如期建成并试运成功，1976年年底2号机组也试运成功；二期工程规模为2×12.5万kW，1976年9月主厂房动工，1979年1月3号机组试运成功，正式移交生产，1979年11月4号机组建成投产。

韩城电厂滑坡位于韩城象山山地的横山山梁，它不仅直接影响着电厂的生产安全，而且也严重困扰着煤矿的生产。自1982年以来，靠近电厂的山坡上出现了数十条地裂缝，每条长百余米，宽数十厘米，垂直落距几十厘米。变形范围东西长约500m，南北宽38m，深达13～13.5m。由于山体变形，厂区建筑物受到不同程度的破坏，直接威胁电厂的正常生产。

3.3.4.2 地质环境条件

（1）韩城电厂滑坡体所在的横山是象山山地的一个分支山梁，山梁两侧为大冲沟，山梁北侧冲沟较大，南侧冲沟略小，冲沟呈V形谷，切割较深，两岸基岩裸露，形成陡坡。横山主体由近水平的二叠系上石盒子组地层构成，山体的下部是含可采煤层的山西组与太原组地层，山体的上部是较厚的黄土堆积，构成了黄土“戴帽”斜梁山地。电厂主厂区位于横山脚下澽水河葫芦状弯曲型河床河谷凸岸的二级阶地和三级阶地之上，属黄土斜梁深谷地貌类型。

（2）电厂滑坡区二叠系上石盒子组地层由下而上按岩性旋回可划分出12个岩组，归入6个旋回，岩性主要为砂质岩夹泥质岩。覆盖于二叠系地层之上在近分水岭处的为中新世保德组三趾马红土层，而大部分地区为第四纪黄土所覆盖。

（3）滑坡区构造简单，为缓倾斜的单斜岩层，岩层走向为N12°～25°E，倾向北西，倾角为4°～12°。边坡岩体中无较大的断裂分布，裂隙发育程度中等，唯层间分布有较多的软弱夹层，夹层间距为8～15m，由碎裂岩和泥化条带两部分组成，厚8～25cm，其中泥化条带厚0.5～1.5cm，连续分布。地表无明显断层出露。滑坡区的外缘东侧为韩城活动大断裂（F_9），走向北北东，倾向东，倾角为40°～52°；断层直接暴露于地表，下盘为基岩象山山地，上盘为澽水河冲洪积平原；韩城大断层是一条以蠕动为主的活动断层，其活动速率大者达3.75cm/a，小者为0.74～0.17cm/a。

（4）厂区及横山一带，在地表以下180～280m处有煤层分布，可采煤层有3层，分别为3号、5号和11号，已开采的为3号、5号煤层，采空高度分别为2m和4m。横山区3号煤层自1974年由东向西开采至1985年已全部采空，采空区距主厂房最短距离约180m，距浓缩池仅50m；5号煤层自1979年7月起开采，1995年3月停采，其采空区边缘距主厂房约500m，距浓缩池约300m。

3.3.4.3 地质灾害情况

韩城电厂在横山西麓紧靠象山煤矿切山脚建厂，由于大面积采空区岩层塌陷，引起山体位移，导致厂区地基处于不稳定状态。1982年8月，在斜坡上观察到了一些裂缝，发现几处地坪下陷，主厂房东侧的干煤棚柱体开始倾斜，柱体的基础也开始上升，烟囱柱子倾斜。1982年12月，开始对电厂内的建筑物进行上升和位移的监测。

1982年开始发现厂区内主要建筑物和厂坪发生变形，1984年以后，不均匀沉降日趋严重，主厂房的建筑物上开始出现一些裂缝、断裂以致破坏。到1985年4月，局部地段上升值最大达58.1mm，引起主厂房框架柱剪断、运行平台与B排柱之间槽钢弯曲、保温层破裂、干煤棚柱倾斜及4号进煤铁路混凝土路基剪断与变形等严重问题。同时，在横山山坡上出现了地表塌陷裂缝，并出现4道向西倾的环形裂缝；在厂区铁路护坡下与排水沟处及主厂房东沟壁下，出现3条向东倾的倾角为20°～40°的地表裂缝。主滑体的后缘就是四道向西倾的环形裂缝，前缘位于厂区两侧，南北以冲沟为界。1985年5月，横山的山坡开始朝SW250°～260°方向运动，发生象山大滑坡，滑坡东西长约600m，南北宽约500m，滑体达500多万m^3，致使厂区地面出现北东方向的隆起带，主要生产建筑物多处变形，电厂被迫停产。此后，一边治理滑坡，一边生产，历时5年，耗资4500万元，使滑坡得到控制。

3.3.4.4 成因分析

经综合分析认为，韩城地区强烈的新构造运动应该是滑坡形成和发展的动态背景（或称为动力源），横山山梁的临空释重和地层产状与山坡倾向一致是电厂滑坡的地质地貌基础，二叠系地层中的泥质岩和地下水与地表水运移是滑坡运动的条件，地下煤层开采和工程削坡是滑坡的诱发因素。据马惠民、马周全的研究，该类斜坡变形破坏除具有一般斜坡破坏的地质条件外，地下采矿是最主要、最直接的控制因素。它不仅使坡体本身完整性遭到破坏，岩体松弛，裂隙张开，改变了水文地质条件，更主要的是地下采煤使上部岩体弯曲，产生剪切滑移。坡体中倾向临空的缓倾角软弱泥化夹层（层间错动带、劈理带）也随之产生剪切变形。

通过地质调查和初步的机理分析得出结论：韩城电厂滑坡是一个有多个滑面的蠕滑变形体，由于横山的煤矿开采和顶板的塌落形成了天然的拱形洞穴。电厂的基础是顺着山体的临空面，水平方向的拱推力使坡体沿倾向坡外的缓倾层间软弱带发生蠕滑，因此电厂基础下的南北方向隆起带的上升导致了电厂厂房的结构严重变形。在雨季，短时间内地下水位因为地表水的下渗和红旗隧道的渗漏而上升，导致蠕滑的加速。

3.3.4.5 工程治理措施

由于滑坡已处于整体滑移阶段，厂房变形严重，已危及正常生产及职工生命安全，为此，1985 年 5 月开始组织“抗滑抢险”工程，同时开展勘察、设计及监测预报工作，利用声发射技术监测滑坡变形速率，并在建筑物变形严重部位布置了 12 个报警仪，进行 24 小时监控。其中，初期治理措施包括：①斜坡顶部削坡减载；②沿坡脚设置抗滑桩，大部分桩截面为 3m×5m，埋深 35～38m，到达预计的滑面以下；③在抗滑桩顶上部坡体建造挡土墙；④在坡体表面开挖截排水沟。

1990 年完成施工任务，主要完成了厂区主要建筑物的加固，横山山体削方近 10 万 m^3，安装抗滑桩 73 根，完成上下 4 面挡土墙和卸荷平台的截水、排水、防渗工程，设立水平和地面沉降观测点 653 个，设置监测装置及报警装置等 10 多种。

从监测成果和厂区出现的变形来看，滑坡变形并未停止。厂区原有隆起带仍然呈连续上升趋势，而北部抬升相对明显。到 1992 年 4 月，累计上升值已达 10mm，厂坪抬升范围在逐渐扩大，而抗滑桩体也有水平位移并伴有小的下沉。1994 年，由于地下继续开采、红旗渠大量漏水等原因，滑坡再次产生剧烈变形，随后实施了以排水为主的二期综合治理工程，具体治理措施包括：①暂停 3 号煤床的煤矿开采，1995 年 4 月关闭 5 号煤床；②红旗隧道暂停使用，进行堵漏工作，在 1995 年 6 月进行了检查，并于 1995 年 11 月恢复供水；③1995 年 7 月完成对斜坡表面裂缝的封闭工作，并改善地面排水系统；④在山体前缘的抗滑桩内侧用纵向排水隧道和排水孔组成地下排水系统。

经监测，随着各项治理措施的实施，坡体内地下水位逐渐下降，各部位大地测量监测点的位移速率、地下钻孔倾斜观测的相对错位明显趋缓，坡体及厂区的变形得到有效控制，达到了应急治理的预期目标。治理工程于 1996 年 8 月全部完工。到 1997 年年底，厂区的水平、垂直变形速率已由治理前的 4.0～2.0mm/月下降到 0.3～0.1mm/月，年变形控制在 4mm 以下，治理效果显著，保证了韩城电厂的安全运行，保障了陕西省的正常供电，取得了明显的经济效益和社会效益。

3.3.4.6 经验总结

工程设计与科研单位先后对该滑坡做过详细的勘测工作，完成的治理工程规模宏大，从地面到地下，从横山到电厂，布置了多种监测装置，治理工程从1985年5月初开始，至1996年6月竣工，历经11年，投入的勘测与治理经费近8000万元，经治理后电厂正常运转至今，处理是成功的，但其中有值得吸取的经验和教训（马惠民，2008）。

（1）滑坡是由地下采煤（形成塌陷盆地和自然塌落拱）引起，是一个多滑带、多层剪切蠕动的变形体；上部临空的岩体沿缓倾层间软弱带产生蠕滑，下部未临空岩体则产生剪切蠕动变形，引起地基隆起，造成厂房结构严重变形。

（2）1985—1988年针对上部滑动岩体实施的抗滑工程，有效控制了滑坡的发展，但1994年以后的变形主要为F_9断层附近采掘煤层产生深层蠕滑所致。

（3）1995年实施深部泄水盲洞工程，对遏制深层蠕动起到了一定作用，但越界开采仍然是滑坡及深层岩体蠕动的主控因素。

3.3.5 大理者磨山风电场二期工程边坡坍塌

新能源工程包括太阳能、风能、生物质能、地热能、海洋能等建设工程，风能开发对地质环境的扰动相对较大，地质灾害的易发性及危险性相对较高，下面以云南省大理者磨山风电场二期工程边坡地质灾害为例进行分析。

3.3.5.1 工程概况

大理者磨山风电场高程为2800～3006m，是目前国内外已建海拔较高的风电场。施工内容包括施工道路开挖，风机安装平台基坑开挖，风机基础混凝土浇筑，箱式变压器基础、电缆沟、绿化等工程部位的场地清理，施工期排水，钻孔爆破，渣料的运输和堆存，边坡绿化防护，完工验收前的维护，以及环保水保的处理工作。土石方开挖回填45万m^3，混凝土浇筑0.5万m^3，浆砌石0.38万m^3，边坡绿化32万m^2。

3.3.5.2 地质环境条件

（1）地貌条件。工程位于者磨山山脊与西洱河河谷之间的斜坡部位，为构造侵蚀中山地貌，区域内最高点为者磨山山顶，高程为3006.9m，最低点为北西部的西洱河河谷，高程为1900m，一般高程为2200～2900m，相对高差达1000余米。微地貌形态主要为山脊、V形沟谷及缓坡，见图3.38。

(a) 远景地貌

(b) 近景地貌

图3.38 大理者磨山风电场二期工程区地貌

工程区位于两条支沟山脊，总体地势为南东高北西低，山脊为尖顶，呈锯齿状。山脊坡度为10°～20°。山脊两侧山坡坡度较陡，一般为30°～50°，两侧不对称，局部达70°，地表植被发育。

(2) 地层岩性。工程场区为绿色板岩广泛分布区，出露基岩主要为三叠系上统歪古村组（T_3w）板岩夹砂岩的地层，其中板岩岩体破碎，全风化层厚约2m，强风化层厚约6～15m。风化裂隙发育，砂岩相对较完整，强风化层厚约7m；覆盖层主要为新生代第四系坡残积层粉质黏土（Q_4^{edl}），可塑状，夹板岩、泥岩和石英砂岩碎石、碎块，顶部多含植物根系。碎块石含量一般为5%～50%，厚度为1～6m，分布在山顶平缓地带和山麓、山坡地带，平面、剖面上分布不均匀。

(3) 地质构造。工程区大地构造隶属兰坪-思茅坳陷带内的点苍山断褶束，地处次一级构造单元苍山-杨王山褶断带中部，并位于北西向红河断裂带中的洱海深大断裂旁侧，地质构造主要受其控制，工程区内及周边的断裂、褶皱多呈北西向展布。

(4) 水文地质条件。工程区所处地理位置属澜沧江水系与红河水系的分水岭部位。场区北部西洱河属澜沧江的一级支流，发源于洱海，流域面积约为2250km^2，长约30km，坡降为2.5%，年径流量为4.24亿m^3，流向为由东向西，在场区西部平坡一带与漾濞江交汇后由北向南汇入澜沧江。场区南部属红河水系，场区外围发育大西河，属红河源头。场区内除2条溪沟外，无大的地表水体。

场区地表分水岭呈北西向、北北西展布，两侧地表水系发育，沟谷近南北向展布，形态多呈V形，纵坡降为20%～30%，流量一般小于10L/s，季节性变化明显。在场区东侧沟谷源头两处测流量，流量为2～3L/s，据调查，流量动态变化大，为季节性水流。

3.3.5.3 地质灾害情况

2010年8月27日，云南省大理市下关镇至太邑乡一带出现了强降雨，导致正在施工建设期的者磨山风电场二期工程发生边坡坍塌（图3.39）。此次灾害造成项目工程C线K1+950～K1+980段完全中断，靠路面外侧边坡坍塌部位道路形成反坡，严重影响道路稳定。灾害发生后，施工单位及时抢救抢修，有效防止了次生灾害的发生。灾害造成经济损失约14万元。

(a) 进场道路外侧边坡坍塌

(b) 塌方路段抢修处理

图3.39 者磨山风电场二期工程边坡坍塌地质灾害

3.3.5.4 工程处理措施

（1）在坍塌区进行重新修建排水系统并对路面已出现的地表裂缝及时充填，进行导流排水，减少降水、地表水入渗，消除地表水危害。对于排水要求：排水沟沟帮宽度不小于50cm，然后采用M10砂浆抹面。

（2）对坍塌区做钢筋笼多层进行处理，单个钢筋笼尺寸为200cm×150cm×100cm，钢筋采用ϕ12的Ⅱ级钢筋。网格间距为10cm×10cm，交叉点采用焊接连接。底层需水平设置两排钢筋笼，厚度为2m。钢筋笼分层从一端往另一端放置，或者是从最低处开始放置。相邻钢筋笼需连接稳固后方可向笼内填石，且不影响后续钢筋笼的安置、连接和填石。相邻钢筋笼间的连接采用ϕ10的Ⅰ级钢筋焊接。其填石选用粒径较大的石块。

（3）对坍塌区道路平台裸露边坡采用拉网种植草与撒播草籽。

（4）提高防灾意识，做好灾害的动态监测工作。

1）对C线坍塌处的动态及新的宏观变形进行巡查。

2）对坍塌堆积体后缘裂缝进行监测，及时判断堆积体的稳定性。

3）适时对施工断面的土体稳定性和施工安全进行判断，为安全施工提供依据。

4）落实监测责任、监测手段、监测人员和施工人员的联络方式，制订施工人员遇险安全撤离路线等防灾预案。

3.3.5.5 工程经验及教训

此次边坡坍塌灾害的经验和教训如下：

（1）强风化岩体滑坡的发生时间问题。一场连续的降雨过程或者一场特大降雨之后，都可能引发一部分早已变形或处于危险阶段的滑坡急剧滑动，酿成灾难。

（2）落实监测责任制、加强监测手段，并在施工建设单位开展防灾科普教育，增强施工队伍防灾意识。加强对类似区域和地段地质灾害的排查，做好防治工作。

（3）汛期抓住险情，主动出击，科学预报。绝大多数滑坡、崩塌、泥石流都发生在汛期。许多事实表明，凡是危险的滑坡、崩塌，在汛前或汛期都会表现出比较明显的活动迹象，如果抓住这些险情，科学判断，举一反三，则可以做出预测、预报，减少或避免人员伤亡和经济损失。

3.3.6 天荒坪抽水蓄能电站改线公路滑坡

3.3.6.1 工程概况

天荒坪抽水蓄能电站装机容量为180万kW，上水库蓄能为1046万kW·h，其中日循环蓄能为866万kW·h，年发电量为30.6亿kW·h，抽水电量（填谷电量）为42.86亿kW·h，为日调节纯抽水蓄能电站。该电站以500kV一级电压、出线二回接至瓶窑变电所进入华东电网，在华东电网中担负调峰、填谷、调相、调频及紧急事故备用等任务。

天荒坪抽水蓄能电站第一台机组（1号机组）于1998年9月30日投产，最后一台机组于2000年12月发电。上水库整个库盆28.5万m^2采用沥青混凝土防渗护面，混凝土衬砌的水道系统最大静水压力达到680m水头，地下厂房设置自流排水洞，采用三回500kV干式电缆出线。

3.3.6.2 地质环境条件

滑坡地段位于坝址上游河流左岸，是下水库库岸一部分。下水库区段内河流流向近南北向，岸坡陡峻，冲沟切割，河谷狭窄。滑坡区域地表呈中部向外鼓出的锥形坡体相对高差为400余米，锥顶高程为690～500m，地形坡度为30°，高程500m以下到河床地形坡度为40°～50°，覆盖层广布，偶见突兀的大孤石。植被发育，竹木茂盛。

下库岸岩体发育多组结构面（主要为N50°～70°E、SE∠70°和N50°～60°W、NE∠70°左右），并存在多个不利结构面组合。由于河流下切，岩坡陡峻坡体在外营力作用下产生蠕变，部分出现蠕变-拉裂变形，致使岸坡在较大范围内形成了风化卸荷破碎岩体。风化卸荷破碎岩体的岩块间多张开拉裂，松动架空，局部见空洞，少部分充填碎石、块石及全风化岩（土）。底部随结构面变化，分布不均匀的黏质土、砂质土夹碎石，湿至饱和，易坍塌，下部段含泥量少或甚少。

勘探揭示，风化卸荷破碎岩体分布最高高程为645m，最低高程为332m，底界面埋深一般为40～85m，最深达93m。风化破碎岩体的空间分布为上部宽而厚，下部窄而薄，山坡地表是中部外鼓的锥形坡体，总体呈“头重脚轻”的形态。风化卸荷破碎岩体底界面以下为侏罗系上统黄尖组和劳村组火山岩及后期侵入花岗斑岩、煌斑岩脉，皆为硬质岩类。Ⅱ级、Ⅲ级结构面（即断层）规模都不大，Ⅳ级、Ⅴ级结构面（即节理、卸荷裂隙等）较发育—发育，主要结构面发育方向以北北东和北北西为主，北东和北西次之。岩体属较完整—完整。据勘探洞和高程570～350m间A、B、C、D、E五层排水兼勘探洞（每层排水兼勘探洞含3～4个支洞，主洞和支洞总长2500余米）开挖揭露，1996年3月29日的滑坡发生在风化卸荷破碎岩体的浅表部位。

3.3.6.3 地质灾害情况

1992年年底，在高程350.20m近坡脚处进行临安至青山改线公路大溪隧洞进口开挖，到次年3月底挖除土石方约2.8万m^3。在开挖过程中曾发生3次塌滑，为此公路隧洞进口移位。其中，1993年3月26日发生的第3次塌滑，滑动体体积为1.0万～1.5万m^3，塌顶高程为460m，宽60～65m，在坡体高程490m处出现近南北向基本平行于河流的不连续裂缝，长约85m，缝宽20～30cm。距塌滑体下游侧边缘35～60m处有近东西向基本垂直河流的裂缝，缝宽3～10cm。设计提出了全面整治要求，包括削坡处理、坡面封闭、坡面排水、裂缝堵塞、支护和监测等，由于种种原因仅实施了裂缝回填黏土封闭和在高程500m开挖排水沟的处理措施，已蠕变拉裂边坡的处理行动滞后，进展缓慢。在未做削坡的情况下，隧洞洞口的开挖和随后高程350m上的挡墙基础的开挖，切除了坡脚，破坏了边坡原始稳定条件。滑坡前又值连续降雨近3个月，其中1996年3月的总降雨量达285mm，其中3月13—19日降雨量为254.6mm，占3月总降雨量的89%。雨水大量下渗，岩土力学强度降低，加剧了山坡变形，终于酿成1996年3月29日的滑坡（以下简称“3·29”滑坡），滑坡基本沿1993年3月26日第3次塌滑所形成的弧形圈产生。滑坡垂直高差大，临空条件好，滑坡堆积物呈散体，由大小不等的块石、碎石及黏性土组成，滑坡体最厚处约30m。

滑床上部段（高程490～430m）坡角为50°～55°，岩石破碎，见架空现象，无明显滑移面，未见岩块剪切破碎，滑床是沿岩面脱落形成的。滑坡下部段（高程430～304m）

坡角为35°～20°。高程350m上已浇筑的混凝土挡墙在滑坡中被毁。

滑坡平面投影似长舌状，宽120～140m，长260m，滑动方向大致由西向东，滑坡呈崩塌滑移状。滑坡体体积近30万m^3，其中2/3的滑坡体抛向右岸坡脚，并堰塞河道，1/3的滑坡体残留在滑床中、下部位。

3.3.6.4 灾害处理措施

滑坡处理工程采取对主体部分以“削头（开挖）减载、强化排水为主，支护加固、监测预警为辅”的综合处理方案。

为了不影响下水库下闸蓄水时间，“3·29”滑坡处理工程分两期施工。一期工程必须在下水库蓄水前完工，主要包括：一期减载开挖，350m高程挡墙以及为满足可能失稳坡体的施工期稳定所需要的排水勘探洞，对河床中“3·29”滑坡堆积体进行清挖和有关锚索锚杆支护；二期工程在下水库蓄水后继续施工，主要包括二期减载开挖及其余项目。

（1）减载开挖。根据对边搜稳定计算成果的研究分析可知，排水设施只能削减可能失稳坡体剩余推力的1/3（34%），另外2/3（66%）的剩余推力则必须依靠减载开挖予以消除。减载开挖的总量为93.1万m^3，其中77%集中在上部，这和可能失稳坡体“头重脚轻”、上部需要多开挖减载的要求一致，减载开挖分两期进行。

1）一期减载开挖。设计开挖量为6.4万m^3，开挖部位在高程520～490m，该区域在“3·29”滑坡时已被裂缝严重切割，属不稳定区，必须通过边坡表面开挖修整成稳定的边坡，坡比为1∶1.4。其目的在于提高可能失稳坡体在施工期的整体稳定性和局部稳定性，消除对高程350m以下各工作面（高程350m挡墙和下水库清渣等）施工安全的威胁。

2）二期减载开挖。二期减载开挖占减载开挖总量的93%。坡面规划设计在满足开挖减载总量要求的前提下进行，在坡面规划设计时考虑：①施工期上下游施工交通和出渣道路的需要及为将来坡面维护时提供交通方便；②道路的路面兼作马道，必要时也可以作为抗滑桩布置平台；③高程450m以上各横剖面上的马道宽度较大，取8～10m，高程450m以上不同高程的路面间坡高过大时，中间增设小马道；④高程450m以下的开挖虽不大，开挖过程中逐级形成小马道，马道宽度控制在2.0m左右；⑤各马道边坡的坡比，根据地质资料和坡面布置要求控制在1∶1.2～1∶1.4，各横剖面的平均综合坡比达1∶1.5～1∶1.8，平均坡比等于或缓于天然边坡坡比。

（2）排水系统。排水系统分为坡体内排水系统和坡面排水系统：

1）坡体内排水系统。在风化卸荷破碎岩体底界以下完整岩体布置由排水兼勘探洞主洞、支洞和排水孔组成的体内排水系统。主洞轴线基本上沿边坡走向布置，主洞的轴线基本上垂直于边段走向布置。主洞布置A、B、C、D、E五层，各层主洞南侧洞口底板平均离程分别约为350.80m、403.96m、475.54m、538.31m、568.50m，在各排水主洞内设3～4个排水支洞，主洞伸入风化卸荷破碎岩体内不小于5m，有的挖通地表。每个排水主洞于拱肩处打两排扇形布置的排水孔，孔距为5.0m，孔深为20～65m；每个排水支洞内打8个排水孔，孔深为20～50m。

排水兼勘探主洞和支洞的布置考虑了“3·29”滑坡处理工程永久性的排水要求，也考虑了“3·29”滑坡处理工程地质勘探的需要，“一洞二用”的设计节约了投资，更重要的是争取了时间，地质勘探完成之日，就是坡体内排水系统投运之时，对尽快提高处于施工过程中的边坡稳定性、抑制“3·29”滑坡扩大破坏范围的可能性起到了十分明显的效果。

在运行期间，可根据地下水位观测情况判定现有排水系统的有效性，必要时可加密各层排水主洞的排水支洞和排水孔，甚至加密主洞，达到把地下水位降低至允许范围内的目的，以利于可能失稳坡体的稳定。

2）坡面排水系统。在减载开挖区域的周边设截水沟，防止外部地表水流入减载开挖区。岩质表面布设表层排水孔，孔距为3.0m，孔深为5～10m。对设计开挖边坡表面进行封闭处理，并在各层马道内侧设置排水沟，迅速拦截和排泄设计开挖边坡内雨水，防止雨水下渗坡体危害边坡稳定。

对于岩质边坡，采用喷混凝土或挂网喷混凝土进行封闭；对于土石边坡，则采用经勾缝处理的浆砌石进行封闭。在所有封闭层上均按俯角布置浅排水孔。

（3）锚固支护。锚固立护的重点区域是减载开挖后的坡顶高程590m至可能失稳坡体顶部高程645m间的后缘岩质边坡，高约55m。

根据地质资料分析，后缘岩质边坡不存在可能导致大面积失稳的大规模结构面或结构面组合。但是为了防止大量开挖引起岩坡卸荷而造成新的边坡问题，避免小规模结构面或结构面组合因开挖临空而失稳，在后缘岩质边坡的开口线附近及岩坡中部高程布置系统长锚杆，并辅以必要的随机长锚杆或预应力锚杆或预应力锚索，以及锚杆和锚索的组合锚固结构。长锚杆系采用长15m@2m×2m、$\phi 28$的砂浆锚杆，预应力锚索采用150～250t级。

（4）监测系统。对经开挖减载后剩余的可能失稳坡体，设置永久监测系统是“3·29”滑坡处理工程的另一工程措施。

由于可能失稳坡体的范围大，各处情况相差悬殊，对边坡稳定的影响因素复杂，减载开挖仅挖除表部风化卸荷破碎岩体，从稳妥可靠的角度考虑，有必要对未挖除的风化卸荷岩体变形动态进行全方位监控，为边坡运行提供有效的预警手段，并为采取必要的应急措施收集第一手资料。

3.3.7 昭通盐津220kV变电所滑坡

变电站（所）工程为电力工程的重要组成部分，作为场地工程，在施工过程中也易引发地质灾害，如水富县楼坝镇220kV北门变电所及昭通盐津220kV变电所等。下面以昭通盐津220kV变电所滑坡作为案例加以分析。

3.3.7.1 工程概况

昭通盐津220kV变电所为云南省昭通市输变电工程的枢纽变电所，位于云南省盐津县艾田乡椒子村，毗邻盐津-水富公路，距离盐津县城11km。变电所场地在地貌上为高山峡谷区的斜坡地带。开挖边坡位于场地南侧，在形态上具有两侧地势较高、中间较低的凹形地貌特征。边坡的地层结构在垂直方向上大致可以划分为3层：①上部覆盖层，主要为粉质黏土；②黑色—灰黑色全—强风化泥岩，岩质软弱，以土状为主，局部为碎石状，具有遇水软化成泥、强度迅速降低的特点；③细砂岩，砂岩节理裂隙较发育，具裂隙含水性，而泥岩则构成场地内基岩相对隔水层，形成砂岩裂隙水。据钻孔揭露，地下水位埋深为0.30～10.70m，水位变幅大，主要为上层滞水，其补给来源为大气降水和灌溉。昭通盐津220kV变电所滑坡区地质图见图3.40。

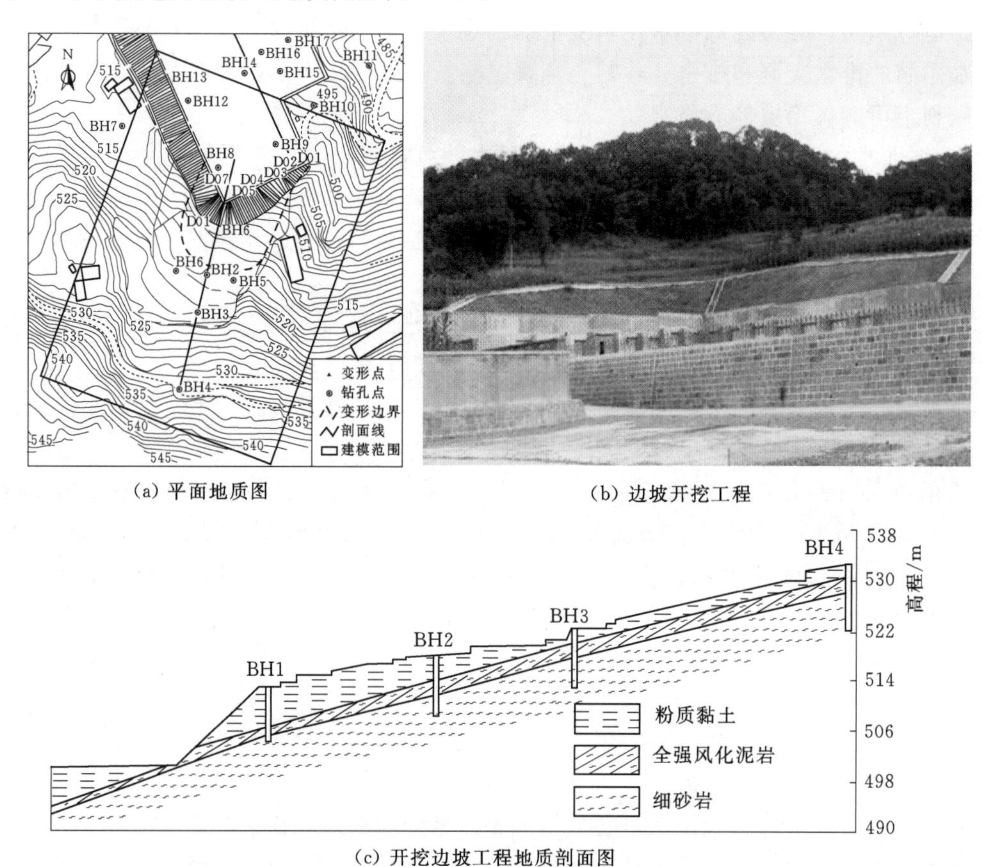

(a) 平面地质图

(b) 边坡开挖工程

(c) 开挖边坡工程地质剖面图

图3.40 昭通盐津220kV变电所滑坡区地质图

3.3.7.2 地质环境条件

盐津220kV变电所区域地形地貌属于强烈侵蚀切割的中高山峡谷地形，境内地形具有切割剧烈、山势陡峻的特点。场地地形地貌属于大关河高山峡谷区的斜坡地带，该斜坡坡向大致为N10°E，坡体南北向长250～350m，东西向宽80～150m，地形高差为35～40m，地形总体坡度为15°～20°，场地总体呈现为坡度陡、高差大的特征。

场地内岩土层主要由第四系（Q_4）土层及下伏的三叠系（T）的一套泥质岩组合组成。场地内上覆的第四系（Q_4）覆盖层，按其成因类型可划分为坡洪积型粉质黏土，土质不均匀，大部分地段混有10%～15%强风化泥岩、泥质粉砂岩角砾、碎石。下伏基岩岩性主要为紫红色泥岩、粉砂质泥岩、泥质粉砂岩、粉砂岩、细砂岩。

场地内发育的第四系坡洪积型粉质黏土层富水性能较差，局部地段由于粉质黏土混少量碎石、块石所构成的架空空隙而含水；场地内无统一连续的地下水位，水位变幅大；基本可判定场地内地下水类型主要为上层滞水，其补给来源主要为大气降水，地下水位变幅受大气降水影响大；同时具有分布极不均匀特点。

根据《中国地震动参数区划图》(GB 18306—2015)，场地地震动峰值加速度为0.10g，地震动反应谱特征周期为0.40s，相应的地震基本烈度为Ⅶ度。

3.3.7.3 地质灾害情况

盐津220kV变电所工程于2004年11月动工，2005年3月完成场地平整，挖填方量总计约为15.2万m^2。2005年5月，由于砌筑毛石挡土墙的石料供应不上，暴露长达3月之久的西南面挖方边坡拐角处的上部覆盖层顺下伏基岩面发生滑动挤出，部分土体坍塌，斜坡后缘产生一道环形裂缝，裂缝宽为2～3cm，深为0.5～1.0m。

2005年7月18—20日，盐津地区连续2天暴雨，1天大雨，最大日降雨量达87.4mm，72小时累计降雨量达187.4mm。7月19日，变电所北面填方区斜坡开始向北临空面方向发生滑移，7月20日滑移加剧，导致变电所内毛石挡土墙拉裂，裂缝位移最大达20cm，同时位于斜坡后缘的110kV构架基础下沉量达29cm。

根据现场调查，北面填方区滑坡面积约为3万m^2，滑坡体厚度为8～10m，滑坡体体积为24万～30万m^3，属中型滑坡。

3.3.7.4 变形特征

由于场地开挖，开挖边坡坡面和坡体中前部一定范围内发生了变形，从变形迹象看，主要表现为以下4个方面：

(1) 坡底排水沟和坡顶截水沟开裂和错位。在开挖边坡坡底排水沟上发现以下变形破坏迹象（图3.40)：在点D01处排水沟混凝土曾开裂，后重新刷浆护面，但又出现开裂，该处应为边坡变形范围的东侧边界；在D02、D03和D05处均发现排水沟混凝土开裂，且都有西侧轻微向北错出现象；在D06处两侧1.2m范围内，排水沟混凝土发生开裂；在D07处，排水沟混凝土开裂，裂缝最大宽度为50mm，北侧向北错出30mm。由上述变形破坏迹象可以看出，边坡水平位移向北。沿开挖边坡坡顶截水沟有如下变形破坏迹象：①在D08处，截水沟混凝土拉裂，裂缝最大宽度为2mm，东侧向北错出约0.5mm，在该处的西北侧未见有明显的混凝土变形开裂现象，因此该处应为变形范围的西侧边界；②在D09处顺截水沟长4.47m的范围内，截水沟的底部向北发生位移，而顶部的相对位移方向向南，两者的相对水平位移量为20mm，底部相对顶部垂直下沉变形量为25mm。D09处的变形是由于该处正位于截水沟的弧形拐弯部位，当该弧形部位向临空方向发生位移时，由于截水沟不同部位位移方向的差异而产生收敛变形，截水沟底部和沟两侧变形不协调只能通过变形开裂和差异性错位来体现（图3.41)。由此可见，从开挖边坡坡底排水沟到坡顶截水沟的变形迹象都说明边坡水平位移向北。

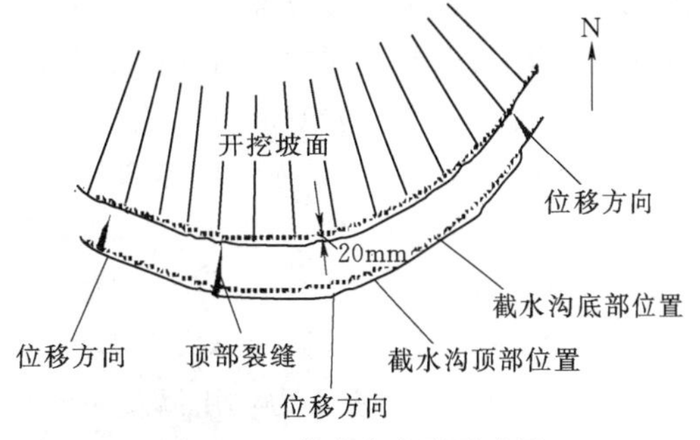

图3.41 截水沟变形示意图

(2) 开挖坡面轻微外鼓。在点D04处，可见开挖边坡坡顶以下1m处坡体下沉，坡面中下部外鼓变形（图3.42)，变形宽度为3～4m，同时该处为地下水集中渗出带，最高地下水渗出点距坡顶约0.5m。显然，该处边坡变形不仅与其所处位置（位于边坡弯折处附近）容易产生应力集中有关，还

图3.42 开挖坡面轻微外鼓变形

与地下水集中渗出相关。

（3）开挖面小规模坍塌。在边坡开挖完成后，边坡交汇处附近发生了体积为数立方米的小规模坍塌。初步分析，该小规模坍塌主要是由3个方面的因素造成：①该处为边坡交汇处，容易形成应力集中；②边坡开挖完成后，未及时进行支护；③该处为地下水集中渗出带。

（4）坡体中前部出现拉张裂缝。边坡开挖完成后，坡体前部出现数条拉张裂缝，中部出现贯通性的弧形裂缝，裂缝位移以拉张变形为主，裂缝北侧有沉降变形。从坡体变形破坏发生的时间来看，首先是开挖边坡前缘发生小规模坍塌，然后开挖坡体顶部出现拉张和沉降裂缝，最后在坡体中部形成贯通性拉张裂缝。

3.3.7.5 滑坡成因分析

从边坡变形特征、材料特性及模拟结果分析发现，造成边坡变形的原因除场地开挖外，还有以下不利于边坡稳定的因素：

（1）地形地貌。从地形地貌特征来看，坡体为两侧地势稍高、中部较低的凹形地貌，该地貌特征往往造成上部松散覆盖层厚度相对较大，且易形成地下水的集中汇流；坡体开挖致使边坡具有滑动变形所需的临空面。

（2）地质结构。坡体覆盖层下伏有黑色—灰黑色全—强风化泥岩。全—强风化泥岩由于渗透性低，构成了坡体内的隔水层，而上部覆盖层由于含有碎块石，呈架空结构，渗透性高，在降雨和灌溉入渗作用下易于在全—强风化泥岩上部形成上层滞水，造成对泥岩的长期作用；泥岩在地下水长期作用下极易软化、泥化，强度显著降低，从而不利于边坡稳定；全—强风化泥岩具有应变软化特性，因此抗剪强度随开挖后剪应变的增加而进一步降低；全—强风化泥岩产状为355°∠19°，其倾向与坡体总体坡向一致，上部覆盖层易顺下伏全—强风化泥岩滑动，模拟结果证明也是如此。

（3）地下水。在雨季和灌溉季节，由于坡体上部为松散堆积物，降雨或灌溉水下渗，在坡体全—强风化泥岩上部形成饱水带，且由于地形地貌条件有利于地下水的集中汇流，从而形成高地下水位，对边坡稳定产生不利的动、静水压力。结合不利因素、变形迹象、边坡岩体的应力应变特性和数值模拟结果，可确定该边坡整体上为开挖造成的坡体中前部牵引变形破坏，开挖边坡变形破坏模式时间顺序见图3.43。

1）场地开挖，开挖面附近坡体卸荷回弹，且剪应力增大，平均应力降低。

2）开挖快结束时，由于没有支护，坡脚因应力集中在重力作用下发生小规模坍塌。

3）开挖后阻滑力降低，剪应力增大，发生剪切变形，原已被地下水软化的泥岩因剪切变形的发展而导致抗剪强度再次降低，同时受重力牵引，坡体前缘出现裂缝。

4）受不利动、静水压力作用以及坡面临空效应和软化泥岩的控制作用，覆盖层中部拉剪破坏，然后覆盖层中前部随下伏全—强风化泥岩滑动而协同变形。

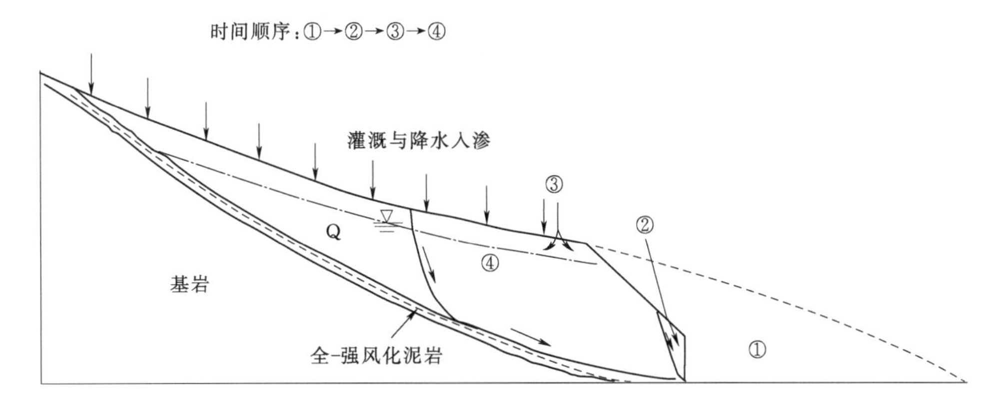

图 3.43 开挖边坡变形破坏模式时间顺序示意图

①—场地开挖；②—小规模坍塌；③—前缘变形裂缝；④—贯通性裂缝和变形

(4) 工程荷载。盐津 220kV 变电站原始地形坡度为 15°～20°，采用二级平台布置方案，场地平整时，挖填方量总计约 15.2 万 m^3，其中填方量约 7.6 万 m^3，填土总荷重约 14 万 t。场地平整一方面改变了坡体的原始地形和应力分布状态，另一方面巨大的填土荷载加在坡体后缘，增大了坡体的下滑力，使得原有坡体下部的支撑力不足，从而导致斜坡变形失稳。

3.3.7.6 工程治理措施

滑坡体的整治措施一般包括排水、减载、支挡及改善滑带土的力学性质等。该滑坡体的坡面总体坡度基本一致，滑坡体的厚度和覆盖层的厚度基本一致，但由于该滑坡体为第四系覆盖层的松散堆积体滑坡，因此不宜采用预应力锚索（锚杆）、反压阻滑以及灌浆处理滑带土等措施对滑坡进行加固处理。

(1) 根据该滑坡体的岩土工程条件、滑坡的形成机制，治理方式以支挡措施为主，支挡选用抗滑桩，并结合使用排水沟。采用规范规定的不平衡推力传递系数法选取典型剖面进行滑坡推力计算，作为整治工程的设计依据，每米剩余下滑力为 180～200kN，桩身内力计算采用 M 法。

(2) 根据下滑力的大小进行抗滑桩施工，抗滑桩进入滑动面以下的长度与滑动面以上的滑体厚度相当，抗滑桩的设计不考虑桩前被动土压力，按悬臂式抗滑桩进行验算。在场地外沿毛石挡土墙布置 23 根单排 2.5m×1.8m 方形截面的抗滑桩，长边平行于滑动方向布置 41 根直径为 1m、底部扩大为 1.1m 的双排圆形截面抗滑桩，抗滑桩间距为 4m，锚固端长度设计为 7m，桩长为 14～18m。桩顶采用埋深 1.5m、截面为 1.7m×1.0m 的水平拉梁进行连接，桩顶与梁顶平齐。抗滑桩施工采取间隔跳多方式开挖施工。

(3) 为防止地表水的入渗，依据坡体的走向，在坡顶修筑截水沟，利用天然冲沟或汇水低洼地带修筑排水沟，将降雨以及地面径流引离滑坡体。

抗滑桩施工完成后，开始发挥出强大的阻滑效果，盐津变电站北面填方区斜坡的滑动停止了。上部混凝土面层未发现任何与滑动有关联的裂缝，滑坡排水工程将大部分降水引离滑坡体，该排水系统不仅能有效地排出地表径流，同时埋设在挡土墙内的排水孔直接接入排水沟，也能有效地排出地下水，利于坡体的稳定。

3.4 国外典型地质灾害案例分析

3.4.1 老挝南欧江六级水电站导流洞出口边坡塌方

3.4.1.1 工程概况

南欧江六级水电站位于老挝丰沙里省境内，为南欧江七级开发方案的第六级。坝址位于南欧江右岸支流南艾河河口下游约1km至南龙河河口间长约3km的河段内，距下游的哈洒渡口约3.7km。坝址距丰沙里公路里程27km，距老挝万象市公路里程828km，距我国昆明市公路里程1040km。

南欧江六级水电站坝址部位多年平均流量为161m³/s。水库正常蓄水位为510m，相应库容为4.09亿m³，装机容量为180MW。大坝为复合土工膜面板堆石坝，最大坝高约为88m。工程于2012年开工，2015年12月建成发电。

3.4.1.2 地质环境条件

导流洞出口位于9号冲沟与南欧江汇口处山梁部位，地形坡度为20°～30°。基岩岩性主要为薄层状板岩，湿抗压强度低，属软岩—较软岩，具有遇水软化、失水崩解的特征。该部位未见规模较大的断层发育，板理及顺板理的挤压面发育，板理产状N35°～40°W，SW∠50°～70°，间距3～10cm，弱风化以上岩体中板理显现明显，NE向近垂直的横向节理零星分布，与洞轴线近平行，延伸短，多小于1m。全风化岩体垂直埋深为6～12m，强风化岩体垂直埋深一般为10～20m，弱风化岩体底界垂直埋深一般为15～40m。地下水位埋深一般为10～35m，9号冲沟沟心部位地下水埋深较浅，地下水相对较丰富。

出口段结构面主要以板理及顺层挤压面为主，连续性较好，板理与洞脸开挖边坡面基本平行，为顺向坡，开挖坡比小于岩层倾角。高程490～485m主要为第四系坡积层，为碎石质粉土，高程485～475m主要为强风化岩体，高程475m以下主要为弱风化岩体。导流洞出口段板理走向与洞向夹角较大，板理发育，上覆岩体厚度较小，围岩稳定条件差，为Ⅳ类围岩。

3.4.1.3 地质灾害情况

2013年4月16日以来，工程区出现连续降雨，由于边坡相应的排水系统未建成，地表水下渗加剧了导流洞内渗水；此外出口段位于下游，上游段洞内水向下游排泄，洞内排水不畅，造成岩体软化。而现行支护未能有效抑制围岩的变形，在重力作用下岩体逐步沿北东向节理剪断，加之Ⅱ-1区边坡蠕滑变形对导流洞右侧边墙的推挤作用，导致洞室塌方。在洞室的塌落破坏牵引下引起洞室上部边坡岩体产生变形，最终产生边坡崩塌，形成塌陷区。老挝南欧江六级水电站导流洞出口边坡塌方情况见图3.44，变形破坏分区见图3.45。

3.4.1.4 灾害成因分析

从上述地质灾害情况可知，岩体从发生大变形逐渐演变成塌方并引发地表塌陷等，其成因既有客观因素（如地质条件、气候条件），也有主观因素（人工处理措施不当或不及时），具体情况如下：该部位岩石软弱，具有遇水软化的显著特性，水理性差，属Ⅳ类岩体，自稳条件差，自稳时间短，在开挖后岩体易松弛，时间效应明显。同时，洞室开挖爆

图 3.44 老挝南欧江六级水电站导流洞出口边坡塌方

图 3.45 老挝南欧江六级水电站导流洞出口边坡变形破坏分区

破效果差，未见爆破残孔，洞室开挖形差，导致围岩松动圈较大；钢支撑未紧贴岩面，且难以做到及时跟进支护，为围岩开挖松动圈进一步发展提供了空间与时间，特别是顶拱部位；开挖过程中未按设计要求进行系统锚杆支护，中下部实际开挖段部分过长，钢支撑不能及时接脚，最先失稳部位钢拱架处于“吊脚”状态；整个边坡表面排水系统尚未建成，2013 年 4 月 16 日以来出现连续降雨，地表水下渗加剧了洞室渗水，加之洞内排水不畅，造成岩体软化，围岩发生大变形且继续发展，导致现有支护失效。

3.4.1.5 工程处理措施

基于对导流洞出口段塌方与边坡变形机理的分析，并考虑施工工期、雨季已至的严峻形势及施工现状，处理方案根据“安全性、适应性、有效性和经济性”的原则，采取了“明挖法”处理方案，取得了预期效果，有效地管控了潜在风险并保证了工程进度。

（1）先进行洞内堆渣上游段的堵头封闭，然后从公路R8顶部边坡自上而下清挖，清挖至高程490m后，向下陡坡切挖形成深槽，清除导流洞塌方段变形松动围岩及塌方渣体，形成新的出洞口。边坡采取局部扩展到全部的加固稳定措施，按照先正面后两侧的顺序实施，具体如下：

1）正面边坡：由D0+550洞顶高程454m向上放坡与高程490m马道相接，坡中高程设2m宽马道，高程490～470m坡比为1：0.65，打设3排1000kN预应力锚索，边坡挂网喷C20混凝土，厚15cm，系统锚杆ϕ25@2m×2m，长6m，高程470～454m坡比为1：0.65，边坡挂网喷C20混凝土，厚15cm，系统锚杆（ϕ25@4m×2m，长4.5m）与锚筋桩（3ϕ28@4m×2m，长9m）交错布置。

2）右侧边坡（靠近厂房段）：高程470m至洞底板为1：0.38～1：0.47，边坡挂网喷C20混凝土，厚15cm，系统锚杆ϕ32@2m×2m，长9m，打设3排1800kN锚索，长30m，垂直坡面打设。

3）左侧边坡：为减少对施工支洞边坡的影响，高程470m至洞底板陡坡开挖，坡比为1：0.33，边坡挂网喷C20混凝土，厚15cm，系统锚杆ϕ32@2m×2m，长9m，打设6排1800kN锚索，长30m，垂直坡面打设。高程470m以上坡比为1：1.2，边坡挂网喷C20混凝土，厚15cm，系统锚杆ϕ25@2m×2m，长6m。

（2）在边坡清挖处理施工过程中应遵循以下规定：

1）厂纵0+30.00桩号上游侧的截水沟及马道排水沟先期施工，尽早形成排水系统，开挖坡面及时支护，在排水系统未形成之前及还没来得及支护的开挖坡面，采取覆盖彩条布等临时避雨措施。

2）地表开口线以外的排水系统，在边坡开挖之前完成（特别是雨季）；坡面上的排水孔在喷射混凝土之前与锚固钻孔同步进行钻孔，采取必要的封堵措施，防止排水孔堵塞。

3）清除明挖工程范围坡顶上部的危石，表面岩石破碎并易掉块区域设置必要的护栏或采取其他处理措施。

4）边坡清挖处理及导流洞洞内处理的施工顺序为：洞内锁口衬砌段的钢筋混凝土浇筑完成7天后开始进行洞内坍塌体的加固处理；再从洞内向下游方向采取短进尺、强支护、分部开挖、分段浇筑钢筋衬砌混凝土出洞的方式施工，控制最大段长不超过3m即进行钢筋混凝土全断面衬砌，确保施工安全；最后进行导流洞洞口高程470m以下的边坡清挖。

5）在完成了钢筋混凝土锁口衬砌段的固结灌浆处理后进行该部位的下层开挖，在进行下层开挖时采取先软后硬的分部开挖，控制开挖进尺，及时对钢支撑锁脚，确保钢支撑落地，及时挂网喷混凝土支护，并浇筑衬砌混凝土，控制最大段长不超过3m，确保施工安全。

6）边坡开挖和支护处理必须遵循自上而下分台阶的方式进行，开挖下降高度与边坡支护和锚固进度相协调，实行边开挖边支护和锚固的原则。

7）边坡开挖自上而下分台阶进行，开挖的渣料及时运往指定的渣料堆弃，严禁往坡外甩渣，影响其他工作面的施工。

8）开挖边坡的支护在分层开挖过程中逐层进行，在下层开挖前应征得监理人的同意。为满足边坡稳定、限制卸荷松弛，开挖工作面与永久支护中的系统锚杆和喷混凝土的高差不大于10m（或1层开挖梯段高度），与永久支护中的预应力锚索的高差不大于20m（或2层开挖梯段高度）。

9）在拆除爆破导流洞内的临时混凝土堵头时，必须遵守爆破的震动限制规定，避免开挖爆破震动对导流洞出口边坡和厂房边坡等邻近建筑物造成影响。

10）安全施工。根据本部位的工程特点做好应急预案，高度重视施工安全，做好定期巡视检查工作，及时清除（或支护）不稳定岩块。

3.4.1.6 工程防治措施

（1）组建应急指挥机构，制订相应的应急预案，并进行演练。

（2）建立边坡及洞内应急监测系统，处理方案实施过程中加强安全监测和巡视，及时反馈分析，做好监测预警工作。

（3）加强和当地气象、防汛指挥部门的横向联系，确保通信畅通。

（4）加强对潜在安全隐患的地方的排查，并采取相应的处理措施。

（5）对复杂稳定性差的地质环境，采取超前勘探、超前支护、边挖边监测相结合的方法，确保工程的安全性。

3.4.2 厄瓜多尔CCS水电站压力管道2号竖井塌方

3.4.2.1 工程概况

厄瓜多尔科卡科多-辛克雷（Coca Codo Sinclair）水电站（以下简称“CCS电站”）总装机容量为1500MW，主要建筑物包括首部枢纽、输水隧洞、调蓄水库、压力管道、厂房发电系统等。输水隧洞总长度为24.83km，设计引水流量为222m^3/s，设计内径为8.2m，采用全衬砌结构形式。隧洞出口设事故闸门，闸室段后设台阶消能。输水隧洞采用2台双护盾掘进机施工为主，并辅以钻爆法施工。枢纽工程为面板堆石坝，最大坝高68m，坝顶宽10m，长140m，总填筑方量为45万m^3。2012年7月28日开工建设，2016年11月24日建成发电。

3.4.2.2 地质环境特征

工程区地质构造比较复杂，断层多沿沟谷、河床及侵入体界限附近发育，倾角较陡。区内岩体结构面数据分散，主要分为3组，其平均产状如下：①走向310°，倾向NE或SW，倾角70°～80°；②走向285°，倾向NE或SW，倾角75°～80°；③走向80°，倾向NW或SE，倾角70°～80°。区内应力场由构造应力和自重应力叠加而成，最大主应力（σ_1）为8～10MPa，方向为315°～340°。区内地下水位始终高于隧洞高程，一般比隧洞高几十米，水压力与隧洞埋深有关。

隧洞沿线埋深总体较大，一般洞段在300～600m，个别洞段大于700m。隧洞沿线主要为一单斜地层，岩层大多倾向NE，倾角以5°～10°为主，隧洞穿过的地层岩性以侏罗系-白垩系Misahualli地层（J－Km）安山岩为主，进口处600～700m为花岗岩侵入体，出口段2500m为白垩系下统浩林地层（Kh）砂、页岩互层。

1号和2号压力管道上平段开挖高程为1169～1207m，全部位于白垩系下统浩林地层

(Kh) 内，岩性为黑色页岩及灰白色砂岩，大多呈互层状，多浸渍沥青。页岩层理厚一般从几毫米到几十厘米不等，砂岩厚度一般不超过1m。

根据开挖揭露的地质信息，1号和2号压力管道上平段发育的断层共有15条，具体描述见表3.5。压力管道下平段开挖高程为611～630m，出露的地层岩性为青灰色、紫红色的火山凝灰岩和两条肉红色的流纹岩条带。根据压力管道下平段和M6支洞开挖揭露地质条件，在下平段转弯段到M1支洞之间共揭露了13条断层和两条流纹岩岩脉，具体描述见表3.6。

表3.5　压力管道上平段揭露断层

编号	产状	出露桩号	描　述
f_1	220°～240°∠80°～86°	TP1 (0+091～0+110) TP2 (0+111～0+128)	断层带内充填泥质的碎裂岩，影响带宽约为17m
f_2	252°∠70°	TP1 (0+181～0+191) TP2 (0+150～0+153)	破碎带内充填泥质、碎裂岩
f_{301}	320°∠38°	TP1 (0+181～0+192) TP2 (0+111～0+128)	破碎带宽约为50cm，带内充填碎裂岩
f_{304}	265°∠60°	TP1 (0+338～0+348) TP2 (0+111～0+128)	破碎带宽为2～3cm，带内充填碎裂岩
f_{305}	252°∠74°	TP1 (0+374～0+383) TP2 (0+111～0+128)	破碎带宽为2～5cm，带内充填碎裂岩
f_{351}	275°∠65°	TP2 (0+175～0+183)	破碎带宽为3～4cm，充填泥质和碎裂岩
f_{352}	315°∠35°	TP2 (0+176～0+184)	破碎带宽为1～2cm，充填泥质和碎裂岩
f_{353}	310°∠30°	TP2 (0+177～0+185)	破碎带宽为3～4cm，充填泥质和碎裂岩
f_{354}	300°∠60°	TP2 (0+178～0+186)	破碎带宽为4～5cm，充填泥质和碎裂岩
f_{306}	348°∠70°	TP1 (0+451～0+464)	破碎带内充填泥质、碎裂岩
f_{302}	124°∠55°	TP1 (0+243～0+248) TP2 (0+240～0+248)	破碎带内充填泥质、碎裂岩
f_{355}	235°∠53°	TP2 (0+348～0+351)	破碎带宽为8～10cm，带内充填碎裂岩
f_{357}	190°∠82°	TP2 (0+520～0+529)	破碎带宽为5～10cm，充填碎裂岩、错距约1m
f_{358}	15°∠65°	TP2 (0+560～0+565)	破碎带宽为1～2cm，充填碎裂岩、错距约0.5m
f_{359}	350°∠65°	TP2 (0+597～0+605)	破碎带宽为1～5cm，充填碎裂岩、错距为1～2m

表3.6　压力管道下平段揭露断层和流纹岩

编号	产状	出露桩号	描　述
f_{26}	230° (50°) ∠80°～90°	TP1 (1+260～1+268) TP2 (1+307～1+312)	破碎带宽为5～10cm，充填角砾岩和泥
f_{27}	245°～250°∠55°～76°	TP2 (1+268～1+272)	破碎带宽为5～40cm，充填角砾岩和泥
f_{28}	242°∠72°	TP1 (1+188～1+190) TP2 (1+218～1+220)	破碎带宽为20～35cm，充填方解石
f_{29}	75°∠74°	TP1 (1+135～1+137)	破碎带宽为3～5cm，充填角砾岩

续表

编号	产状	出露桩号	描　述
f_{30}	50°∠80°	TP1（1+100～1+110）	破碎带宽为 10～15cm，充填泥
f_{33}	235°～245°∠75°～80°	TP1（1+093～1+105） TP2（1+133～1+135）	破碎带宽为 0.8～1.2m，充填黄色泥，角砾岩
f_{36}	305°∠57°	TP2（1+144～1+146）	破碎带宽为 5～10cm，充填泥
f_{41}	230°∠80°～85°	TP1（1+022～1+026）	破碎带宽为 10～30cm，充填角砾岩和泥
f_{43}	340°∠75°	TP1（0+893～0+911）	破碎带宽为 5～15cm，充填角砾岩和泥
f_{45}	263°∠74°	TP1（0+805） TP2（0+830～0+832）	破碎带宽为 15～25cm，上盘充填 3～10cm 的石英，下盘充填 2～5cm 的泥，中间为角砾岩
f_{46}	70°∠75°	TP2（0+775～0+779）	破碎带宽为 5cm，充填石英和泥
f_{47}	82°∠75°	TP2（0+765～0+767）	破碎带宽为 8cm，充填方解石和泥
f_{48}	242°∠78°	TP2（0+750～0+757）	破碎带宽为 2～9cm，充填泥和方解石
R-1	170°∠83°	TP1（0+925～0+975） M6（0+010～0+025）	肉红色，岩体完整，干燥为主，局部渗水
R-2	330°∠72°	TP1（1+073～1+090） TP2（0+996～1+015）	肉红色，岩体完整，干燥为主，局部渗水

根据 1 号和 2 号压力管道上、下平段出露的断层和流纹岩分布情况，对 1 号和 2 号压力管道竖井段的地质情况进行推测分析，并完成了 1 号和 2 号压力管道及竖井段三维地质模型图（图 3.46）。

图 3.46　压力管道及竖井段三维地质模型

注：图中青色为 1 号、2 号压力管道；黄色为流纹岩带；红色为断层。

（1）在整个压力管道揭露的断层中，只有 f_{46}、f_{47} 有可能对塌方段产生影响。其在竖井段的分布高程为 751.5～785.0m，与塌方段部分重合，两条断层本身相距也较近，可能会对围岩产生较大影响。但下平段揭露的情况显示：这两条断层出露地段地下水不发育，岩体较完整，下平段没有超挖或者岩体塌方现象发生，因此不能确认此次塌方完全是由断层 f_{46}、f_{47}引起的。

（2）1号压力管道下平段出露的流纹岩R－1，根据产状推测该条流纹岩条带与1号压力管道竖井相交，相交处高程为875～900m，与1号竖井反井钻机导孔施工过程中钻孔深度275.0～293.3m处揭露的流纹岩相符合。但是该流纹岩条带倾角很陡，该地区地质条件较复杂，不排除其在向上延伸的过程中产状发生变化、与2号压力管道相交的可能性。根据2号压力管道竖井内垮落岩渣的观察，岩渣主要岩性为肉红色流纹岩、红褐色或灰黑色安山岩和凝灰岩及少量的火山角砾岩。

3.4.2.3　地质灾害情况

2013年6月11日22时30分，2号竖井反拉扩孔施工过程中突然出现涌水塌方现象，至6月12日13时40分，涌水量逐渐减小，塌方停止，经在下平洞检查，确定发生了堵孔。6月19日采取了必要的安全措施，在孔口底部进行小药量的爆破震动后，堵塞段贯通。

2013年7月2—4日，井内有间断落石塌方现象。7月5日晚22时前后，2号竖井下井口正在进行出渣作业时，发现竖井渗水量逐渐减小，约22时50分，从竖井中有石块和大量水流突然冲出，造成2辆自卸车和1辆装载机不同程度受损，在2号下平洞B0＋780～B0＋800处的量水设施（水槽、水箱）被冲毁。

2013年7月6日晚，2号竖井水量变小，发生堵井，7月7日凌晨再次冲开，未发生人员、设备伤亡，但井内掉块严重并持续发生，鉴于7月5日的事故，从安全角度考虑，未进行清渣。7月7日早上5时30分发现2号竖井来水开始变小，上午9时30分经现场查勘发现，2号竖井来水接近干涸，确认已经发生堵井。竖井坍塌事故现场照片见图3.47。

(a) 塌方堆积物

(b) 堵井后涌水量减小

图3.47　竖井坍塌事故现场照片

2014年12月14时11分，调整位置后的竖井在开挖过程中再次发生塌方，造成正在施工的多名人员伤亡。

3.4.2.4　地质灾害成因

（1）2013年6月11日堵井事故，推断原因是由于反井钻机反拉扩孔中遇较大富水带和破碎带（断层），大量涌水瞬间下泄后一方面导致竖井内形成真空破坏，另一方面加剧破碎带的失稳，导致较大范围的塌方，下部容渣空间有限，从而导致堵井事故的发生。

（2）2013 年 7 月 5 日竖井涌水泥石流，推断原因为竖井导孔内壁出现了垮塌，在井内某处堵塞，造成水量逐渐减小，随着水柱逐渐升高，在水压和自重的作用下，堵塞体突然下落，导致发生涌水泥石流。

3.4.2.5 工程防治措施

（1）2013 年 6 月 11 日堵井事故处理：考虑到 2 号压力管道下井口渣料及堵井口之间有一定的空间，在竖井下井口用炸药进行爆破，将堵井渣体震落。

（2）2013 年 7 月 6 日堵井事故处理：井内塌方空腔大，已不满足工程设计要求，作为废井处理。这次由涌水引起的大规模坍塌，造成较大经济损失和工程进度滞后。

3.4.3 缅甸瑞丽江一级水电站进水口边坡大变形

3.4.3.1 工程概况

瑞丽江一级水电站位于缅甸北部掸邦境内紧邻中缅边界的瑞丽江干流上，为引水式开发工程项目，主要的水工建筑物包括首部枢纽、引水系统和厂区枢纽。混凝土重力坝最大坝高为 47m，总库容约为 2683 万 m^3，通过约 5118m 隧洞和约 1048m 的压力管道引水至厂房，引用流量为 $229m^3/s$，装机容量为 60 万 kW。工程于 2004 年 2 月 15 日正式动工，2006 年 12 月 10 日首部截流，2009 年 4 月建成发电。

瑞丽江一级水电站进水口底板高程为 700m。泄洪、冲砂兼导流洞与电站进水口结合布置，引渠长约 100m。设计开挖坡比：①坡积层为 1∶1.5；②全风化为 1∶1.3；③强风化为 1∶1.1～1∶1.2；④弱风化为 1∶0.5。开挖边坡最大坡高约为 140m。

3.4.3.2 地质环境特征

枢纽区河段呈不对称的 V 形河谷，地形坡度左岸一般为 30°～50°，右岸一般为 20°～35°，水电站进水口位于右岸坝轴线上游约 110m 处。边坡区域发育两条冲沟。

进水口开挖边坡出露的地层为寒武系变质岩和第四系覆盖层。其中进水口高程 735m 以下为灰色细粒阴影混合岩，高程 735～770m 处为灰白色中粒花岗质混合片麻岩夹灰绿色角闪斜长片岩，构成进水口边坡主要地层。第四系坡积层（Q^{dl}）由棕褐色含角砾及碎块石黏土组成，主要分布于高程 770m 以上，一般厚 2～5m，2 号、3 号冲沟两侧厚度大于 5m。

进水口开挖边坡的片麻理产状为 N40°～55°E，SE∠40°～55°，原生岩层面产状为 N40°～60°E，SE∠10°～20°。发育断层 F_{304}（属Ⅲ级结构面），产状为 N55°E，SE∠75°，破碎带宽 0.5～1m，由糜棱岩、高岭土、碎块岩等组成，呈全风化散体结构。出露于进水口引渠边坡高程 765m 马道上。边坡高程 770m 揭露软弱夹层（$夹_1$），产状为 N55°～60°E，SE∠10°～20°，缓倾坡外，宽度 20～40cm，由灰绿色粉质黏土夹少量碎石组成，属角闪斜长片岩的全风化产物，呈可塑状。高程 750m 揭露软弱夹层（$夹_2$），产状为 N55°E，SE∠10°～20°，缓倾坡外，宽 40～81cm，由灰绿色粉质黏土组成，属角闪斜长片岩的全风化产物，呈可塑状，在地下水作用下渐呈现软塑至流塑状。沿该夹层在高程 745m 有地下水集中渗出。

进水口边坡Ⅴ级结构面主要包括：①原生层面节理，产状N55°～60°E，SE∠10°～25°。间距大于2m，面波状起伏，面上有锈膜；②N30°～50°W，NE∠70°～90°，间距为1～3m，延伸15～30m，多张开，裂隙面有铁质膜浸染或呈强、弱风化状，属横张节理，与片麻理走向和进水口边坡近垂直，为边坡侧向切割面；③N40°～60°E，SE（NW）∠60°～80°，间距为0.5～2m，一般延伸长5～8m，为片麻理产状，面波状起伏。其走向与进水口边坡近平行，倾角陡，为边坡的后缘切割面。岸坡卸荷裂隙多沿此组结构面发育而成。

坡残积层及其下伏的全风化岩体主要分布于进口洞脸高程735m以上及进口引渠高程770m以上部位，在引渠高程735m至高程720m之间尚有少量全风化带岩体沿斜坡分布。坡残积层及全风化岩体由含砾黏土、粉质黏土、粉土等夹块石、碎石组成，结构松散。其边坡稳定性主要受土体的抗剪强度、地下水及地表水下渗等因素影响较大，一般稳定性均较差，边坡失稳主要形式为圆弧形塌滑。岩质边坡中强风化岩体一般厚5～15m，其中发育的节理裂隙普遍张开夹泥，且节理裂隙发育，块度小，完整性差，为碎裂状结构，又处于地下水变幅带范围内，边坡易坍塌，稳定性差。弱风化岩质边坡，边坡稳定性受结构面产状、性状及其组合形态控制。特别是进水口引渠边坡高程735～696m处为顺向坡F_{304}与原生层间夹层的不利组合，并受N30°～50°W，NE∠70°～90°横节理的侧向切割，具备产生滑移的边界条件。

3.4.3.3 地质灾害情况

水电站进水口边坡于2004年10月5日起先后在高程758～770m、785m、790m、805m和830m处出现5条较大的裂缝，其长度为30～60m，最大裂缝宽度为8～10cm，经现场位移观测最大水平位移为55.58cm（2005年1月5日）。边坡变形裂缝主要集中在以下两段：①高程770～817m处沿原生层面夹$_1$发生浅层平面型滑动破坏，裂缝由沿片麻理N40°～60°E，NW∠60°～80°相对软弱的结构面形成，裂缝深度随高程增加，由浅变深，一般1～10m；②高程758～740m处主要受F_{304}断层（图3.48）及原生软弱层面夹$_2$（图3.49）的不利组合而产生塌滑，高程758m，垂直高差1.5m，沿N30°～50°W，NE∠70°～90°形成横张裂缝，缝宽0.1～1m，可见深度0.5～2m，剪出口在高程740m。

图3.48 水电站进水口边坡开挖揭露F_{304}断层

图3.49 水电站进水口边坡开挖揭露原生软弱层面夹$_2$

变形的主要特征表现在高程770m处沿夹$_1$剪出，夹$_1$产生明显的剪切变形，原生层面产状变缓，坡体明显发生鼓胀，见图3.50。在高程833m、827m、800m、790m、785m处出现张裂缝，延伸长短不一，多数均陡倾坡外。其中高程790m处张裂缝反倾山内，并形成明显错台，坡外侧上升，坡内侧下降，表明坡体变形速率不一致，即后侧变形速率大于前缘，受其前缘阻止，坡体应力重新调整而形成错台。

(a) 剪切变形

(b) 鼓胀松弛变形

图3.50　水电站进水口边坡大变形

3.4.3.4　灾害成因分析

进水口边坡开裂变形主要是受不利地质结构面组合切割、施工期强降雨、地下水活动剧烈、施工强度高、支护滞后等综合因素影响所致。

(1) 进水口开挖边坡受岩体风化、F$_{304}$、夹$_1$、夹$_2$及三组结构面不利组合以及构造及地下水和地表水下渗等综合因素影响，稳定性差。特别是土质边坡（坡残积层及全风化）在地下水及地表水下渗作用下，夹层物质软化，沿潜在滑移面（夹$_1$、夹$_2$）产生平面型滑移。

(2) 进水口边坡工程地质及水文地质条件复杂，边坡较高，边坡开挖施工时段为雨季，其中，2004年9月1—19日连续降雨。2004年10月5—8日连降大雨。雨季施工，尤其是9月、10月持续降雨，加之地下水活动剧烈，沿2号冲沟边坡高程735～750m处有地下水渗出，在高程761m处打锚索孔钻孔，部分钻孔有承压水涌出，且长流不止，软弱夹层遇水力学指标下降快，对边坡稳定构成直接威胁。

(3) 边坡岩体风化强烈，结构松散，开挖进度较快，而支护滞后，排水措施不到位，是产生边坡大变形的重要因数。

3.4.3.5　工程处理措施

根据边坡失稳机理分析及稳定计算结果，对高程785～750m的边坡进行削坡减载、表层清理、封堵裂缝和采取必要的表层支护措施，而针对夹$_1$和夹$_2$，则根据计算的下滑力及边坡稳定安全系数所需要的抗滑力，采取以预应力锚索为主、锚筋桩为辅并结合局部削坡减载的方式进行加固，同时加强边坡系统排水。边坡加固施工主要集中在2005年4—7月，开挖及处理后的边坡见图3.51和图3.52。

图 3.51 水电站进水口开挖边坡全貌

图 3.52 水电站进水口处理后的边坡

（1）系统排水措施。

1）地表排水系统：为减少地表水汇入边坡，在坡顶外设置坡顶排水天沟，在马道内侧设置地面排水沟；用 M5 砂浆封堵裂缝，进行边坡支护。清理 2 号和 3 号冲沟后修建排水沟；沿边坡后缘山梁外侧修建排水沟；在高程 785m 马道设大排水沟，以拦截顶部边坡的汇水。全坡面设排水孔，排水孔排出的水汇入马道排水沟排走。为减少雨水渗入边坡，在土质开挖边坡表面用混凝土框格梁；对于开挖出露的基岩面进行系统喷护，视需要挂钢筋网。

2）地下排水系统：在引水洞轴线进口转弯段，高程 750～740m 处布置 ϕ120@3m×3m 排水孔，梅花形布置，上仰角 10°，孔深 15～20m。因夹$_2$ 抗剪力学指标受地下水影响大，在高程 735m 处布设 1 条长 102m（2.5m×2.5m）排水洞（坡底上仰 $i=1\%$）及排水孔（顶拱 120°范围内），引排坡体地下水。

（2）加固处理措施。对高程 785～750m 的边坡进行清理、封堵裂缝和必要的支护，夹$_1$ 和夹$_2$ 采用以预应力锚索为主、锚筋桩为辅的方案。

1）预应力锚索：为满足边坡安全系数 $K \geqslant 1.25$ 的要求，须提供约 250t/m 的抗滑力，故在高程 750～785m 以上边坡共布置预应力锚索 6 排 1800kN@4m×4m，锚索穿过夹$_2$ 软弱夹层，具体位置根据现场地形、地质、施工等因素确定；高程 770～785m 坡面锚头之间用网板连接形成空间支护体系。

2）锚筋桩：在高程 770～785m 处，坡面辅以 1 排 9～12m 长锚筋桩，锚筋桩间距 1m，共计 110 根，预应力锚索与锚筋桩错开布置。

3）削坡减载：对高程 785m 以上边坡进行削坡减载并修整平顺。高程 785～770m 边坡由于变形较大，大部分已松动，在不影响下部施工作业的情况下进行适当削坡，将高程 785m 马道缩窄至 2m，削坡后再按设计要求支护。

（3）变形监测措施：进水口边坡及外围区域建立了 14 个地面变形监测点。同时，为了掌握边坡深部的位移变化情况，在边坡不同高程处建立 4 个内部观测孔，对深部变形进行监测。

第4章 电力建设工程地质灾害成因分析与危险源分类

4.1 地质灾害成因分析

4.1.1 影响因素分析

电力建设工程地质灾害种类众多，成因十分复杂，但总体上可分为两大类，即自然地质灾害和人为地质灾害。地质灾害的成因具有自然演化和人为诱发双重性，它既是自然灾害的组成部分，同时又属于人为灾害的范畴。影响和决定地质灾害险情灾情的条件，概括起来可分为自然因素和人为因素两类，其中，自然因素包括地质条件和促发因素两方面；人为因素主要是人为工程活动。频繁的人为工程活动在局部区域内为地质灾害的形成提供了必要条件。

4.1.1.1 自然因素

（1）地质条件包括以下几个方面：

1）地形地貌。从宏观来讲，高山峡谷地貌区易引发崩塌、滑坡、泥石流等灾害；喀斯特地貌区易引发水库渗漏、岩溶塌陷、地下涌水及诱发地震等灾害；丘陵盆地区易引发水库浸没、库岸再造、地基沉降等灾害。

2）岩土体结构类型。岩土体结构类型决定着岩土体的物理力学性质及水理性质，同时也决定了地质灾害的类型。在松散软弱结构岩土体（包括各类堆积体、软弱岩石、砂化地层、全强风化及卸荷岩体、断层破碎影响带等）及特殊结构岩土体（包括膨胀性岩土、湿陷性黄土、冻土、液化土、淤泥质土、碳质黏土等）分布区进行电力工程建设，易产生崩塌、滑坡、泥石流、岩土体大变形、围岩坍塌、涌水突泥、地面塌陷、库岸再造等灾害。

3）地质构造。地质构造包括断层、层间错动、软弱夹层、构造挤压带、节理密集带及不利结构面组合等，易引发边坡滑坡、围岩坍塌、流沙、大流量涌水和渗漏及渗透变形等地质灾害。地质灾害具有与构造形迹相伴生的特征，在断裂带和褶曲构造的核部，裂隙密集，岩石破碎，常常是灾害多发地带。

4）物理地质现象。风化卸荷作用强烈的深山峡谷地区是地质灾害高发区，崩塌、滑坡、泥石流、大型堆积体、危岩体发育的地段也极易诱发新的地质灾害。

5）喀斯特作用。喀斯特作用既包含地表和地下水流对可溶性岩石的化学溶蚀作用，也包含机械侵蚀、溶解运移和再沉积等作用，并形成了各种地貌形态、洞隙、堆积物、地下水文网，以及由此引起的重力塌陷、崩塌、地裂缝及大流量管道渗漏等地质灾害。

6）水文地质条件。水电建设对工程地质条件改变最大的是水文地质条件，水库大流量渗漏、地面沉降、地基变形、岩溶塌陷、滑坡塌岸、水库诱发地震及绝大部分地下工程地质灾害均与地下水活动有关，是岩、土、水相互作用的结果。

7）其他。如植被差的地方易引发滑坡、泥石流灾害；高强度岩石高地应力区易引发岩爆灾害，软岩高地应力区易引发围岩大变形；波浪作用时间越长，波浪对岸坡的侵蚀与淘刷作用就越强。其他如高温地热灾害、有害气体、地下水侵蚀、冰川泥石流等。

（2）促发因素包括以下几方面：

1）气象因素。由于气候变化发生暴雨、洪水、冰雪融化、岩土冻胀等，易引发崩塌、滑坡、泥石流、岸坡冲刷、堤防管涌与潜蚀、土体冻胀及山洪灾害等。

2）地震（包括天然地震和水库蓄水诱发地震）。地震不仅对工程本身的稳定与安全构成威胁，还会对工程区的岩土稳定造成影响，产生崩塌、滑坡、岩溶塌陷、软土震陷、地基土液化及泥石流等次生灾害。

3）其他。如冰的冻胀、大气湿热变化引起的风化作用、泥沙淤积等。

4.1.1.2 人为因素

电力建设工程的特点决定了其建设工程大多位于地质环境复杂区，大规模的施工活动对地质环境的扰动导致近年来电力建设工程发生地质灾害的次数增多、损失加大。电力建设工程地质灾害与工程建设活动密切相关，绝大部分地质灾害都与人为因素有关。随着人类工程活动对地质环境扰动的加剧，在地质灾害诱发因素上，人为的活动影响已变得越来越显著。人为因素综合起来包括以下几个方面：

（1）勘测设计方面。勘测设计失误是产生地质灾害、影响工程安全的最大隐患，如前期勘测工作失误或勘察深度不足、设计方案不合理及施工地质工作重视不够等。

（2）施工处理方面。包括安全意识淡薄、施工方法不当、施工质量较差、违章作业及抢险工程留下隐患等。

（3）建设管理方面。包括以下几方面：

1）不按工程建设程序办事，搞“三边工程”，边勘察、边设计、边施工，建设过程中管理混乱以及监理单位监督不力等，导致地质灾害发生。

2）未按“公开、公正、公平、择优”的原则进行招投标，不少承包商低价中标，投入不足，管理不善，导致地质灾害发生。

3）为抢工期、省投资，不及时采取处理措施；不重视工程监理与安全生产，忽视工程质量。

4）对地质灾害没有相应的预防措施或应急预案。地质灾害发生后，由于处理不及时，导致更大的灾害发生，给工程建设造成更多的损失。

5）运行管理不善。如对水库运行缺乏科学的调度，库水位升降频繁或幅度过大，常常导致人为灾害的发生。

4.1.2 动力作用分析

按动力作用类型，电力建设工程地质灾害可分为自然作用引发型和人工作用引发型两大类。

(1) 自然作用引发型。按作用方式可细分为以下3类：

1) 内动力地质作用型。内动力地质作用主要表现在构造运动、地震作用、岩浆作用及变质作用。

2) 外动力地质作用型。外动力地质作用的方式则很多，主要有以下几种：①风化作用，表现为地表或近地表条件下，岩石、矿物在原地发生物理化学的变化作用，如物理风化作用、化学风化作用和生物风化作用；②剥蚀作用，表现为风、流水对地表岩土体的破坏，并把破碎分解的产物搬离原地，如风的吹蚀作用、流水的侵蚀作用、地下水的潜蚀作用、冰雪的冻融作用及冰川的刨蚀、拔蚀作用等；③搬运作用，风化的产物被搬运到其他地方，由于介质和环境的不同可分为风的搬运作用、流水搬运作用以及地下水的搬运作用；④负荷地质作用，表现为松散的堆积体、岩块等由于自重作用并在其他动力地质作用下的位移变化，如塌落作用、潜移作用、滑动作用和流动作用。

3) 气象作用型。由于气候变化发生暴雨、洪水、冰雪融化、岩土冻胀等，易引发崩塌、滑坡、泥石流、岸坡冲刷、堤防管涌与潜蚀、土体冻胀及山洪灾害等。

气候因素是地质灾害发生的主要因素之一，如气温升高、降雨、风暴等，其中降雨、风暴及气温升高引起的冰雪消融与地质灾害形成关系最为密切。地质灾害的发生基本都与降雨有关，特别是与暴雨、大暴雨或持续降雨等强降雨有关。降水量的大小、强度、时间的长短均是影响地质灾害形成的因素。尤其是短期内大强度的降雨或者长时间的阴雨均易引起岩土体破坏，引发严重的地质灾害。不同的地质地貌单元出现的地质灾害类型不同，主要的气象地质灾害类型有崩塌、滑坡、泥石流和坡面泥石流等，其中泥石流和滑坡的发生与降水关系更为密切。极端天气事件（如前旱后雨，瞬时暴雨，连续强降雨等）常导致崩塌、滑坡、泥石流等地质灾害频发群发。

自然作用常引发自然灾害，如地震次生地质灾害、斜坡侵蚀灾害（如崩塌、滑坡、碎屑流、潜在不稳定斜坡等灾害）及气象灾害（山洪泥石流、冰水泥石流、河流冲刷及冰雪冻融等灾害）。

(2) 人工作用引发型。包括工程挖（填）方、工程爆破、工程渗漏和人为水位变化（如蓄水）等人为因素引发的地质灾害。人工作用引发型按工程活动方式可细分为4类：

1) 开挖引发。如边坡开挖、地基开挖、地下工程开挖等引发的地质灾害。

2) 爆破引发。由于爆破震动引发的地质灾害。

3) 填筑引发。大坝填筑、渣场堆载、地基填方等引发的地质灾害，如填方区、弃渣场、存料场、尾矿库及堆石坝等产生的坍塌、变形及不均匀沉降等。

4) 蓄水引发。如滑坡涌浪、库岸再造、水库诱发地震及渗透变形等。

4.1.3 典型地质灾害成因分析

电力建设工程常见的典型地质灾害主要有以下10种。

4.1.3.1 崩塌

崩塌又称崩落、垮塌或塌方，是斜坡上部的岩土体被裂隙切割、拉裂后，在重力作用下，突然向外倾倒、翻滚、坠落的现象。发生在河、湖、海岸上的称为岸崩；发生在岩体中的崩塌又称岩崩；发生在土体中的称土崩；规模巨大、涉及大片山体的称为山崩；崩落的大小不等、杂乱无序的岩土块呈锥状堆积在坡脚称为崩积物，又称岩堆、倒石堆。崩塌多发生在地势高差较大、斜坡陡峻的高山峡谷区，特别是有孤立或凸出山嘴的地带。崩积物落入江河中，可形成巨大的涌浪推翻或击沉船只，以及形成急流险滩而影响或中断航运等。电力建设工程中的崩塌是指建设工程区或其影响区较陡斜坡或开挖边坡上的岩土体在重力或震动力作用下突然脱离母体崩落、滚动，堆积在坡脚（或沟谷）的地质现象。西南电力建设工程区山高坡陡、沟谷纵横，切割深度大，为崩塌、不稳定斜坡的发育提供了良好地质条件，属于崩塌地质灾害易发区。

（1）崩塌的形成条件包括以下几方面。

1）地形条件。崩塌一般发生在坡度大于60°的陡坡或陡崖处。地形切割强烈、高差大的地形条件区域是发生崩塌破坏的严重区域。

2）坡体结构条件。一般而言，反向坡一般有利于崩塌产生。

3）岩体介质类型。崩塌一般发生在厚层坚硬脆性的岩体中。当边坡由软硬相间的岩层组成时，因抗风化能力不同，软层受风化剥蚀而凹进，上覆硬层便悬空断裂而坠落；另外，还可因边坡底座岩石软弱，产生沉陷或蠕动变形，引起上覆岩体拉裂错动而造成崩塌。

4）地质构造条件。节理、断裂发育部位，斜坡岩体易形成分离岩体而发生崩塌。大规模的崩塌经常发生在新构造运动强烈、地震频发的高山地区。高陡边坡被平行坡面的裂隙深切，在重力作用下向外倾倒拉裂、折断而崩落。

（2）崩塌的诱发因素包括以下几方面。

1）地震。地震引起坡体晃动，破坏坡体平衡，从而诱发坡体崩塌，一般烈度为Ⅶ度以上的地震都会诱发大量崩塌。

2）融雪、降雨。特别是大暴雨、暴雨和长时间的连续降雨，使地表水渗入坡体，软化岩土及其中软弱面，产生孔隙水压力，从而诱发崩塌。

3）地表冲刷、浸泡。河流等地表水体不断地冲刷边脚，也能诱发崩塌。

4）不合理的人类活动。如开挖坡脚、地下采空、水库蓄水、泄水等改变坡体原始平衡状态的人类活动，都会诱发崩塌灾害。

5）其他因素。如冻胀、昼夜温度变化等，也会诱发崩塌。

4.1.3.2 滑坡

滑坡又称塌方、地滑，是斜坡岩土体沿贯通剪切面向临空面下滑的现象。滑坡在天然斜坡或人工边坡、坚硬或松软岩土体、陡坡或缓坡、陆地或水下都可发生，是一种常见的边坡变形破坏形式。滑坡常常中断交通、侵占河道、摧毁建筑物、掩埋村镇，造成重大灾害。电力建设工程中的滑坡指建设工程区或其影响区自然条件下的斜坡，由于河流冲刷、库岸再造、人工切坡、地下水活动或地震等因素的影响，部分岩体或土体在重力作用下，出现沿一定的软弱面或软弱带整体、间歇、以水平位移为主的变形现象。滑坡是电力建设工程施工期常见的地质灾害，其形成条件包括以下几方面。

(1) 岩土类型。岩土体是产生滑坡的物质基础。一般来说，各类岩、土都有可能构成滑坡体，其中，结构松散、抗剪强度和抗风化能力较低、在水的作用下其性质能发生变化的岩、土（如松散覆盖层、黄土、红黏土、页岩、泥岩、煤系地层、凝灰岩、片岩、板岩、千枚岩等），以及软硬相间的岩层所构成的斜坡易发生滑坡。

(2) 地质构造条件。组成斜坡的岩土体只有被各种构造面切割分离成不连续状态时，才有可能形成向下滑动的条件。同时，结构面又为降雨等水流进入斜坡提供了通道，因此各种节理、裂隙、层面、断层发育的斜坡，特别是当平行和垂直斜坡的陡倾角构造面及顺坡缓倾的构造面发育时，最易发生滑坡。

(3) 地形地貌条件。只有处于一定的地貌部位，具备一定坡度的斜坡，才可能发生滑坡。一般江河、湖泊、水库、冲沟等的斜坡，前缘开阔的山坡，以及铁路、公路和工程建筑物的边坡等都是易发生滑坡的部位。一般上下陡、中部缓及上部成环状的坡形是容易产生滑坡的地形。

(4) 水文地质条件。地下水活动在滑坡形成中起着非常主要的作用，主要表现为：软化岩土体，降低其强度，产生动水压力和孔隙水压力，潜蚀岩、土，增大岩、土容重，对透水岩层产生浮托力等，尤其是对滑面（带）的软化作用和降低强度的作用最为突出。

(5) 地壳运动强烈的地区和人类工程活动频繁的地区是滑坡多发区，外界因素的作用，可以使产生滑坡的基本条件发生变化，从而诱发滑坡。主要的诱发因素包括：地震，降雨和融雪，地表水的冲刷、浸泡，河流等地表水体对斜坡坡脚的不断冲刷，以及不合理的人类工程活动，如开挖坡脚、坡体上部堆载、爆破、水库蓄放水等。

4.1.3.3 泥石流

泥石流是泥沙、石块等固体物质在水和重力的作用下，沿坡面、沟谷或地下工程开挖临空面突然流动的现象。泥石流按成因类型可分为冰川型泥石流（包括冰雪消融型、冰雪消融及降雨混合型、冰崩-雪崩型及冰湖溃决型等）、降雨型泥石流（包括暴雨型、台风雨型和降雨型）及共生型泥石流（包括滑坡型泥石流、山崩型泥石流、库岸溃决型泥石流、地震型泥石流、火山型泥石流及人类工程活动引发的泥石流等）；按物质组成可分为泥石流、泥流及水石流；按流体性质可分为黏性泥石流、稀性泥石流。

(1) 泥石流形成条件主要包括以下 3 个方面：

1) 地形条件。在地形上具备山高沟深、地形陡峻、沟床纵度降大、流域形状便于水流汇集等条件。在地貌上，泥石流的地貌一般可分为形成区、流通区和堆积区 3 个部分。上游形成区的地形多为三面环山，一面出口为瓢状或漏斗状，地形比较开阔，周围山高坡陡、山体破碎、植被生长不良，这样的地形有利于水和碎屑物质的集中；中游流通区的地形多为狭窄陡深的峡谷，谷床纵坡降大，使泥石流能迅猛直泻；下游堆积区的地形为开阔平坦的山前平原或河谷阶地，使堆积物有堆积场所。

2) 地质条件。泥石流常发生于地质构造复杂、断裂褶皱发育、新构造活动强烈、地震烈度较高的地区。地表岩石破碎、崩塌、错落、滑坡等不良地质现象发育，为泥石流的形成提供了丰富的固体物质来源；另外，岩层结构松散、软弱、易于风化、节理发育或软硬相间成层的地区，因易受破坏，也能为泥石流提供丰富的碎屑物来源；一些人类工程活动，如滥伐森林、开山采矿、采石弃渣等，也为泥石流提供了大量的物质来源。

3）水文气象条件。水既是泥石流的重要组成部分，又是泥石流的激发条件和搬运介质（动力来源），水能浸润饱和山坡松散物质，使其摩阻力减小、滑动力增大；水流对松散物质的侧蚀、掏蚀作用能引起滑坡、崩塌等，增加了物质来源。泥石流的水源，有暴雨、冰雪融水和水库溃决水体等形式。

（2）泥石流的诱发因素主要包括以下 4 个方面。

1）自然原因。岩石的风化是自然状态下既有的，在风化过程中，既有氧气、二氧化碳等物质对岩石的分解，也有因为降水中吸收的空气中的酸性物质对岩石的分解，还有地表植被分泌的物质对土壤下岩石层的分解，以及霜冻对土壤形成的冻结和溶解所造成的土壤松动，这些都能造成土壤层的增厚和土壤层的松动，形成泥石流的物源条件。2012 年 6 月 14 日和 8 月 15 日，金沙江阿海水电站青云沟、白云沟及 6 号冲沟因突降暴雨，形成泥石流灾害。青云沟的水经右岸坝顶公路进入厂房，对厂房机电安装造成不利影响，白云沟鱼类增殖站部分被泥石流淹埋，造成较大的经济损失；6 号冲沟处进厂公路隧洞被堵，对水电站的交通造成一定影响。

2）不合理开挖。修建铁路、公路、水渠以及其他工程建筑的不合理开挖，形成松散物源。如云南省东川至昆明公路的老干沟，因修公路及水渠，导致山体破坏，加之 1966 年犀牛山地震又形成崩塌、滑坡，致使泥石流更加严重。又如我国香港特别行政区多年来修建了许多大型工程和地面建筑，几乎每个工程都要劈山填海或填方才能获得合适的建筑场地。1972 年一次暴雨，正在施工的挖掘工程现场滑坡形成泥石流灾害，造成 120 人死亡。

3）乱垦滥伐。乱垦滥伐会使植被消失，山坡失去保护、土体疏松、冲沟发育，大大加重水土流失，进而破坏山坡的稳定性，导致崩塌、滑坡等不良地质现象发育，很容易产生泥石流。例如甘肃省白龙江中游是我国著名的泥石流多发区，而在 1000 多年前，那里竹树茂密、山清水秀，后因伐木烧炭，烧山开荒，森林被破坏，才造成泥石流泛滥。

4）次生灾害。地震灾害过后，由于暴雨或是山洪稀释大面积的山体，导致泥石流灾害。如云南省东川地区在 1966 年发生的 6.5 级强震，使东川泥石流的发展加剧，仅东川铁路 1970—1981 年就发生泥石流灾害 250 余次。又如汶川 2008 年 8.0 级地震后地质灾害点比震前增加了近 5 倍，泥石流灾害占 24.25%，大地震后泥石流的高发期会维持 3～5 年。2010 年 8 月 12 日，四川龙门山地震断裂带沿线连降暴雨，汶川、都江堰、绵竹、什邡、绵阳等地发生泥石流、崩塌等地质灾害，造成人员伤亡。

泥石流是电力建设工程雨季施工期常见的地质灾害，根据其产生的环境条件，可分为沟谷型泥石流、坡面泥石流及地下泥石流。地下洞室施工过程中，在构造破碎带，岩体风化剧烈，岩体破碎，常造成地下水富集，施工中易产生渗水、涌水问题，严重时会产生突水、突泥问题，形成地下泥石流。电力建设工程区地形地貌往往是泥石流孕育和活动的主要场所，因此，泥石流灾害成为电力建设工程中不可避免的一大问题。

4.1.3.4　地面沉降（塌陷）

（1）地面沉降又称为地面下沉或地陷，是地球表面的海拔标高在一定时期内不断降低的环境地质现象，是地层形变的一种形式。地面沉降分为自然的地面沉降和人为的地面沉降。自然的地面沉降包括两种：一种是地表松散或半松散的沉积层在重力的作用下，由松散到细密的成岩过程；另一种是由于地质构造运动、地震等引起的地面沉降。人为的地表沉降主要是大量抽取地下水所致。电力建设工程主要建设在高山峡谷地区，地面沉降地质灾害主要为自然的地面沉降。地面沉降分构造沉降、抽水沉降和采空沉降3种类型。电力建设工程沉降类型主要是由地壳沉降运动引起地面下沉的构造沉降。造成地面沉降的自然因素是地壳构造运动和地表土壤的自然压实。

（2）地面塌陷是指建设工程区或其影响区地下空洞（包括天然洞穴和人工地下洞室）上方的岩土体在自然或人为动力作用下发生变形破坏、向下陷落的现象，包括岩溶地基塌陷、地下洞室塌方冒顶及水库蓄水引起库岸采空区地面沉陷等。

4.1.3.5 地裂缝

地裂缝是地表岩土体在自然因素（地壳活动、水的作用等）或人为因素（抽水灌溉、开挖等）作用下产生开裂，并在地面形成一定长度和宽度的裂缝的宏观地质现象，当这种现象发生在有人类活动的地区时，便成为一种地质灾害。地裂缝的形成是在强烈地震时因地下断层错动使岩层发生位移或错动，并在地面上形成断裂，其走向和地下断裂带一致，规模大，常呈带状分布。

地裂缝的形成原因复杂多样。地壳活动、水的作用和部分人类活动是导致地面开裂的主要原因。按地裂缝的成因，常将其分为以下几类：

（1）地震裂缝。各种地震引起地面的强烈震动均可产生地震裂缝。

（2）基底断裂活动裂缝。由于基底断裂的长期蠕动，使岩体或土层逐渐开裂，并显露于地表而形成。

（3）隐伏裂隙开启裂缝。发育隐伏裂隙的土体，在地表水或地下水的冲刷、潜蚀作用下，裂隙中的物质被水带走，裂隙向上开启、贯通而成。

（4）松散土体潜蚀裂缝。由于地表水或地下水的冲刷、潜蚀、软化和液化作用等，使松散土体中部分颗粒随水流失，土体开裂而成。

（5）黄土湿陷裂缝。因黄土地层受地表水或地下水的浸湿，产生沉陷而成。

（6）胀缩裂缝。由于气候的干、湿变化，使膨胀土或淤泥质软土产生胀缩变形发展而成。

（7）地面沉陷裂缝。因各类地面塌陷或过量开采地下水、矿山地下采空引起地面沉降过程中的岩土体开裂而成。

（8）滑坡裂缝。由于斜坡滑动造成地表开裂而成。

4.1.3.6 岩土体大变形

岩土体大变形是指建设工程区或其影响区岩土体产生的对工程建设或建筑物造成危害的变形，包括边坡或库岸岩土体、地基岩土体及地下工程围岩体的变形。岩土体在自然状态下，即处于不断的变形之中；地质灾害定义的岩土体变形指的是大变形，即变形量已超出设计要求，岩土体已产生开裂、错动、断裂并向临空面挤出或滑移，必须进行工程处理的变形。如边坡工程在施工期及运行期由于主观、客观因素的影响，导致边坡岩土体产生的大变形，包括边坡下部隆起或溃屈、侧面剪切滑移、上部坐落错位、后缘或侧向张开拉裂、岩体弯曲倾倒、边坡支护体开裂、混凝土挡墙破裂、锚索失效等；地下工程在施工期及运行期由于主、客观原因的影响，导致围岩产生大变形，特别是软弱围岩，在岩体重力或地应力作用下，易产生物化膨胀、应力扩容及结构变形，导致边墙内鼓、底板隆起、顶板下沉、岩体流变、围岩松弛、支护体开裂、混凝土衬砌破裂等。

4.1.3.7　坍塌

坍塌是开挖面上或水库库岸的岩土体在重力、地应力或动水压力作用下向临空方向滑落的现象。电力建设工程的坍塌包括基坑坍塌、隧洞围岩坍塌及水库库岸坍塌。地下工程建设中（包括隧道、涵洞开挖、衬砌过程），因设计、开挖或支护不合理，常常发生顶部或侧壁大面积垮塌造成灾害。坍塌多发生在构造带、不利结构面组合发育带及软弱岩带。水库塌岸是指由于水库蓄水，库岸岸坡受库水浸泡、风浪冲击、水流侵蚀以及干湿交替等因素影响，使库岸岩土体风化加剧，抗剪强度降低，以及库水位涨落引起库岸地下水动水压力变化，造成的库岸冲蚀磨蚀、坍（崩）塌、滑移等再造变形的不良地质现象。水库塌岸是水库蓄水运行期间在所难免的问题，特别是山区河道型水库。水库蓄水后，由于水位抬高，破坏了原有的平衡状态，库岸不断产生坍塌破坏。塌岸是水电工程（包括抽水蓄能电站）建设中不可忽视的地质灾害问题之一，它不仅会造成已有滑坡的复活，也会诱发新的滑坡和崩塌。

4.1.3.8　涌水突泥

涌水指基坑开挖或地下洞室施工过程中，穿过含水或透水岩层所发生的地下水向洞内或基坑冒出或突然喷出，对工程或施工设备与人员造成危害的现象。电力建设工程常见的涌水灾害主要为地下洞室大流量涌水或突水灾害。涌水包括两种情况，一种为长时涌水，流量大且流量较稳定，一般在地下洞室揭穿较大的含水层或地下岩溶管道时产生，喀斯特地区多发，处理难度较大；另一种为短时涌水或突水，流量先大后小，一般在地下洞室揭穿断层带或脉状裂隙承压含水层时产生，突发性强，危害较大。喀斯特地区地下洞室涌水还具有发生部位的不均一性、集中突发性及不同涌水点间涌水量差异大的特点。深埋特长隧道（洞）施工涌水是隧道（洞）施工中所面临的最主要地质灾害。隧道施工涌水不仅降低围岩稳定性，而且给施工带来很多不良影响，特别是当有大量高压涌水的情况时，常常造成重大事故。

在地下洞室施工过程中，当地下水丰富的裂隙岩体穿过充填泥质物的溶洞或含泥量较大的断层破碎带等地段时，会发生突然的大量冒泥现象（突泥）。在构造破碎带，岩体风化剧烈，岩体破碎，常造成地下水富集，施工中易产生渗水、滴水问题，严重时会产生突水、突泥问题，形成地下泥石流。

4.1.3.9　高应力岩爆

岩爆是岩体中应变能集中释放，造成洞壁或基坑突发性岩片爆裂的现象，是高应力条件下完整脆性硬质围岩失稳的一种表现形式，它是指地下开挖过程中，洞室围岩因开挖卸荷、应力分异造成岩石内部破裂和弹性能突然释放，而引起的洞壁岩块爆裂松脱、剥离、弹射乃至抛掷性破坏现象，属地下采掘地质灾害，具有滞后性、延续性、衰减性、突发性、猛烈性、危害性等特点。在高地应力状态下，岩爆的发生主要受岩性、构造、地下水、围岩类别、岩体结构、洞室跨度、地温等因素的制约，主要发生在岩体完整性好、无地下水、较干燥的、岩质坚硬致密的围岩中。岩爆破坏的规模，小则粒径只有几厘米，大者重达几十吨，如天池煤矿发生的岩爆将20多吨煤抛出20多米远。水电工程高地应力深埋隧洞越来越多，岩爆问题也越来越突出。

4.1.3.10 有毒有害气体

在地下洞室开挖掘进中，常会遇到各种易燃、易爆及对人体有害的气体，如沼气、二氧化碳、硫化氢、氡气等，特别是当洞室通过煤系、含油、含碳或沥青的地层时，遇到有害气体的机会更多。洞室施工过程中产生的有害气体主要包括洞室围岩中含有的硫化氢（H_2S）、瓦斯及甲烷（CH_4）气体，以及洞室爆破过程中所产生的一氧化碳、硫化氢、氮氧化合物（NO、NO_2）、SO_2、NH_3和粉尘等。有害气体浓度或瓦斯（甲烷、二氧化碳、氮气，还有少量乙烷、乙烯、氢、一氧化碳、硫化氢和二氧化硫混合体）含量超标也会产生对人身的伤害。

4.2 电力建设工程地质灾害危险源定义及分类

4.2.1 危险源定义

广义的危险源是指危险的根源，包括危险载体和事故隐患。狭义的危险源是指可能造成人员死亡、伤害、职业病、财产损失、环境破坏或其他损失的根源或状态。概括地说，危险源是指一个系统中具有潜在能量和物质释放危险、可造成人员伤害、在一定的触发因素作用下可转化为事故的部位、区域、场所、空间、岗位、设备及其位置。它的实质是具有潜在危险的源点或部位，是爆发事故的源头，是能量、危险物质集中的核心，是能量传出来或爆发的地方。

危险源由3个要素构成：

（1）潜在危险性。危险源的潜在危险性是指一旦触发事故，可能带来的危害程度或损失大小，或者说危险源可能释放的能量强度或危险物质量的大小。

（2）存在条件。危险源的存在条件是指危险源所处的物理、化学状态和约束条件状态。

（3）触发因素。触发因素虽然不属于危险源的固有属性，但它是危险源转化为事故或灾害的外因，而且每一类型的危险源都有相应的敏感触发因素。一定的危险源总是与相应的触发因素相关联。在触发因素的作用下，危险源转化为危险状态，继而转化为事故或灾害。

地质灾害危险源是指地质灾害可能导致伤害或疾病、财产损失、工作环境破坏或这些情况组合的根源或状态。地质灾害危险源也包括3个方面的内容，即不良地质环境条件、施工作业状态和诱发因素。

电力建设工程地质灾害危险源指电力工程建设中引发或遭受地质灾害可能导致伤害或疾病、财产损失、工作环境破坏或这些情况组合的根源或状态（如施工作业、危险物质及危险环境等），既包括客观的自然环境因素（地质环境及气象条件），又涉及主观的诱发因素（如施工作业及建设管理等）。电力建设工程地质灾害危险源涉及工程建设和影响区域内可能产生地质灾害的根源或状态。

4.2.2　危险源分类

危险源尤其是重大危险源如果控制措施不合理，有可能导致重大事故的发生，造成严重的人员伤亡或财产损失。因此，对危险源进行正确的分类与分级，有利于采取合理、科学、经济的预防及控制措施。目前关于危险源的分类方法主要有按生产过程危险和有害因素分类以及按企业职工伤亡事故分类等方法。《生产过程危险和有害因素分类与代码》（GB/T 13816—2009）把生产过程危险和有害因素分为四大类：人的因素、物的因素、环境因素和管理因素。《企业职工伤亡事故分类》（GB 6441—1986）综合考虑起因物、引起事故的诱导性原因、致害物、伤害方式等，将危险因素分为物体打击、车辆伤害、机械伤害、起重伤害、触电、淹溺、灼烫、火灾、高处坠落、坍塌、冒顶片帮、透水、放炮、瓦斯爆炸、火药爆炸、锅炉爆炸、容器爆炸、其他爆炸、中毒和窒息、其他伤害20个类别。

地质灾害危险源属于电力建设工程众多危险源中比较特殊、分布较为广泛的一类。下面将结合电力建设工程特点和地质灾害类型对电力建设工程地质灾害危险源进行详细分类。

4.2.2.1　按地质灾害类型分类

与电力建设工程相关的地质灾害除了常规的崩塌、滑坡、泥石流、地面塌陷、地裂缝、地面沉降外，还包括库岸再造、滑坡涌浪、岩土体大变形、冻融、水库诱发地震、坡面泥石流、围岩坍塌、岩爆、有害气体、涌水、突泥等。因此，按地质灾害成因类型，可将危险源分为引发相应地质灾害的危险源，如滑坡灾害、崩塌灾害危险源，坍塌灾害危险源，以及涌水灾害危险源等。

4.2.2.2　按辨识对象分类

（1）施工作业活动类。包括土石方开挖、边坡及洞室支护、斜井竖井开挖、石方爆破、地质缺陷处理等。如边坡工程开挖、地下工程施工及地基工程处理等。

（2）设施、场所类。包括大坝、溢洪道、厂房、渠道、道路、桥梁、隧洞、料场、渣场、营地、油库油罐区及其他临建工程区等。

（3）危险环境类。指不良地质地段、潜在不稳定岩土体（危岩体、滑坡体、变形体等）、超标准洪水及有毒有害气体等，存在地质灾害或洪水灾害导致人员死亡及伤害和财产损失的环境。

4.2.2.3　按危险源作用类型分类

根据危险源在地质灾害发生发展过程中的作用，将危险源分为以下两大类：

（1）危险地质环境（客观条件）。指可能产生地质灾害的不良地质条件、潜在不稳定岩土体及有毒有害气体等。为了防止危险地质环境导致灾害，必须采取措施约束，限制变形和破坏，控制危险源，降低危险程度或避免灾害发生。

（2）成灾诱发因素（主观条件）。指导致地质灾害发生的各种诱发因素，包括水文气象条件（如超标准洪水、极端气候等）、施工作业状态（如违章作业、施工质量差等）及建设管理条件（如三边工程、管理混乱、监督不到位等）等。

危险地质环境（不良地质条件）是地质灾害事故发生的前提和基础，决定地质灾害的易发性及危险程度；成灾诱发因素是危险地质环境造成地质灾害的必要条件，决定地质灾害发生的可能性和危害性。

4.2.2.4 按空间分布位置分类

（1）地面地质灾害危险源。包括边坡工程、地基工程、水库工程、移民工程及输电线路工程等所涉及的在地表引发地质灾害的危险源。

（2）地下地质灾害危险源。主要指地下工程建设引发或遭受地质灾害的危险源。如地下工程中遇到的特殊不良地质环境（包括活动断裂带、软弱破碎岩体、富水岩体、高应力区域、膨胀性岩土体、有毒有害气体等）即属于地下地质灾害危险源。

4.2.2.5 按电力建设工程特点分类

地质灾害危险源存在于确定的系统中，不同的系统范围，危险源的区域也不同。电力建设工程地质灾害危险源涉及水库工程、主体（枢纽）工程、临建工程、移民工程、输电线路工程及其他相关工程。

（1）水库工程地质灾害危险源。水库工程地质灾害危险源指水库蓄水及运行期间（涉及水库淹没区及水库影响区）易引发相关地质灾害（如水库大流量渗漏、塌岸、滑坡涌浪、水库浸没、水库塌陷、水库诱发地震等）的地质环境条件和诱发因素。

（2）主体（枢纽）工程地质灾害危险源。主体（枢纽）工程地质灾害危险源可细分为以下3类：

1）边坡工程地质灾害危险源。指电力建设工程边坡施工与运行期间易引发相关地质灾害（如崩塌、滑坡、岩土体大变形、潜在不稳定岩体、坡面泥石流等）的地质环境条件和诱发因数。对于电力建设工程而言，边坡地质灾害危险源特指在边坡开挖过程中存在并对工程区构成威胁，在不利工况下（尤其是在降雨、风荷载及振动等作用下）可能发生崩塌、滑坡、泥石流等地质灾害，进而造成人员伤亡和财产损失的风化卸荷岩体、危石、松散堆积体及滑坡堆积物等，包括工程边坡危险源及环境边坡危险源。边坡危险源按工程位置可分为主体工程边坡（如坝肩边坡、厂房边坡、溢洪道边坡等）、临建工程边坡（进场公路边坡、桥台边坡、料场边坡及堆弃渣场边坡等）；按物质成分分为土质边坡危险源、岩质类边坡危险源；按破坏机制分为滑移型、倾倒型及坠落型危险源。

2）地基工程地质灾害危险源。指电力建设工程地基（包括坝基、渠基、厂基、塔基、站基、路基、桥基等）施工与运行期间易引发相关地质灾害（如地基岩土体大变形与渗透破坏、地基大流量渗漏、地基塌陷及地基失效等）的地质环境条件和诱发因素。

3）地下工程地质灾害危险源。指地下工程（包括隧洞、竖井、斜井及施工支洞等）施工与运行期间易引发相关地质灾害（如坍塌、冒顶、岩爆、围岩大变形、流沙、涌水、有害气体、地下泥石流及地下水侵蚀等）的地质环境条件和诱发因素。

（3）临建工程地质灾害危险源。指引发临建工程（包括建设施工营地、料场、渣场、施工道路、围堰、码头、砂石系统等）施工及使用期地质灾害（如滑坡、泥石流、岩土体大变形等）的地质环境条件和诱发因素。

（4）输电线路工程地质灾害危险源。主要指引发输电线路地质灾害（如坍塌、滑坡、地基塌陷及岩土体大变形等）的地质环境条件和诱发因素。

（5）移民工程地质灾害危险源。主要指引发移民工程（包括移民安置场地、公路及生产生活设施等）地质灾害（如崩塌、滑坡、泥石流、岩土体大变形等）的地质环境条件和诱发因素。

(6) 其他工程地质灾害危险源。主要指引发其他工程(包括滨海火力发电工程、潮汐发电站、海上风电场等)地质灾害(如海平面上升、海水入侵、海岸侵蚀、海港淤积、风暴潮、水下滑坡、潮流沙坝、浅层气害等)的地质环境条件和诱发因素。

4.2.2.6 按危险程度分类

不同地质灾害由于其规模、破坏方式、失稳后的危害程度不同，危险源的等级和危险性程度也均不同。危险源的等级根据失稳的可能性和损失大小综合确定，可将危险性程度分为大(重大危险源)、中等(重要危险源)、小(一般危险源)，分别对应Ⅰ级、Ⅱ级、Ⅲ级危险源。

(1) 重大危险源(Ⅰ级危险源)。重大危险源指电力建设工程中因地质灾害可能导致人员死亡及伤害、财产损失或环境破坏的根源或状态(如施工作业、危险物质及危险环境)。重大危险源可能造成的直接经济损失大于1000万元，受威胁人数大于300人；危险源在不利工况下的稳定性差或不稳定，危险源危险性大，发生地质灾害的可能性大。地质灾害高易发区、地质灾害危险性大的地区及存在地质灾害险情的地区，包括已产生崩塌滑坡灾害的边坡、地质条件较差的高陡边坡、地下工程中的特殊不良地质洞段、枢纽工程区内的潜在不稳定斜坡、已产生大变形的岩土体及地面沉陷的部位、具有发生大中型泥石流的活动性冲沟、可能引发高速滑坡产生涌浪的潜在不稳定斜坡以及可能引发库岸再造对移居民点稳定造成较大影响的库岸等，均应作为重大危险源加以识别和控制。

(2) 重要危险源(Ⅱ级危险源)。重要危险源可能造成的直接经济损失为100万～1000万元，受威胁人数为50～300人；危险源在不利工况下的稳定性较差或欠稳定，危险源危险性中等，发生地质灾害的可能性中等。地质灾害危险性中等区、地质灾害中等易发区、局部可能产生崩塌滑坡的中高边坡、地下工程中的不良地质洞段、已产生局部变形的岩土体、具有发生中型泥石流的活动性冲沟、枢纽工程区以外潜在不稳定斜坡、可能引发库岸再造对移民工程造成一定影响的库岸等，作为重要危险源加以识别和控制。

(3) 一般危险源(Ⅲ级危险源)。一般危险源可能造成的直接经济损失小于100万元，受威胁人数小于50人；危险源在不利工况下的稳定性一般或基本稳定，危险源危险性小，发生地质灾害的可能性小。地质灾害危险性小的地区、地质灾害低易发区、局部可能产生崩塌滑坡的低矮边坡、地下工程中的一般地质洞段、具有发生小型泥石流的活动性冲沟、枢纽工程区以外的斜坡、可能引发库岸再造对移民工程造成局部影响的库岸等，可作为一般危险源加以识别和控制。

4.2.2.7 按危险源状态分类

(1) 按危险源存在的现实状态可分为显性危险源和隐性(潜在)危险源。

1) 显性危险源。主要指已产生或正在发生地质灾害的区域和范围，如崩塌、滑坡、泥石流、碎屑流堆积区及其混合堆积体、地裂缝及地面塌陷区、已发生大变形岩土体及全新世活动地震断裂带等。在外部条件发生变化时，显性危险源有可能引发新的地质灾害。

2) 隐性(潜在)危险源。主要指具有产生地质灾害隐患的潜在不稳定岩土体分布区域，特指现状稳定但稳定程度很低，将来有可能产生变形或失稳，易发地质灾害(如崩塌、滑动或大变形)的岩土体，包括危岩体、倾倒体、松动体、强风化强卸荷岩体、软弱破碎岩体、富水岩体、高应力区域、膨胀性岩土体、存在有毒有害气体的区域、深厚覆盖层、大型综合成因堆积体、活动性冲沟及活动性断裂分布区、河流冲刷区及影响区等。另外，开挖产生的人工弃渣结构松散、稳定性差，在上部加载及暴雨情况下，极易发生变形破坏，甚至引发泥石流灾害，也为隐性（潜在）的危险源。

显性危险源易于发现，而隐性（潜在）危险源需要进行详细的调查、分析及辨识，并结合工程建设范围和施工作业活动条件加以评价。

（2）按危险源主要危险物质存在的时间状态，可分为永久危险源和临时危险源。

1）永久危险源。其危险物质或能量存在的时间相对较长，一般与电力工程建设的生命周期相同，如影响大坝及发电厂房等永久工程安全的环境边坡危险源、库坝渗漏、库岸再造及其他地质灾害（如山洪、地震及远程地质灾害）等都为永久危险源。

2）临时危险源。其危险物质能量存在的时间相对较短，如工程边坡、地下洞室、建筑物地基及其他临建工程施工期形成的危险源。临时危险源的危险因素比永久危险源多且易变。因此，施工期地质灾害临时危险源的辨识十分重要，应及时采取有针对性的对策措施。

（3）按危险源主要危险物质存在空间状态，可分为静态危险源和动态危险源。

1）静态危险源。其危险物质或能量的种类、数量或存在位置在正常情况下不易发生大的改变，如一般企业的生产装置、设备、设施。

2）动态危险源。其危险物质或能量种类、数量或存在位置随着生产作业过程的改变而改变，如高边坡开挖、地下工程施工、地质缺陷（或灾害处理）处理等。随着施工进展，危险源及危险因素均不断发生变化。

第5章 电力建设工程地质灾害危险源辨识

地质灾害危险源辨识就是识别地质灾害危险源并确定其特性的过程。危险源辨识不但包括对危险源的识别，而且还必须对地质灾害性质加以判断。地质灾害危险源辨识应在充分收集相关地质环境条件及地质灾害分布、发育规律资料的基础上，采用地面调查方式，结合遥感、地质调查与测绘、勘探取样、测试实验以及综合分析论证等手段，深入细致地研究各类地质灾害的形态特征、地质结构特征、物质组成特征、分布发育特征等，最终确定地质灾害的危险源。地质灾害危险源辨识路线见图5.1。

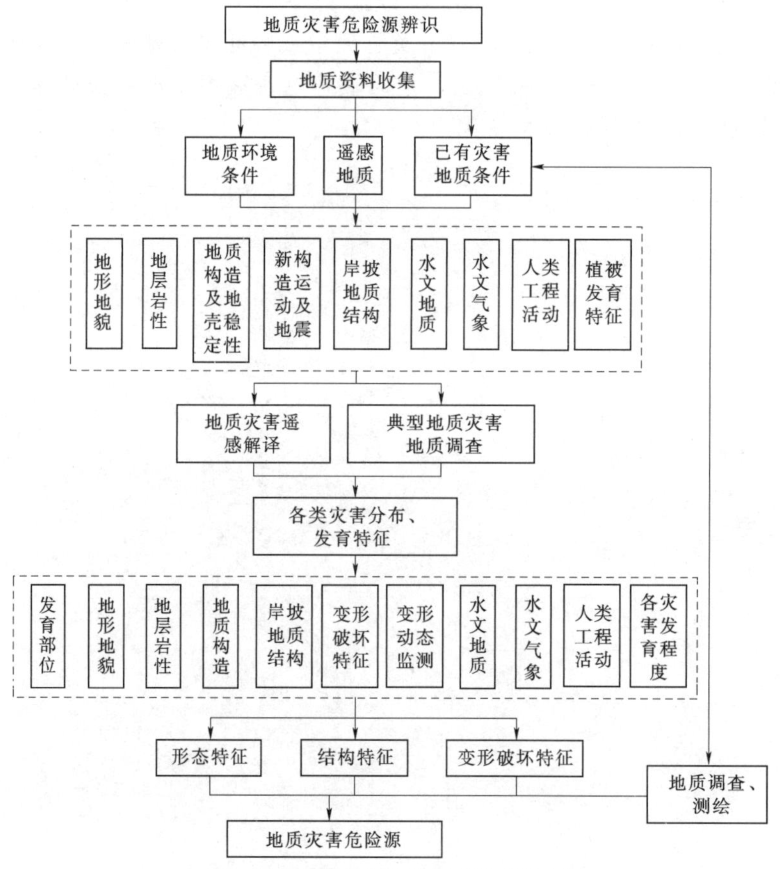

图5.1 地质灾害危险源辨识路线图

5.1 不同阶段地质灾害危险源辨识要求

根据电力建设工程特点，地质灾害危险源辨识分规划设计、施工建设及运营管理3个阶段进行。

5.1.1 规划设计阶段

电力建设工程规划设计阶段主要为项目决策阶段，包含水电工程的规划、预可行性研究及可行性研究阶段，火电工程的初步可行性研究、可行性研究及初步设计阶段，以及送变电工程的规划选线（所）、可行性研究及初步设计阶段等。此阶段地质灾害危险源辨识主要针对已经存在的自然地质灾害进行。典型的自然地质灾害主要包括滑坡、崩塌、泥石流及潜在不稳定斜坡。自然地质灾害危险源辨识应与勘察设计工作同期开展，查明存在的地质灾害，并分析对工程的影响，为工程的可行性及投资决策提供依据。

5.1.1.1 地质灾害危险源辨识流程

电力建设工程地质灾害危险源辨识工作按勘察设计阶段进行划分，电力建设工程规划设计阶段地质灾害危险源辨识流程见图5.2。

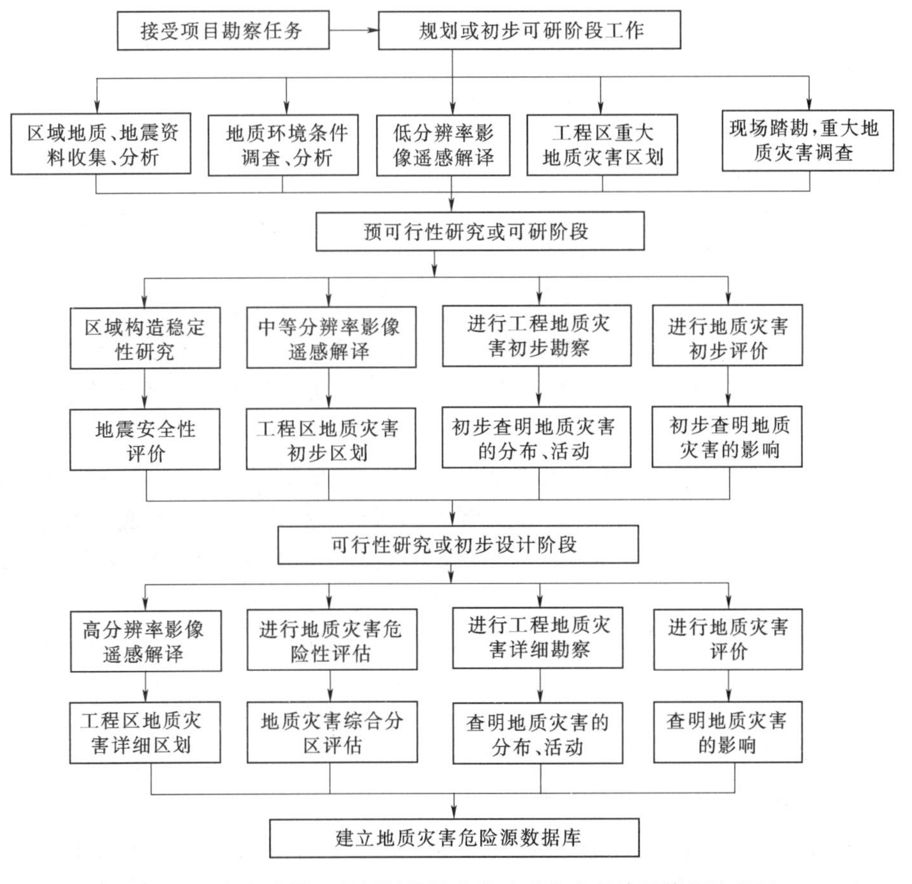

图5.2 电力建设工程规划设计阶段地质灾害危险源辨识流程图

5.1.1.2　地质灾害危险源辨识要求

电力建设工程规划设计阶段地质灾害危险源辨识随勘察设计工作的进展而不断细化、深入，其工作深度必须满足相应的规程规范要求。下面以水电工程为例进行阐述。

(1) 规划阶段。规划阶段主要的勘察目的是了解规划工程范围的区域地质和地震概况，了解规划场址影响范围的工程地质条件及主要工程地质问题，分析建设条件。地质灾害危险源辨识要求满足规划阶段勘察深度要求，具体内容如下：

1) 区域地质及地震。收集国家地震区划资料、相关省区地震研究资料和邻近区工程地震安全性评价成果，分析区域构造与历史地震情况，按《中国地震动参数区划图》(GB 18306—2015) 确定地震动参数。在收集和分析已有的各类最新区域地质资料的基础上，进行低分辨率卫星影像解译和现场踏勘（比例尺可选用1：100000～1：500000)，分析工程设计区域的重大不良地质现象及特殊岩土（如大型泥石流、崩塌、滑坡及综合成因堆积体，移动沙丘及冻土等）的发育和分布情况，并结合工程地质条件对规划区域进行地段划分。工程场址宜选在有利地段，避开不利地段和危险地段。

2) 工程区外围或水库区。在收集和分析已有的各类最新区域地质资料的基础上，进行低分辨率卫星影像解译和现场调查（比例尺可选用1：100000～1：500000)，了解对工程有重大影响的滑坡、潜在不稳定斜坡、泥石流、可能发生的塌岸和浸没等的分布范围，了解水库产生渗漏的可能性。

当可能存在影响工程方案成立的渗漏、库岸稳定、浸没、滑坡、潜在不稳定斜坡、泥石流等工程地质问题时，应进行工程地质测绘，并可根据需要布置勘探工作。工程地质测绘比例尺可选用1：50000～1：100000，可溶岩地区比例尺可选用1：25000～1：50000。水库渗漏、泥石流的工程地质测绘范围应扩大至分水岭及邻谷。

3) 枢纽区。在收集和分析已有的各类最新区域地质资料的基础上，进行低分辨率卫星影像解译（比例尺可选用1：50000～1：100000)，并对枢纽区的松动变形体及滑坡、崩塌等地质灾害进行工程地质测绘（比例尺可选用1：5000～1：10000)，必要时进行少量的勘探和物探工作。了解松动变形体及滑坡、崩塌等地质灾害和岸坡稳定情况；了解可溶岩地区的喀斯特发育情况以及透水层和隔水层的分布情况，了解坝址（场址）地基稳定及绕坝渗漏的可能性等。

(2) 预可行性研究阶段。预可行性研究阶段工程地质勘察的目的是初选代表性坝（闸）址、场址，并对代表性坝（闸）址、场址和代表性枢纽布置方案进行工程地质初步评价，提供有关工程地质资料。地质灾害辨识要求满足预可行性研究阶段勘察深度要求，具体内容如下：

1) 区域地质及地震。在分析已有区域地质地震区划资料的基础上，按照规范要求开展区域构造稳定性研究，并对工程场地构造稳定性和地震安全性作出评价；坝址不宜选在震级为$6\frac{3}{4}$级及以上的震中区或地震基本烈度为Ⅸ度及以上的强震区；大坝等主体工程不宜建在已知的活动断层上。大型水电工程需要进行水库诱发地震地质灾害的潜在危险性初步预测。

2) 工程区外围或水库区。在规划阶段地质调查分析成果基础上，进行中等分辨率卫星影像解译（比例尺可选用1：5000～1：50000）和现场工程地质测绘、调查（比例尺可选用1：5000～1：50000），必要时进行少量的勘探和物探工作。初步查明水库渗漏的可能性；初步查明外围区对工程建筑物、重要城镇和居民区环境有影响的滑坡、崩塌和其他潜在不稳定岸坡以及泥石流等地质灾害的分布、范围和规模，初步评价其在工程建设前后、水库蓄水前和蓄水后的稳定性及其危害程度；初步预测水库塌岸影响范围；初步判断并预测可能的浸没影响范围。

移民集中安置区和专项复建工程要求初步查明影响场地稳定性的滑坡、崩塌堆积体、泥石流等地质灾害现象，并评价其对场地的影响。

3）枢纽区。在规划阶段地质调查分析成果基础上，进行中等分辨率卫星影像解译（比例尺可选用1：5000～1：50000）和现场工程地质测绘、调查（比例尺可选用1：5000～1：50000），并开展必要的勘探、物探和试验工作。初步查明软岩、易溶岩、膨胀性岩层、软弱夹层、喀斯特塌陷区、滑坡、崩塌堆积、泥石流、古河道、移动沙丘以及采空区等地质缺陷的分布和性状，分析其可能产生的地质灾害对工程项目坝基或边坡稳定的影响；初步查明对代表性坝址、场址选择和枢纽建筑物布置有影响的滑坡、倾倒体、松散堆积体、潜在不稳定岸坡及卸荷岩体的分布；初步查明泥石流的规模、发生条件及其对工程的影响；初步查明坝址（场址）地基和绕坝渗漏的可能性与范围、渗漏类型及影响程度；初步查明隧洞沿线特别是进出口部位的滑坡、崩塌堆积范围及其影响；初步查明隧洞沿线松散、软弱、膨胀、可溶以及含放射性矿物与有害气体等不良地质现象的分布，分析可能产生的坍塌、涌水、突泥等地质灾害问题。根据遥感解译成果，结合工程地质测绘、调查及勘探成果，对工程区地质灾害分布情况进行初步分析，形成区划图。

（3）可行性研究阶段。可行性研究阶段工程地质勘察的目的是在预可行性研究阶段工作的基础上查明工程区外围或水库区、坝址区或场址区的工程地质条件，为选定坝址、场址、建筑物轴线及枢纽布置提供地质依据，并对各选定建筑物的工程地质条件、主要工程地质问题进行论证和评价，提供建筑物设计所需的工程地质资料。地质灾害危险源辨识要求满足可行性研究阶段勘察深度要求，具体内容如下：

1）区域地质及地震。根据需要补充区域构造稳定性评价；分析水电工程水库诱发地震地质灾害的可能性，预测诱发地震类型位置、最大震级及其对工程的影响。

2）工程区外围或水库区。在预可行性研究阶段地质调查分析成果基础上，进行高分辨率卫星影像解译（比例尺可选用1：2500～1：5000）和现场工程地质测绘、调查（比例尺可选用1：1000～1：10000），并进行必要的勘探和物探工作。辨识查明水库渗漏的可能性；查明水库区及工程区外围对工程建筑物、重要城镇和居民区环境有影响的滑坡、崩塌和其他潜在不稳定岸坡以及泥石流等地质灾害的分布、范围和规模，评价其在工程实施前后或水库蓄水前后的稳定性及其危害程度；预测水库塌岸影响范围；判断并预测可能的浸没影响范围。移民集中安置区和专项复建工程要求查明影响场地稳定性的滑坡、崩塌堆积体、泥石流等地质灾害现象，评价其对场地的影响。

3）枢纽区。在预可行性研究阶段地质调查分析成果基础上，进行高分辨率卫星影像解译（比例尺可选用1：2500～1：5000）和现场工程地质测绘、调查（比例尺可选用1：1000～1：5000），并开展必要的勘探、物探、试验及专题研究工作。查明软岩、易溶岩、膨胀性岩层、软弱夹层、滑坡、崩塌堆积、泥石流、古河道、移动沙丘以及采空区等地质缺陷的分布和性状，分析其可能产生的地质灾害对工程项目坝基或边坡稳定的影响；查明对坝址、场址和枢纽建筑物布置有影响的滑坡、倾倒体、松散堆积体、潜在不稳定岸坡等地质灾害的分布；查明泥石流的规模、发生条件及其对工程的影响；查明坝址或坝基绕坝渗漏的可能性及范围、渗漏类型及影响程度；查明隧洞沿线特别是进出口部位的滑坡、崩塌堆积范围及其影响；查明隧洞沿线松散、软弱、膨胀、可溶以及含放射性矿物与有害气体等不良地质体的分布，辨识产生坍塌、涌水、突泥等地质灾害的可能性。按照规程规范要求开展建设用地地质灾害危险性评估，评估工作流程见图 5.3。根据地质灾害遥

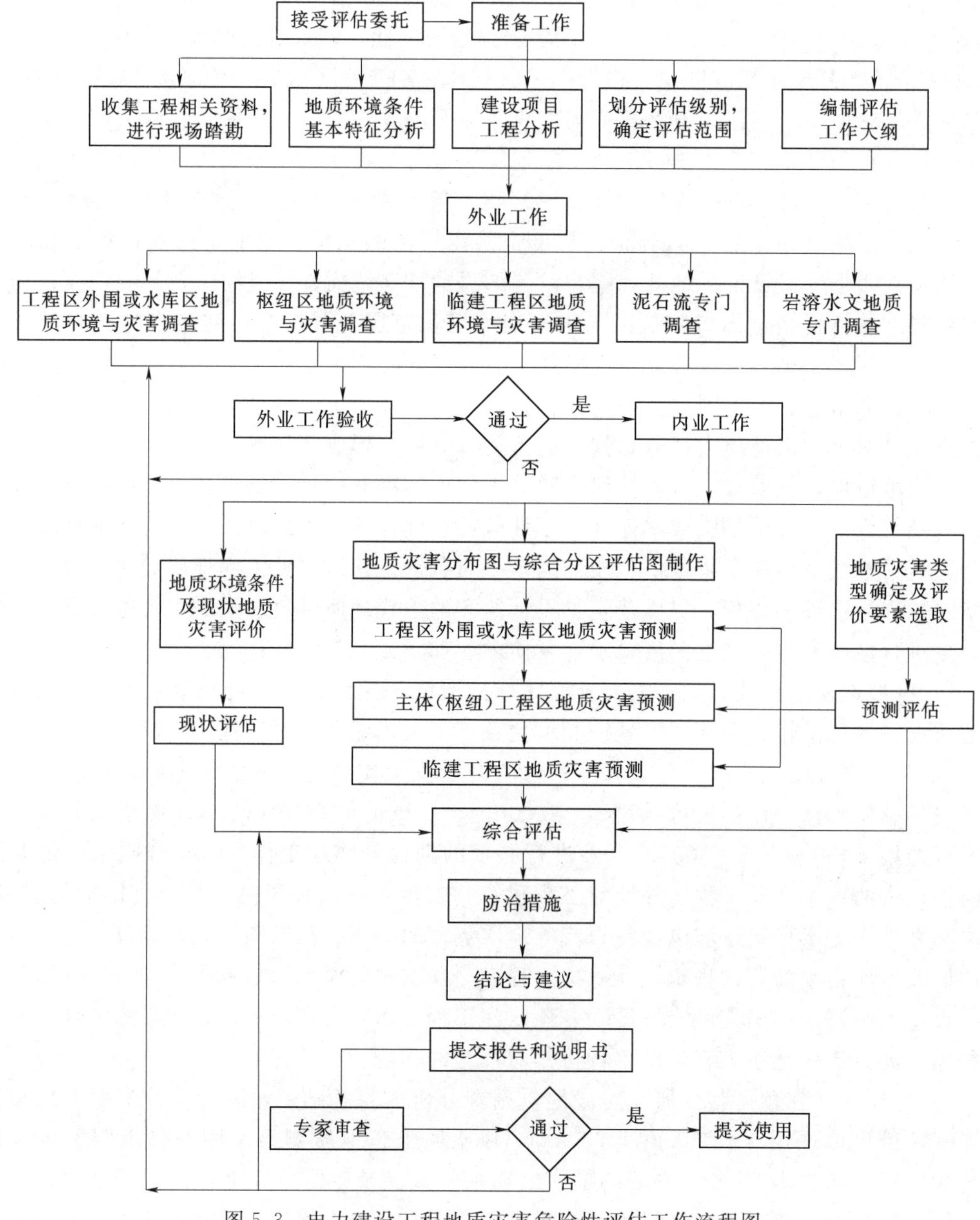

图 5.3　电力建设工程地质灾害危险性评估工作流程图

感解译成果，结合现场工程地质测绘、调查、勘探成果及地质灾害危险性评估，对工程区地质灾害分布进行区划，形成地质灾害危险性评估报告及地质灾害分布图和地质灾害评估图等。

5.1.2　施工建设阶段

电力建设工程施工建设阶段主要为项目施工阶段，由项目建设方负责，勘察单位、设计单位、监理单位、施工单位、监测检测单位共同参与。建设方全面负责项目的施工管理，勘察设计单位负责项目施工详图阶段勘察及招标设计工作，监理单位代表建设方负责项目的现场施工管理、监督工作，施工单位负责项目的具体实施。此阶段地质灾害危险源辨识工作主要针对项目建设诱发或加剧的地质灾害开展。项目建设诱发或加剧的典型地质灾害主要包括工程开挖、人工堆渣、建筑物加载、水库蓄水、线路架设等直接引发的崩塌、滑坡、围岩坍塌、地下涌水、突泥、岩爆、岩土体大变形、水库渗漏、库岸坍塌、滑坡涌浪、岸坡冲刷、水库诱发地震、地基塌陷、基坑涌水、泥石流等。施工诱发或加剧的典型地质灾害危险源辨识工作应与项目施工同时开展，随着施工进展动态地辨识、查明存在的地质灾害，并分析对工程的影响，为工程的正常实施及处理方案提供依据。

5.1.2.1　地质灾害危险源辨识流程

电力建设工程施工建设阶段地质灾害危险源辨识工作由项目建设方总体负责，参建各方共同参与，具体工作流程见图5.4。

5.1.2.2　地质灾害危险源辨识要求

电力建设工程施工阶段工程地质勘察的目的是在规划设计阶段确定的水库、枢纽建筑物场地和天然建筑材料产地基础上，检验、核定前期勘察的地质资料与结论，补充论证专门性工程地质问题，为施工详图设计提供工程地质资料。施工期是地质灾害高发期，对工程建设及其影响区的地质灾害重大危险源必须进行有效辨识。地质灾害危险源辨识要求在建设方的统一领导下，参建各方密切配合、共同参与，施工单位负责实施及进行临时监测，监理单位负责监督，监测检测单位负责巡视监控，勘察设计单位进行分析并提出防治措施，并满足施工图设计阶段勘察设计的深度要求，具体内容如下：

（1）工程区外围或水库区。当地震监测台网监测的震情有明显变化时，进行地震地质补充调查，鉴别地震类型，分析台网监测资料，研究地震的震中位置、震级和地震动参数，预测地震的发展趋势及其对工程的影响。

当不稳定或潜在不稳定的边坡出现变形迹象，影响枢纽建筑物、水库运行、集中居民点生命财产和重要公用设施安全时，在规划设计阶段地质灾害数据库及预测成果基础上，进行现场工程地质测绘、调查（比例尺可选用1∶500～1∶2000），并进行必要的勘探和物探工作。复核影响边坡稳定的水文地质、工程地质条件，评价失稳的可能性及其对工程环境的影响，提出工程治理与防护措施建议。

（2）枢纽区。在规划设计阶段地质灾害数据库及预测成果基础上，结合施工开挖揭露的地质情况和监测、检测资料，进行现场工程地质测绘、调查（比例尺可选用1∶500～1∶2000），并进行必要的勘探、物探及试验工作。对枢纽建筑物布置区存在危害工程安全的、潜在不稳定的天然斜坡和工程边坡，进行专门性复核。评价天然斜坡和工程边坡的工

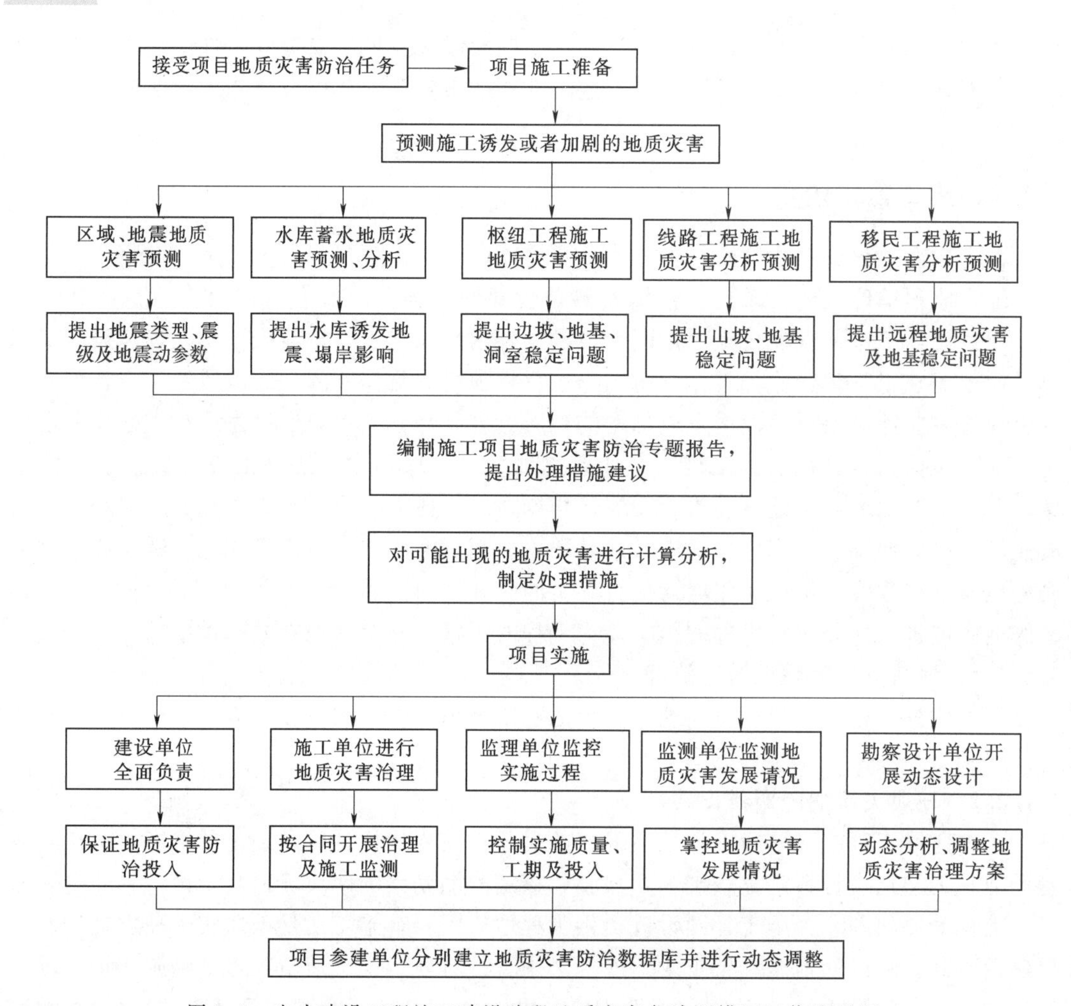

图 5.4 电力建设工程施工建设阶段地质灾害危险源辨识工作流程图

程地质条件，复核潜在滑动面的物理力学性质参数，分析监测资料，完善监测网，评价失稳的可能性及其对工程的影响，提出工程处理措施建议。

根据枢纽地面建筑物布置场地施工开挖揭露的地质情况和监测、检测资料，当地基及其抗力体存在岩土体变形、稳定或渗透变形等地质问题，导致建筑物设计条件发生变化时，应进行专门性补充勘察，查明其水文工程地质条件，核定岩土体物理力学性质参数，评价对工程的影响，提出工程处理建议；根据地下建筑物或隧洞等开挖揭露的地质情况和监测、检测资料，当不良地质体或不良地质现象危及围岩稳定，导致地下建筑物设计条件发生变化时，应配合设计进行专门性的补充勘察，提出工程处理建议；在可溶岩地区，当施工过程中发现溶洞和岩溶系统存在可能危害工程边坡、建筑物地基和围岩稳定以及渗漏问题时，应进行专门性岩溶水文工程地质补充勘察，提出工程处理建议。

5.1.3 运营管理阶段

电力建设工程运营管理阶段主要是项目投产后的运行阶段，其地质灾害危险源辨识由项目建设方负责。此阶段地质灾害危险源辨识工作主要针对已经进行治理的地质灾害及项目运行过程中新产生的地质灾害危险源开展。面临的典型地质灾害主要包括工程开挖边坡、洞室的变形，以及地基基础变形、水库渗漏、库岸坍塌、滑坡涌浪、岸坡冲刷、水库诱发地震引发次生灾害等。

5.1.3.1　地质灾害危险源辨识流程

电力建设工程运营管理阶段地质灾害危险源辨识工作由项目建设方总体负责，并委托具有相应资质的勘察设计单位承担，具体工作流程见图 5.5。

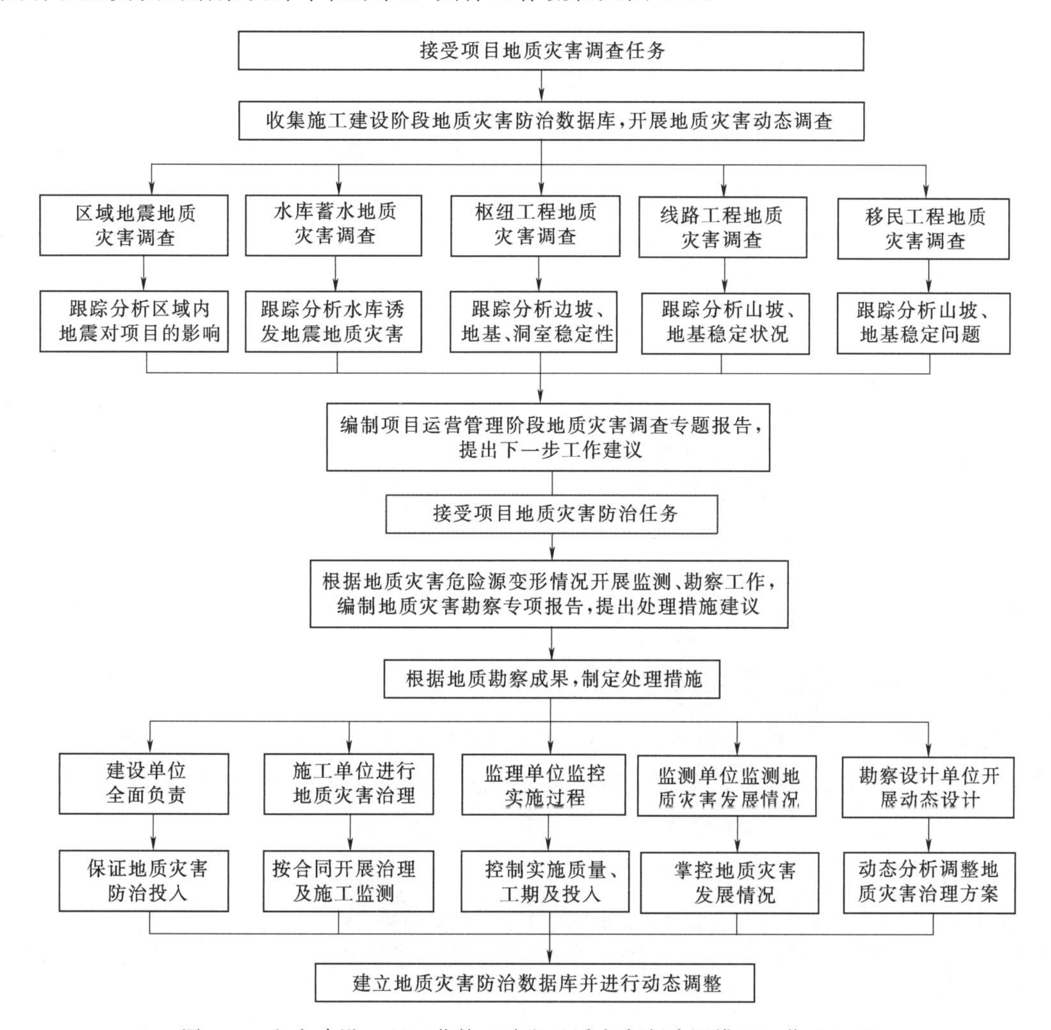

图 5.5　电力建设工程运营管理阶段地质灾害危险源辨识工作流程图

5.1.3.2　地质灾害危险源辨识要求

电力建设工程运营管理阶段地质灾害危险源辨识工作是在项目运营方的统一领导下，根据枢纽工程运行或水库蓄水情况，委托有资质的勘察设计单位开展的地质灾害专项调查防治工作。其工作要求是不发生影响工程项目正常运营的地质灾害，无法避免时应尽量减少损失，具体内容如下：

（1）工程区外围或水库区。当水库诱发地震监测台网监测的震情有明显变化时，进行地震地质补充调查，鉴别地震类型，分析台网监测资料，研究水库诱发地震的震中位置、震级和地震动参数，预测水库诱发地震的发展趋势及其对工程的影响。当发生水库诱发地震并引发次生灾害时，建设单位应及时组织开展地震地质灾害调查，复核工程区地质灾害危险源，并启动应急预案，积极采取应对措施，确保人民生命财产及工程安全。

水库运行过程中，当不稳定或潜在不稳定的库岸边坡出现变形迹象，影响枢纽建筑物、水库运行、集中居民点生命财产和重要公用设施安全时，在施工建设阶段地质灾害防治数据库的基础上，进行现场工程地质测绘、调查（比例尺可选用 1：500～1：2000），并进行必要的勘探和监测工作。复核影响库岸边坡稳定的水文地质、工程地质条件，评价失稳的可能性及其对工程环境的影响，提出工程治理与防护措施建议。当出现渗漏库段时，复核渗漏区的水文地质条件，评价渗漏对工程及环境的影响，提出防渗处理建议。当浸没区位置、范围发生重大变化，影响建筑物安全及生态环境时，复核浸没影响区的水文地质结构和水文地质条件，确定浸没类型、浸没区范围及浸没危害程度，提出防护工程措施建议。

（2）枢纽区。如区域内发生地震，及时调查分析地震地质灾害对工程项目的影响，制定应对措施。在施工建设阶段地质灾害防治数据库的基础上，结合监测资料，进行现场工程地质测绘、调查（比例尺可选用 1：500～1：2000），并进行必要的勘探和补充监测工作。对枢纽建筑物运营过程中出现变形开裂或坝基渗漏量增大迹象，以及存在危害工程安全的边坡、地下洞室和建筑物地基稳定问题时，应进行专门性的复核，评价失稳的可能性及对工程的影响，提出工程处理措施建议。

5.2　地质灾害遥感影像识别

5.2.1　遥感影像及数字处理

遥感影像具有多时相、高分辨率（空间分辨率和波谱分辨率）、多传感器等特点，遥感具有快速、准确、宏观等优势，可精确有效地获取地表地形、地质地貌、色调纹理等数据信息。随着遥感技术的不断发展，遥感影像也越来越丰富，几种常用高分辨率卫星影像来源和特性见表 5.1。

表 5.1　几种常用高分辨率卫星影像来源和特性

卫星影像	影像来源	分辨率/m	成像幅宽/(km×km)
无人机航空影像	低空数字航空摄影测量	全色 0.2 (1：500～1：2000)	任意
QuickBird	美国 DigitalGlobe /EarthWatch	全色 0.61～0.72； 多光谱 2.44～2.88	16.5×16.5
WorldView Ⅰ/Ⅱ	美国 DigitalGlobe	全色 0.5；多光谱 1.85	17.6×17.6 16.4×16.4
IKONOS	美国 SpaceImaging	全色 1；多光谱 4	11×11
GeoEye-1	美国 GeoEye	全色 0.41；多光谱 1.65	15×15

续表

卫星影像	影像来源	分辨率/m	成像幅宽/(km×km)
PLEIADES	法国 CNES	全色 0.5；多光谱 2	20×20
SPOT-5	法国 SPOT image	全色 2.5，5；多光谱 10	60×60
EROS-A/EROS-B	以色列 ImagSat International	全色 0.7～1.9	14×14
ALOS	日本 ALOS	全色 2.5；多光谱 10	35×35
ZY-3	中国资源三号卫星	全色 2.1；多光谱 5.8	52×52
ETM+	美国 Landsat	全色 15；多光谱 30	185×185

5.2.1.1 数据光谱处理

（1）辐射校正。由于大气散射、太阳高度角、地形以及传感器本身的变异，传感器由空间对地面目标进行遥感观测时，所接收的光谱除了目标本身发射的能量和目标反射的太阳能量外，还有周围环境如大气发射与散射的能量、背景照射的能量等，使得传感器所接收的地物光谱反射值，不能全部真实地反映地物光谱的特征，这种畸变影响了解译的精度，因而必须先进行辐射校正。校正方法包括对整个图像进行补偿和根据图像点的位置逐点校正。辐射校正主要从由遥感器的灵敏度特性引起的畸变校正、太阳高度及地形等引起的畸变校正、大气校正 3 个方面进行。

（2）图像增强。无论是原始单波段图像还是 RGB 彩色图像，其色调对比度不大，像元灰度分布相对集中，遥感影像层次较少，色彩不丰富，明度和饱和度较低，影像分辨率很低，解译力很差，不适宜直接用于地质解译。因此，为了提供清晰、分辨率高的图像，有必要对图像进行增强处理。遥感图像增强是改善图像视觉效果、增强目标地物的影像差异或特征、将目标地物从环境背景信息中突显出来的处理方法。图像增强处理的目的是突出图像中的有用信息，扩大不同影像特征之间的差别，以提高对图像的判译和分析能力，更适合实际应用。分析遥感图像时，为了使分析者能容易、确切地识别图像内容，必须按照分析目的对图像数据进行加工，重点是提高图像的可判读性。

5.2.1.2 数据几何处理

目前用于地质灾害调查研究的各种卫星图像大多未经地面控制点进行几何精校正，特别是没有进行投影差改正。以常用的陆地卫星 TM 图像为例，可以证明，当测点位于卫星轨道星下点两侧（图幅）边缘时，若地形高差为 1000m，投影差将使像元位移 131m，且随地形高差的增大而增大，用这种变形的图像放大成 1：50000 等比例尺的图像进行地质灾害危险源识别，将严重影响地质灾害空间位置的准确度；同样，用这种变形的图像进行地质、地形等地质易损性、危险性及风险性评价，其结果可信度大大降低。

遥感影像的几何性能受多种因素控制，如传感器、承载传感器的各种平台运动状态和地球表面特征等，这些因素构造成了遥感图像的各种畸变，使形成的遥感图像失真，影响了图像的质量和后期应用的效果，使用前必须消除。消除的方法是对遥感影像进行几何校正，研制高精度的正射遥感影像及影像地图。几何校正是卫星区域镶嵌图和标准地理分幅遥感影像制作的基础，在卫星影像数据提供给用户使用前一般已经过辐射量校正。因此，在实际应用中重点是对遥感图像进行几何校正。

遥感影像几何校正是将带有几何失真的遥感图像恢复成无失真（或少失真）的地面实际图像。对于遥感数据的几何校正也就是将遥感图像校正到高斯-克吕格投影平面上。其校正的方法有两种：①影像获取时的姿态参数和投影系统参数按地图投影参数的变换得到校正；②分别从影像和地形图上选择若干同名控制点，通过求解多项逼近式校正系数，然后进行校正处理。

几何校正包括消除遥感图像的倾斜误差（几何粗校正）和消除因地形起伏引起的投影误差（几何精校正）两个方面。几何校正过程有两个基本环节：一是像素的坐标变换；二是像素亮度值的重采样。正射校正（即几何精校正）的关键是控制点的引入，常用的方法是在地理坐标系中选取至少4个地面控制点，然后利用地面控制点的大地测量参数和控制点在图像上的坐标及系统模型对该点坐标的预测值之间的关系，根据这些同名控制点求出像坐标系与地理坐标系间的转换系数。遥感数字影像几何精校正流程见图5.6。

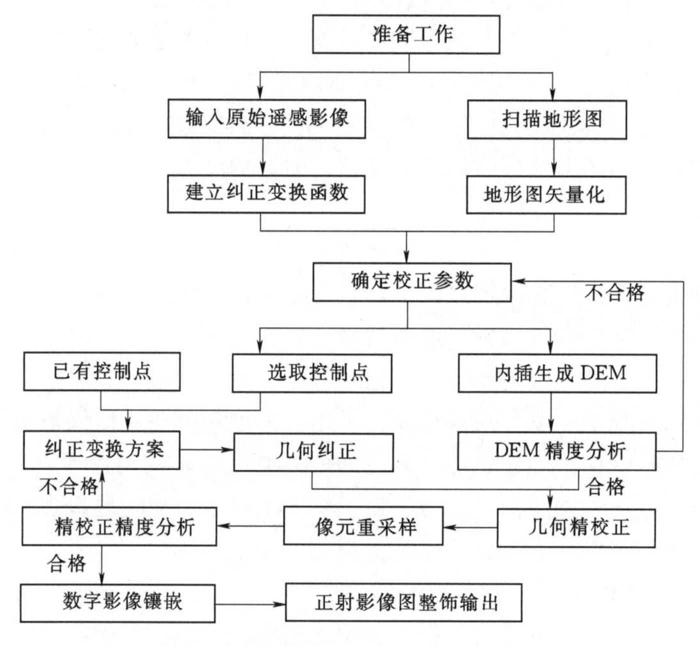

图5.6 遥感数字影像几何精校正流程图

（1）准备工作。获取影像数据、地图资料、航天器轨道参数和传感器参数等基本资料以及控制点的选择和量测。

（2）原始图像输入。从光盘、磁带、硬盘等介质中读取原始图像文件以及相关辅助文件，同时应当考虑控制点数据的输入。

（3）确定几何校正模式。纠正变换函数用于建立影像坐标和地图坐标之间的数学关系，如多项式纠正就是一种纠正变换函数。通用构像几何模型采用共线方程来进行纠正，因此，纠正变换函数应该遵守传感器的构像方程。纠正变换函数的有关系数一般可以由控制点数据获取，也可以由某些可预测的不太准确的参数直接构成。

（4）确定校正参数。给出参考椭球体、投影类型及其参数，建立原始图像与校正后图像的坐标系，确定影像输出范围。由原始图像的4个角点按照纠正变换函数投影到地图投影中后，确立校正后的图像坐标原点（起始行和列）、像元的大小以及图像的大小（行数和列数）。

（5）确定控制点GCP。即在原始畸变图像空间与标准空间寻找控制点对。GCP的选取依据以下原则：①选取图像上易分辨且较清晰的特征点，如道路交叉点、河流岔口、建筑边界；②地面控制点上的地物不随时间而变化，以保证两幅不同时段的图像可以同时被识别出来；③控制点的数目不能太少，而且图像边缘部分一定要选控制点，尽可能地满幅均匀选取。

（6）纠正变换方案。纠正变换方案通常分为直接法和间接法。直接法纠正方案从原始影像的行列坐标出发，按行列顺序依次对每个原始像点求取其地图投影坐标值，并把该像元的亮度值移到计算所得输出影像的相应点位上去。间接法纠正方案从空白输出影像阵列出发，按照行列顺序依次对每个输出像元点逆向求取在原始影像中的位置，并将计算所得位置处的亮度值取回，填到相应空白输出像元点上。

（7）像元重采样。在几何校正控制点输入完成后，进行重采样输出，计算内插新像素的灰度值。常用的计算方法有3种：最近像元法、双线性内插法以及三次卷积法。由于双线性内插法计算量和精度适中，因此作为常用方法而被采用。

（8）几何精校正的精度分析。GCP选择不精确、GCP数目过少、GCP分布不合理以及畸变数学模型均不能很好地反映几何畸变过程，会造成几何精校正的精度下降，必须通过精度分析，找出精度下降的原因，并有针对性地进行改进，然后再重新进行几何精校正，直到满足精度要求为止。

（9）影像输出。利用各种图像输出装置直接从计算机产生各种影像介质，包括影像图、影像文件等。

5.2.2 典型地质灾害的遥感判识

地质灾害危险源辨识和分析评价是一个非常复杂的过程，传统的方式多采用地面调查方法，调查地质灾害体空间位置及分布、地质特征、变形特征。地面调查方法工作量大，周期长，适合小范围内大比例尺的地质灾害危险源识别及评价，中大区域范围的、中小比例尺的地质灾害调查与识别则因工作量太大而适宜性较差。而遥感能够宏观和较真实地表现地质环境条件和地表地物现象，通过一定的技术方法，可用于识别不同尺度的地质灾害危险源，结合少量野外调查工作，能够较准确地确定危险源位置、空间范围、地质特征等，进行快速简易的分析和稳定性评判。地质灾害遥感判识的工作流程见图5.7。

为了能准确地判识地质灾害，首先必须进行地质环境解译，包括地形地貌、地质构造、地层岩性、变形及其历史遗迹等；其次进行地质灾害解译，对象主要为崩塌、滑坡和泥石流。地质灾害的解译是工程地质解译的重点，在航片上或大比例尺卫星图像上进行地质灾害解译效果更好。利用遥感图像判译调查，可以直接按影像勾绘出范围，并确定其类别和性质，同时还可查明其成因、规模大小、危害程度、分布规律和发展趋势。由于某些地质灾害发展过程一般比较快，因此，利用不同时期的遥感图像进行对比研究，往往能对其发展趋势和病害程度做出较准确的判断。

总的来说，利用遥感影像判识地质灾害有以下依据和指标：

（1）局部地貌与整体地貌不协调。

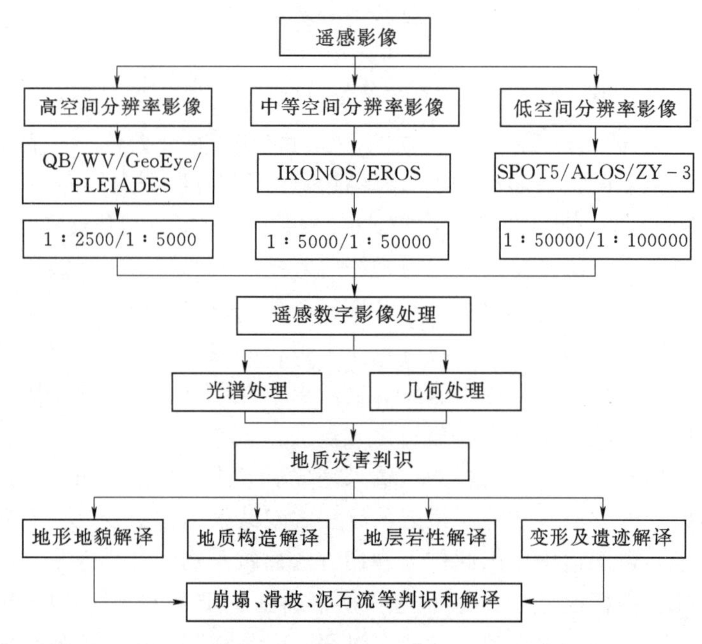

图 5.7 地质灾害遥感判识的工作流程图

(2) 崩塌、滑坡灾害特征地貌或纹理特征。

(3) 利用地质灾害体的色调不一致。

(4) 地质体的位移，如裂缝、错台、新的破裂面等。

(5) 地物变形变位，如不正常的河流弯道、堰塞湖、公路渠道错位等。

5.2.2.1 滑坡遥感识别

古（老）滑坡一般具有明显的地貌特征。滑坡的判译主要通过形态、色调、阴影、纹理等进行。判译时除直接对滑坡体本身进行辨认外，还应对附近斜坡地形、地层岩性、地质构造、地下水露头、植被、水系等进行判译。

(1) 滑坡的判译特征。滑坡的判译是斜坡变形现象判译中最复杂的一种。自然界中的斜坡变形千姿万态，特别是经历长期变形的斜坡，往往是多种变形现象的综合体，这就给古（老）滑坡的判译带来了困难，尤其是巨型的古（老）滑坡，其特有的形态特征破坏殆尽，更增加了判译的难度。因此，在判译滑坡之前，首先应对滑坡的形成规律进行研究，以避免判译时的盲目性，使判译工作更容易开展，但对大部分滑坡来说，其独特的滑坡地貌，是比较容易辨认的。典型的滑坡在图像上的一般判译特征包括簸箕形、舌形、不规则形等的平面形态，个别滑坡可以见到滑坡壁、滑坡台阶、滑坡舌、滑坡周长、滑坡台阶、封闭洼地等。此外，滑坡地表的湿地和泉水等也是滑坡的良好判译标志。

一些高级阶地在河流急剧下切、侧蚀和地下水活动的情况下，坡脚如无低级阶地稳定层保护，则在高级阶地地层中容易发生大规模滑坡。尤其在支沟与主沟衔接地段，由于两个侵蚀基准面的高差变化，最易产生滑坡。典型滑坡有以下特征：

1) 影像特征。滑坡在遥感图像上多呈簸箕形、舌形、椭圆形、长椅形、倒梨形、牛角形、平行四边形、菱形、树叶形、叠瓦形或不规则状等的平面形态，个别滑坡可以见到滑坡壁、滑坡台阶、滑坡舌、滑坡周长、封闭洼地、大平台地形（与外围不一致、非河流阶地、非构造平台或风化差异平台）、反倾向台面地形、小台阶与平台相间、浅部表层塌滑广泛等，见图 5.8～图 5.11。

图 5.8　四川丹巴梭坡滑坡边界及滑坡后缘壁影像特征

图 5.9　高精度卫星遥感图像上的滑坡影像特征

图 5.10　贵州凤冈县王寨乡官塘坡滑坡影像

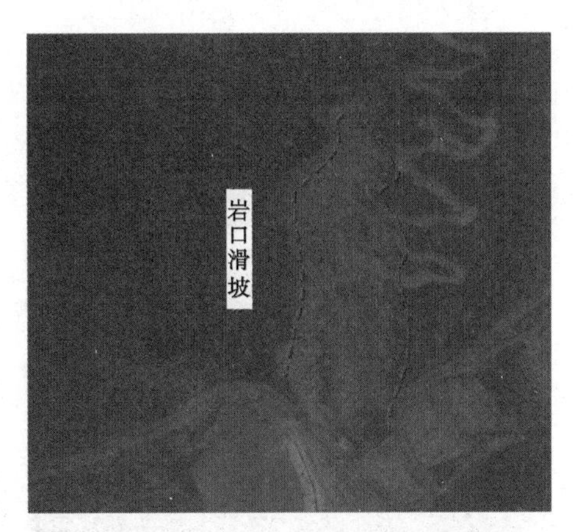

图 5.11　贵州印江岩口滑坡影像

2）地貌形态特征。除对滑坡体本身影像进行判译外，还应从大范围地貌形态进行判断，如滑坡多在峡谷中的缓坡、分水岭地段的阴坡和侵蚀基准面急剧变化的主、支沟交会地段及其源头等处发育。河谷中形成的许多重力堆积缓坡地貌，大部分为多期古（老）滑坡堆积地貌。在峡谷中，垄丘、坑洼、阶地错断或不衔接、阶地级数变化突然或被掩埋成平缓山坡、谷坡显著不对称、山坡沟谷出现沟槽改道、沟谷断头、横断面显著变窄变浅、沟壑纵坡陡缓显著变化或沟底整个上升等现象，都可能是滑坡存在的标志。

3）植被特征。滑坡体上的植被与周围植被不一致，较周围植被年轻等。

4）水文特征。不正常河流弯道、局部河道突然变窄、滑坡地表的湿地和泉水等，斜坡前部地下水呈线状出露，也是滑坡的良好判译标志。

（2）滑坡稳定性的判译。判断滑坡稳定性的方法很多，概括起来可分为工程地质法和力学平衡计算法两种。利用遥感图像判译滑坡的稳定性是依赖于工程地质法的原理，主要是通过地貌的分析方法大致确定滑坡的稳定性。

1）活动滑坡的判译。活动滑坡判译的特点是滑坡各部分要素如滑坡周界、裂缝、台阶等影像清晰可见。活动滑坡的判译特征归纳如下：①滑坡体地形破碎、起伏不平，斜坡表面有不均匀陷落的局部平台；②斜坡较陡且长，虽有滑坡平台，但面积不大，有向下缓倾的现象；③有时可以见到滑坡体上的裂缝，特别是黏土和黄土滑坡，地表裂缝张开度大、裂缝遗迹明显；④滑坡地表湿地、泉水发育；⑤滑坡体上的植被与其周围的植被有较大区别。

2）古（老）滑坡的判译。古（老）滑坡往往由于后期的剥蚀夷平以及一系列的改造过程，使得原有滑坡要素短缺或模糊不清。尽管如此，古（老）滑坡的大致轮廓一般还是有所反映。能事先从外貌上正确识别古（老）滑坡，对地质灾害风险区划来说是十分重要的，可防患于未然。古（老）滑坡的判译特征归纳如下：①滑坡后壁一般较高，坡体纵坡较缓，植被较发育；②滑坡体规模一般较大，外表平整，土体密实，无明显的沉陷不均现象，无明显裂缝，滑坡台阶宽大且已夷平；③滑坡体上冲沟发育，这些冲沟是沿古（老）滑坡的裂缝或洼地发育起来的；④滑坡两侧的自然沟切割很深，有时出现双沟同源；⑤滑坡舌已远离河道，有些舌部外已有不大的漫滩阶地；⑥泉水在滑体边缘呈点状或串珠状分布，水体较清晰，在ETM图像的743波段上呈蓝色；⑦滑坡体上开辟为耕田，甚至有居民点。高精度卫星遥感图像上的古（老）滑坡影像特征见图5.12。

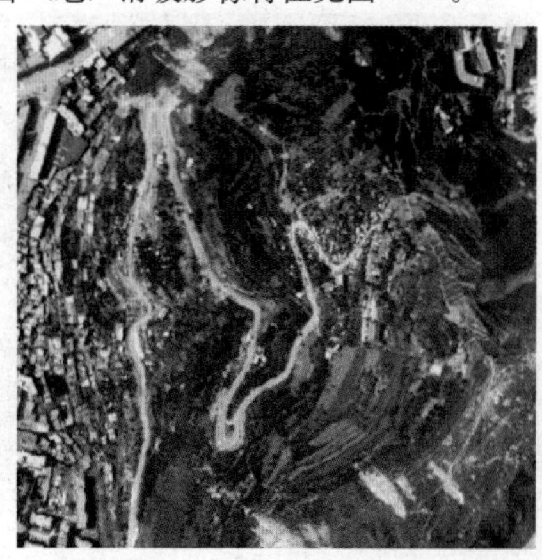

图5.12　高精度卫星遥感图像上的古（老）滑坡影像特征

5.2.2.2 崩塌遥感识别

（1）崩塌的判译特征。崩塌一般发生在节理裂隙发育的坚硬岩石组成的陡峻山坡与峡谷陡岸上。西部山区发育大量新近崩塌堆积体，它在高精度遥感图像上的特征清晰（图5.13），其主要判译标志如下：

1）陡峻地段，一般在55°～75°的陡坡前易发生，上陡下缓，崩塌体堆积在谷底或斜坡平缓地段，表面坎坷不平，具粗糙感，有时可出现巨大块石影像。

2）崩塌轮廓线明显，崩塌壁颜色与岩性有关，多呈浅色调或接近灰白，不长植物。

3）崩塌体上部外围有时可见到张节理形成的裂缝影像。

4）有时巨大的崩塌堵塞了河谷，在崩塌处上游形成小湖，而崩塌处的河流本身则在崩塌处形成一个带有瀑布状的峡谷。

（2）崩塌稳定性的判译。崩塌的稳定性情况在高精度遥感图像上较易辨认，尚在发展的崩塌在岩块脱落山体的槽状凹陷部分色调较浅，且无植被生长，其上部较陡峻，有时呈参差状，有时崩塌壁呈深色调，是崩塌壁岩石色调本身较深所致。趋向于稳定的崩塌，其崩塌壁色调呈深色调。

(a) 贵州凯里龙场镇老山新村崩塌

(b) 龙山新村高精度卫星遥感崩塌影像特征

(c) 贵州都匀马达岭崩塌遥感影像

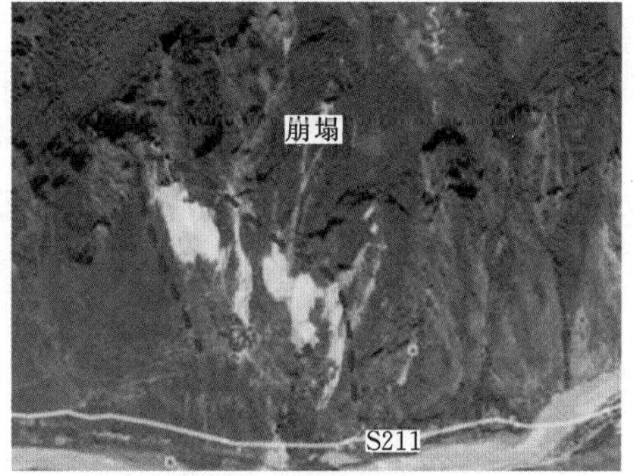

(d) 马达岭崩塌遥感影像

图5.13 典型崩塌遥感影像图

5.2.2.3 泥石流遥感识别

泥石流是持续时间很短、突然发生的，夹有泥沙、石块或巨砾等大量固体物质与水组成的混合流体，其固体物质含量一般大于15%，是一种能量大、具有强大破坏力的特殊洪流。泥石流的形成必须同时具备 3 个要素：①物源，汇水区内有丰富的松散固体物质；②地形，有陡峻的地形和较大的沟床纵坡；③水，流域中上游有大的暴雨、急骤的融雪和融冰或水库的溃决。

控制泥石流形成的基本条件与区域水文、气象、地形地貌、岩性、构造、地表物质组成、植被、不良地质现象等因素密切相关，因而泥石流灾害调查的关键在于对影响泥石流形成的自然因子进行宏观和微观的调查及综合分析。

利用高空间分辨率遥感图像和低空间分辨率遥感图像对泥石流的判译能收到事半功倍的效果。如果在实地对泥石流的形成区、通过区及沉积区进行详细的调查，工作量较大，而利用遥感影响观察可一目了然，可对泥石流的 3 个区情况、泥石流的分类及其对工程的危害程度进行详细的研究和判译。

泥石流形态在遥感图像上极易辨认。通常，标准型泥石流流域可清楚地看到 3 个区的情况：形成区一般呈瓢形，山坡陡峻，岩石风化严重，松散固体物质丰富，常有滑坡、崩塌产生；通过区沟床较直，纵坡较形成地段缓，但较沉积地段陡，沟谷一般较窄，两侧山坡坡表较稳定；沉积区位于沟谷出口处，纵坡平缓，常形成洪积扇或冲出锥，洪积扇轮廓明显，呈浅色调，扇面无固定沟槽，多呈漫流状态。

上述判译特征是针对标准型泥石流的流域特征而言，其他类型泥石流的流域特征并不完全如此。如有的形成区为通过区，有的通过区伴有沉积，甚至三区混淆，不易分辨，有的未见沉积区，或未见明显的沉积区等。尽管如此，只要熟悉标准型泥石流流域特征，其他类型的泥石流也不难辨别。

通过遥感图像可对泥石流进行以下内容的判译：

(1) 确定泥石流沟，并圈划流域边界。

(2) 初步判译泥石流沟的整个通路路径长度、堆积扇体大小与形状。

(3) 圈划流域范围内的不良地质现象，如补给泥石流的崩塌、滑坡等。

(4) 判译泥石流沟的背景条件，如松散堆积层厚度、植被种类及覆盖度、山坡坡度和岩石破碎状况、人类活动的痕迹等。

(5) 确定泥石流发生的方式、类型、规模大小、危害程度。

(6) 一旦确定泥石流对工程有影响时，则应结合遥感图像判译，确定泥石流的整治方案是以排为主，还是以拦为主，或是排拦相结合，如设拦渣坝，应设在何处，规模应多大等。

5.2.2.4　潜在不稳定斜坡遥感识别

潜在不稳定斜坡是指具有形成滑坡的基本条件和一定的变形迹象，在暴雨、地震或工程开挖等外力作用下可能演化为滑坡的斜坡。西南深切河谷地区发育各类成因的松散堆积体，天然情况下多处于潜在不稳定状态，如冰川和冰水堆积体，其天然稳定性一般较好，但在水库蓄水和工程开挖条件下容易产生变形甚至演化为滑坡。大渡河某水电站工程区潜在不稳定斜坡见图 5.14。

5.2.2.5　高边坡遥感识别

一般来说，对于土质边坡高度大于 20m 或岩质边坡高度大于 30m 的边坡，其边坡高度因素将对边坡稳定性产生重要作用和影响，应对边坡稳定性分析和防护加固工程设计进

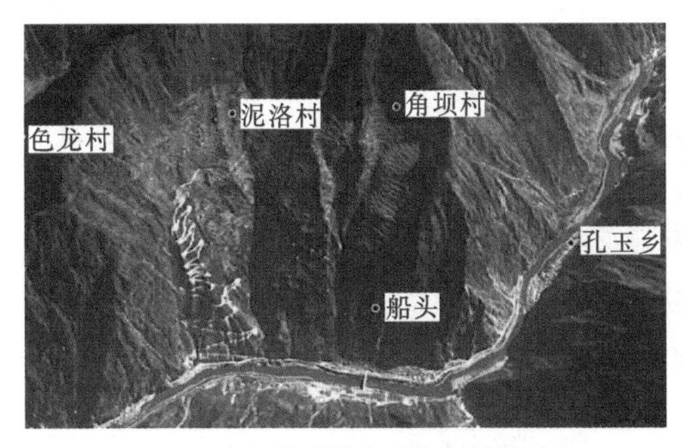

(a) 坝后潜在不稳定斜坡

(b) 库区潜在不稳定斜坡

图 5.14 大渡河某水电站工程区潜在不稳定斜坡

行个别或特别设计计算，这些边坡被称为高边坡，高边坡的存在与工程开挖密切相关，因此一般根据工程活动迹象识别。图 5.15 为雅砻江某水电工程高边坡，图 5.16 为攀枝花某矿山高边坡。

图 5.15 雅砻江某水电工程高边坡

图 5.16 攀枝花某矿山高边坡

5.2.2.6 水库塌岸遥感识别

水库蓄水后，由于库水冲刷、淘刷和浸泡软化作用而产生或可能产生库岸再造后退现象的库岸斜坡被称为塌岸，其存在与水库蓄水密切相关。因此，应该主要识别库区可能产生塌岸的易塌地层，如第四系松散堆积层、顺层斜坡、基岩岸坡的强风化强卸荷及破碎带等。图 5.17 为澜沧江某水电站库岸蓄水前后的遥感影像。

(a) 蓄水前

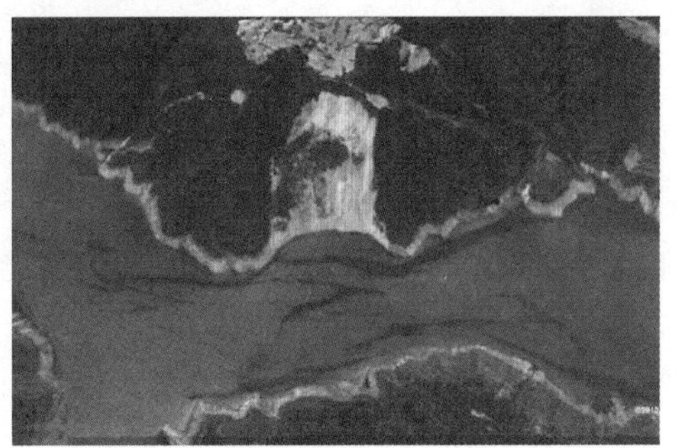

(b) 蓄水后

图 5.17 澜沧江某水电站库岸蓄水前后的遥感影像

5.3 地质灾害危险源辨识指标体系及稳定性判别

5.3.1 地质灾害识别指标统计

通过资料收集和大量典型地质灾害的分析统计，确定崩塌和滑坡识别评价指标体系，建立地质灾害与控制性因素之间的相互关系。

5.3.1.1 崩塌识别指标

通过大量资料的收集，分析统计的崩塌识别指标见图5.18。

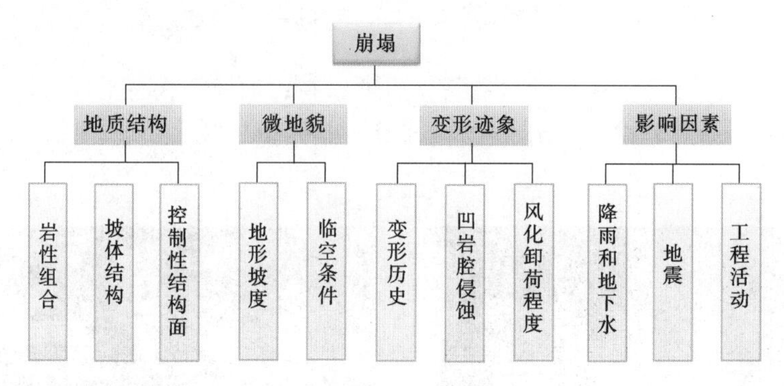

图5.18 崩塌识别指标

5.3.1.2 滑坡识别指标

通过大量资料的收集，分析统计的滑坡识别指标见图5.19。

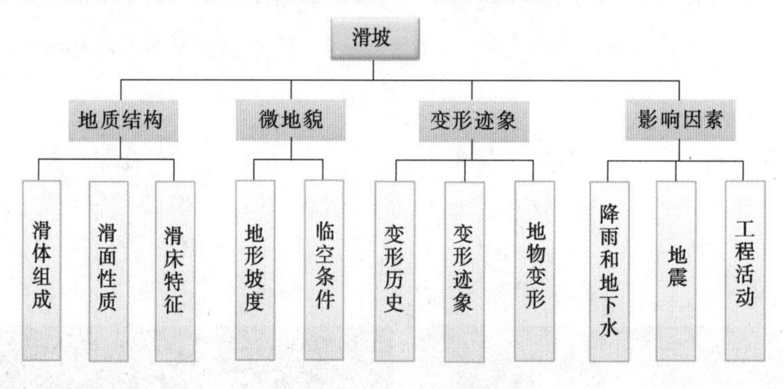

图5.19 滑坡识别指标

5.3.1.3 泥石流识别指标

通过资料收集分析，确定的泥石流识别指标见图5.20。

5.3.1.4 潜在不稳定斜坡识别指标

通过资料收集分析，确定的潜在不稳定斜坡（岩质）识别指标见图5.21。

5.3.2 基于相互关系矩阵建立识别指标体系方法

相互关系矩阵（RES）法是一种定性、半定量的分析评价系统指标间相互关系的研究

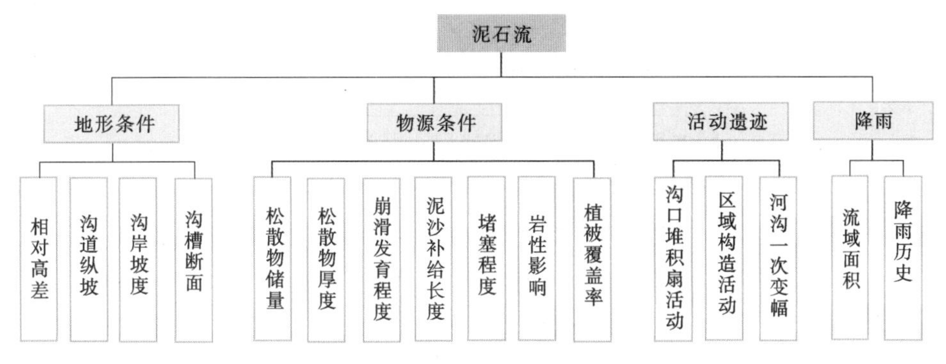

图 5.20 泥石流识别指标

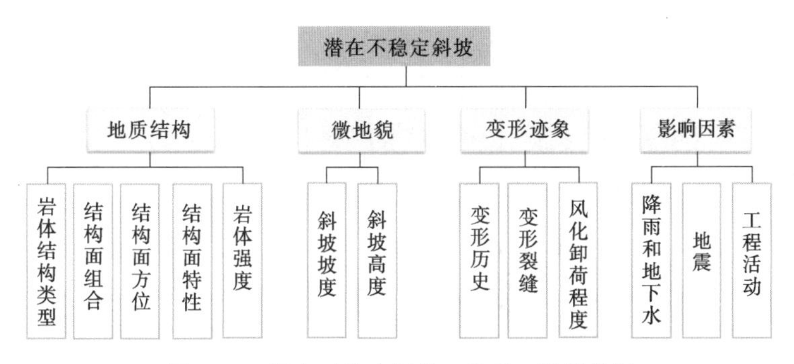

图 5.21 潜在不稳定斜坡（岩质）识别指标

方法。基于此方法实现地质灾害的判别原理是利用系统分析的方法，将整个斜坡演化过程作为一个动态系统来处理，充分考虑斜坡地质环境背景、斜坡物质构成和诱发斜坡失稳因素以及它们之间的交互作用对斜坡稳定性的影响，应用模型分析方法，通过构造交互作用矩阵并研究其交互作用机理，最终实现对斜坡稳定性的判别。实现相互关系矩阵理论的关键环节是交互作用构造与编码。

对交互作用矩阵编码的方法主要有二值法、半定量专家系统方法（ESQ）、变量 P_i-P_j 关系曲线斜率法、偏微分方程（PDE）表示法、完全数值分析表示法以及后来补充的人工神经网络（ANN）方法。各种方法各有利弊，目前最为常见且能够运用于复杂非线性系统的交互作用矩阵编码方法有半定量专家系统方法（ESQ）以及人工神经网络（ANN）方法。在此，以滑坡危险性识别指标体系的建立为例，介绍交互作用矩阵稳定性评价方法：

（1）选取评价指标。基于大量灾点统计和典型滑坡研究，分析确定滑坡识别评价指标的选取，见表 5.2。

表 5.2　　滑坡识别评价指标的选取

分类指标	一 级 指 标
地形边界	滑坡坡度、滑面倾角、临空特征、沟谷切割
岩性结构	滑体特征、滑面性质、滑床岩性
变形特征	地表变形、地物变形、地下水特征
诱发因素	降雨、工程活动、地震

（2）建立相关关系矩阵。相互关系矩阵之因子作用关系见图5.22。

P1	P1 on P2	P1 on P3	P1 on P4
P2 on P1	P2	P2 on P3	P2 on P4
P3 on P1	P3 on P2	P3	P3 on P4
P4 on P1	P4 on P2	P4 on P3	P4

··· 原因

⋮

结果

图5.22　相互关系矩阵之因子作用关系

（3）半定量专家系统建立关系矩阵编码。滑坡识别评价指标编码见表5.3。

表5.3　　滑坡识别评价指标编码

项目	滑坡坡度H_1	滑体特征H_2	滑面性质H_3	滑面倾角H_4	滑床岩性H_5	临空特征H_6	沟谷切割H_7	地表变形H_8	地物变形H_9	地下水特征H_{10}	C_i	C_i+E_i	C_i-E_i	K_i	P_{ii}	P_D
滑坡坡度H_1	滑坡坡度H_1	1	0	1	0	1	1	2	2	1	9	22	−4	7.33	15.56	−2.83
滑体特征H_2	3	滑体特征H_2	1	1	1	1	1	2	2	3	15	25	5	8.33	17.68	3.54
滑面性质H_3	1	1	滑面性质H_3	4	1	1	1	4	4	4	21	33	9	11.00	23.34	6.36
滑面倾角H_4	1	1	2	滑面倾角H_4	2	1	1	3	3	2	16	30	2	10.00	21.22	1.41
滑床岩性H_5	1	1	2	2	滑床岩性H_5	1	1	1	1	3	13	22	4	7.33	15.56	2.83
临空特征H_6	2	1	1	1	1	临空特征H_6	4	4	3	2	19	31	7	10.33	21.92	4.95
沟谷切割H_7	2	1	1	1	1	4	沟谷切割H_7	3	3	2	18	30	6	10.00	21.22	4.24
地表变形H_8	1	1	1	1	1	1	1	地表变形H_8	4	3	14	37	−9	12.33	26.17	−6.36
地物变形H_9	1	1	1	1	1	1	1	1	地物变形H_9	1	9	33	−15	11.00	23.34	−10.61
地下水特征H_{10}	1	2	3	2	1	1	1	3	2	地下水特征H_{10}	16	37	−8	12.33	26.17	−5.66
E_i	13	10	12	14	9	12	12	23	24	21		300		100		

表5.3中，$k_i=(C_i+E_i)/\sum_{i=1}^{n}(C_i+E_i)$；$P_D=(C_i-E_i)/\sqrt{2}$；$P_{ii}=(C_i+E_i)/\sqrt{2}$

1）采用相互关系矩阵确定的滑坡识别指标权重为：

$K_i(H_1, H_2, H_3, H_4, H_5, H_6, H_7, H_8, H_9, H_{10})=(7.33, 8.33, 11.00, 10.00, 7.33, 10.33, 10.00, 12.33, 11.00, 12.33)$

2）P_{ii}：评价指标相互作用强度。

$P_{ii}(H_1, H_2, H_3, H_4, H_5, H_6, H_7, H_8, H_9, H_{10})=(15.56, 17.68, 23.34, 21.22, 15.56, 21.92, 21.22, 26.17, 23.34, 26.17)$

3）P_D：评价指标重要程度排序。

$P_D(H_1, H_2, H_3, H_4, H_5, H_6, H_7, H_8, H_9, H_{10})=(-2.83, 3.54, 6.36, 1.41, 2.83, 4.95, 4.24, -6.36, -10.61, -5.66)$

（4）制定稳定性快速评判方法和标准。

1）对评价指标进行四级描述和量化划分：

$$p=(0,1,2,3,4)$$

2）求滑坡不稳定指数：

$$S_{ii}=\sum_{i=1}^{10}k_i\times p_i \qquad (5.1)$$

3）为了现场评判的方便，总分为100分，计算给出不同量级下的分值区间。

4）分析并确定工况修正、条件修正系数。

5）制定判别标准。

5.3.3 地质灾害识别评判方法

5.3.3.1 滑坡识别评判方法

（1）古（老）滑坡的识别指标。古（老）滑坡的识别标志见表5.4。

表5.4 古（老）滑坡的识别标志

分类指标	二级指标	等级
地形地貌	（1）圈椅状地形	B
	（2）双沟同源	B
	（3）坡体上树木东倒西歪，电杆、烟囱、高塔歪斜	B
	（4）坡体后缘出现洼地或拉陷槽	C
	（5）坡体后缘和两侧出现陡坎，前部呈大肚状	C
	（6）不正常河流弯道	C
	（7）反倾坡内台面地形	C
	（8）大平台地形（与外围不一致、非河流阶地、非构造平台或风化差异平台）	C
	（9）小台阶与平台相间	C
	（10）坡体植被分布与周界外出现明显分界	C

续表

分类指标	二级指标	等级
地层岩性	(11) 大段孤立岩体掩覆在新地层之上	A
	(12) 地层具有明显的产状变动(除了构造作用等别的原因)	B
	(13) 大段变形岩体位于土状堆积物之中	B
	(14) 山体后部洼地内出现局部湖相地层	B
	(15) 变形、变位岩体被新地层掩覆	C
	(16) 岩土架空、松弛、破碎	C
	(17) 变形、变位岩体上掩覆湖相地层	C
	(18) 河流上游方出现湖相地层	C
变形迹象	(19) 后缘见弧形拉裂缝,前缘隆起	A
	(20) 前方或两侧陡壁可见滑动擦痕、镜面(非构造成因)	A
	(21) 后缘出现弧形拉裂缝甚至有多条,或见多级下错台坎	A
	(22) 前缘可见隆起变形,并出现纵向、横向的隆胀裂缝	A
	(23) 两侧可见顺坡向的裂缝,并可见顺坡向的擦痕	A
	(24) 建筑物开裂、倾斜、下座,公路、管线等下错沉陷	B
	(25) 坡体上房屋建筑等普遍开裂、倾斜、下座变形	B
	(26) 坡体上公路、挡墙、管线等下沉、甚至被错断	B
	(27) 坡上引水渠渗漏,修复后复而又漏	B
	(28) 坡体前缘突然出现泉水,泉点线状分布、泉水浑浊	B
	(29) 斜坡前部地下水呈线状出露	C
	(30) 坡体后缘陡坎崩塌不断,前缘临空陡坡偶见局部坍塌等	C

(2) 古(老)滑坡的判定标准。依据古(老)滑坡的识别标志的权重,分析建立古(老)滑坡的识别判定标准(表5.5)和识别流程及关键指标体系(图5.23)。

表5.5　古(老)滑坡的识别判定标准

序号	判定标准	备注
1	1个A级标志	识别标志越多,则判别的可靠性越高
2	2个B级标志(不同类指标)	
3	1个B级标志和2个C级标志(至少2个不同类指标)	
4	4个C级标志(至少2个不同类指标)	

(3) 古(老)滑坡的稳定性评判。

1) 滑坡稳定性的宏观变形破坏迹象判断。滑坡是一个开放的巨复杂系统,滑坡的形成条件分为基本条件和外界条件。滑坡形成的基本条件包括:①易滑岩组;②软弱结构面;③有效临空面。滑坡形成的外界条件即诱发因素包括:①水体作用,从作用上分为浮托减重、渗透、物理化学作用等,而常说的降雨诱发因素,实际上是通过这些方式发生作用;②外动力作用,主要有地震、人类工程活动等。人类工程活动对斜坡的破坏是通过开

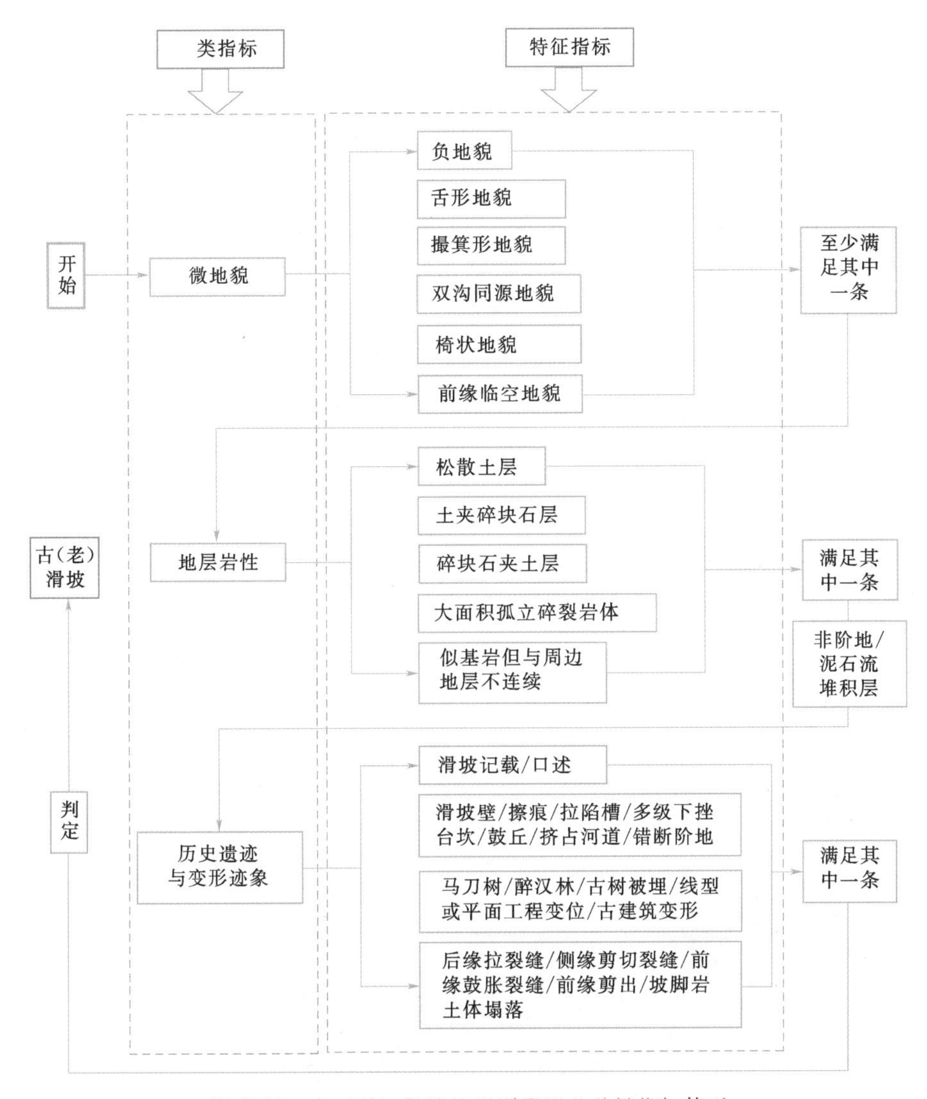

图 5.23　古（老）滑坡的识别流程及关键指标体系

挖、堆压、爆破等作业，改变坡体的稳定条件或使原有的地表径流发生变化，诱发滑坡发生。

滑坡处于临界稳定或接近极限平衡状态时，往往在地表出现变形迹象。在调查中可以根据有无这些宏观变形迹象判断滑坡是稳定、临界稳定还是即将失稳破坏。

滑坡失稳下滑前地面上的系统变形开裂迹象见图 5.24。由图 5.24 可知，这一地表变形迹象系统包括多级后缘弧形张裂缝，其中有的有下错迹象，有的无下错迹象；侧翼的雁行排列的剪-张裂缝；与前缘隆起相伴的横张及纵张裂缝，以及沿前缘裂缝出现的多个泉或渗水点。由于整套的裂缝已经出现，表明滑坡即将失稳，但两翼裂缝仍呈雁行式排列而未连成整体，则表明滑移面又尚未完全贯通。

这一系列裂缝中最早出现的一般是后缘张裂缝。初期这些裂缝是断续的，逐渐连接成完整的弧形缝且张开宽度不断加大，最后可出现下错，并相继出现多级弧形张裂缝。根据

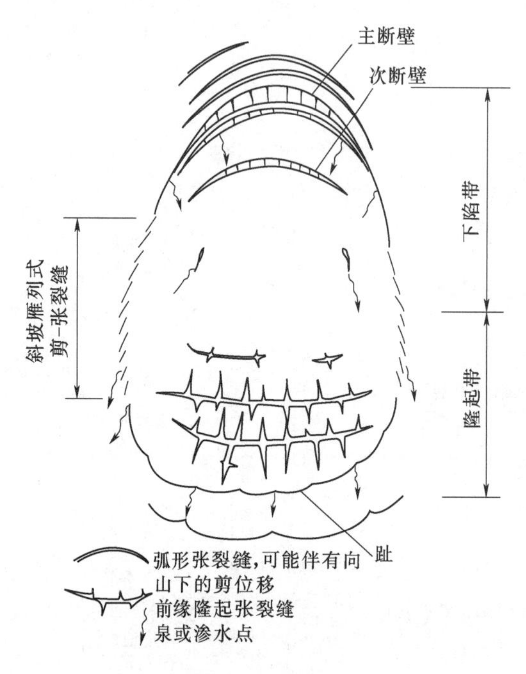

图5.24 滑坡失稳下滑前地面上的系统变形开裂迹象

这些裂缝的发展情况可以判定滑坡的稳定状况。根据张裂缝变形的速率则可以预报滑坡的发生时间。侧翼剪裂缝发育稍迟于后缘弧形张裂缝，并由后缘向前缘延伸，由雁行不连续裂缝向连续裂缝发展。前缘隆起张裂缝发育又迟于侧翼剪裂缝，如果前缘局部滑出还可出现放射形张裂缝。除了配套裂缝之外，滑坡体上建筑变形与开裂也可判断滑坡稳定性。但建筑物的开裂也可由其他原因产生，比较常见的为地基不均匀沉降引起的建筑物开裂。判断建筑物开裂是否为滑坡活动所引起，应当将开裂建筑物在滑坡上所处的位置、开裂的力学属性及发展过程联系起来加以分析，如正好位于后缘拉裂带，则建筑物应产生自地基向上发展的张裂缝；如位于前缘隆起带则建筑物会产生自顶部向下发展的张裂缝；如处于两侧翼剪张带则应产生剪-张裂缝；如群体建筑物位于相应地带，则建筑物的开裂应是群体的而非个别的。

2）滑坡稳定性与其发育阶段及特征关系。通过滑坡发育阶段及其特征分析，控制滑坡稳定性的内部条件和影响因素的综合评判，初步判断滑坡的稳定性程度。滑坡发育阶段及特征见表5.6。

表5.6　　滑坡发育阶段及特征

发育阶段	主要特征					稳定系数 K
	滑动带（面）	滑坡前缘	滑坡后缘	滑坡两侧	滑坡体	
蠕动阶段	主滑段滑动带在蠕动变形，但滑体尚未沿滑动带位移，少数探井及钻孔发现新滑动面	无明显变化，未发现新的泉点	地表或建（构）筑物出现一条或数条与地形等高线大体平行的拉张裂缝，裂缝断续分布，多成弧形向内侧突出	无明显裂缝，边界不明显	无明显异常	1.05～1.025
挤压阶段	主滑段滑动带已基本形成，滑体局部沿滑动带位移，滑带土特征明显，多数探井及钻孔发现滑动带有镜面、擦痕及搓揉现象	常有隆起，有放射状裂缝或大体垂直等高线的压致拉张裂缝，有时有局部坍塌现象或出现湿地或有泉水溢出	地表或建（构）筑物拉张裂缝，多而宽，且贯通，外侧下错	出现雁行羽状剪切裂缝	有裂缝及少量沉陷等异常现象	1.025～1.00

续表

发育阶段	主要特征					稳定系数 K
	滑动带（面）	滑坡前缘	滑坡后缘	滑坡两侧	滑坡体	
滑动（复活）阶段	整个滑坡滑动带已全面形成，滑带土特征明显且新鲜，绝大多数探井及钻孔发现滑动带有镜面、擦痕及搓揉现象，滑带土含水量常较高	出现明显的剪出口并经常错出，剪出口附近湿地明显，有一个或多个泉点，有时形成了滑坡舌，滑坡舌常明显伸出，鼓张裂缝及放射状裂缝加剧并常伴有坍塌	张裂缝与滑坡两侧羽状裂缝连通，常出现多个阶坎或地堑式沉陷带，滑坡壁常较明显	羽状裂缝与滑坡后缘张裂缝连通，滑坡周界明显	有差异运动形成的纵向裂缝，中、后部水塘、水沟或水田渗漏，不少树木成醉汉林，滑坡体整体位移	1.00～0.95
稳定（固结）阶段	滑体不再沿滑动带位移，滑带土含水量降低，进入固结阶段	滑坡舌伸出，覆盖于原地表上或到达前方阻挡体而壅高，前缘湿地明显，鼓丘不再发展	裂缝不再增多，不再扩大，滑坡壁明显	羽状裂缝不再扩大，不再增多甚至闭合	滑体变形不再发展，原始地形坡度显著变小，裂缝不再扩大、增多，甚至闭合	>1.00

3）基于相互关系矩阵法的稳定性评判。从滑坡形成内部条件和滑坡变形表现两个方面分析建立快速评判指标。滑坡内部条件包括滑坡坡度（H_1）、滑体特征（H_2）、滑面性质（H_3）、滑面倾角（H_4）、滑床岩性（H_5）、临空特征（H_6）、沟谷切割（H_7），滑坡变形表现包括地表变形（H_8）、地物变形（H_9）、地下水特征（H_{10}）。将每个二级指标进行四级刻化。滑坡危险源识别指标体系及稳定性快速评判见表5.7。

表5.7　滑坡危险源识别指标体系及稳定性快速评判表

分类指标	一级指标	权重 K	量化分级	分值区间	评分值	天然工况总评分 S_0
滑坡形成内部条件	滑坡坡度/(°)	7.33	≤8	0～1		
			8～15	1～3		
			15～45	3～6		
			≥45	6～7		
	滑体特征	8.33	碎裂岩体	0～2		
			碎块石	2～4		
			碎石夹土	4～7		
			土夹碎石	7～8		
	滑面性质	11.00	岩质切层	0～2		
			岩质顺层	2～6		
			基覆界面	6～9		
			软弱夹层	9～11		
	滑面倾角/(°)	10.00	≤8	0～2		
			8～15	2～5		
			15～45	5～9		
			≥45	9～10		

续表

分类指标	一级指标	权重 K	量化分级	分值区间	评分值	天然工况总评分 S_0
滑坡形成内部条件	滑床岩性	7.33	硬岩	0～1		
			中硬岩	1～4		
			软岩	4～6		
			极软岩	6～7		
	临空特征	10.33	无明显临空	0～2		
			前缘临空	2～5		
			前缘临空，且一侧临空	5～9		
			前缘临空，且两侧临空	9～10		
	沟谷切割	10.00	1/2 滑体，冲刷轻微	0～2		
			2/3 滑体，冲刷较轻微	2～5		
			临近滑床，冲刷较严重	5～9		
			滑床以下，冲刷严重	9～10		
滑坡变形表现	地表变形	12.33	后缘拉裂	0～2		
			后缘弧线拉裂	2～6		
			后缘、侧缘圈闭	6～10		
			后缘、侧缘圈闭，前缘隆起	10～12		
	地物变形	11.00	马刀树、个别构筑物微裂	0～2		
			马刀树、个别构筑物裂缝长大	2～5		
			醉汉林、构筑物普遍开裂	5～9		
			醉汉林、构筑物普遍裂缝长大	9～11		
	地下水特征	12.33	前缘坡脚潮湿	0～2		
			前缘坡脚局部渗水	2～6		
			前缘坡脚泉水出露	6～10		
			前缘坡脚泉水线状出露	10～12		

暴雨工况	λ_{11}	修正条件分级	λ_{12}	$\lambda_1=\lambda_{11}\times\lambda_{12}$	总评分 $S_1=S_0\times\lambda_1$
5年一遇暴雨	1.0	汇水条件差，坡体不易入渗饱水	1.0		
20年一遇暴雨	1.1	汇水条件好，坡体不易入渗饱水	1.1		
50年一遇暴雨	1.2	汇水条件差，坡体易入渗饱水	1.2		
100年一遇暴雨	1.5	汇水条件好，坡体易入渗饱水	1.5		
判别标准	稳定性好：$S\leqslant20$；稳定性较好：$20<S\leqslant40$；稳定性中等：$40<S\leqslant60$；稳定性较差：$60<S\leqslant80$；稳定性差：$S>80$				

采用相互关系矩阵确定的权重为：$K(H_1, H_2, H_3, H_4, H_5, H_6, H_7, H_8, H_9, H_{10})=(7.33, 8.33, 11.00, 10.00, 7.33, 10.33, 10.00, 12.33, 11.00, 12.33)$

总分定为100分，根据权重采用半定量法对不同级别下的评价指标给出贡献分值区间，现场进行单一指标贡献评分和总评分。根据降雨和地震工况选择修正系数，进行相应总评分，依据稳定性评判标准进行快速判别。

评判标准及发生概率：①稳定性好，$S\leqslant 20$，发生概率不大于20%；②稳定性较好，$20<S\leqslant 40$，发生概率为20%～40%；③稳定性中等，$40<S\leqslant 60$，发生概率为40%～60%；④稳定性较差，$60<S\leqslant 80$，发生概率为60%～80%；⑤稳定性差，$S>80$，发生概率大于80%。

5.3.3.2　崩塌识别评判方法

通过分析，选取崩塌（危岩）稳定性评价指标：岩体结构（B_1）、凹腔状态（B_2）、主控结构面倾角（B_3）、卸荷松弛状态（B_4）、基座软硬程度（B_5）、地形坡度（B_6）。根据对其稳定性的贡献，将每一个因素进行四级刻化。崩塌（危岩）危险源识别指标体系及稳定性快速评判见表5.8。

表5.8　崩塌（危岩）危险源识别指标体系及稳定性快速评判表

一级指标	权重 K	量级划分	分值区间	评分值	天然工况总评分 S_0
岩体结构	24.63	整体结构	0～4		
		次块结构	4～12		
		块状结构	12～20		
		碎裂结构	20～25		
凹腔状态	18.66	浅（≤1/3宽）	0～3		
		中等（1/3～1/2宽）	3～9		
		较深（1/2～2/3宽）	9～15		
		深（≥2/3宽）	15～19		
主控结构面倾角/(°)	17.16	≤25	0～3		
		25～50	3～8		
		50～77	8～14		
		≥75	14～17		
卸荷松弛状态	17.16	微新	0～3		
		弱	3～8		
		中等	8～14		
		强	14～17		
基座软硬程度	11.94	硬岩	0～2		
		中硬岩	2～6		
		软岩	6～10		
		极软岩	10～12		
地形坡度/(°)	10.45	≤25	0～2		
		25～50	2～5		
		50～75	5～8		
		≥75	8～10		

续表

暴雨工况	修正系数 λ_{11}	修正条件分级	条件修正系数 λ_{12}	综合修正 $\lambda_1=\lambda_{11}\times\lambda_{12}$	暴雨工况总评分 $S_1=S_0\times\lambda_1$
5年一遇	1.0	裂隙闭合，结构面不易软化	1.0		
20年一遇	1.1	裂隙闭合，结构面易软化	1.1		
50年一遇	1.2	裂隙张开，结构面不易软化	1.2		
100年一遇	1.5	裂隙张开，结构面易软化	1.5		
判别标准	稳定性好：$S\leqslant20$；稳定性较好：$20<S\leqslant40$；稳定性中等：$40<S\leqslant60$；稳定性较差：$60<S\leqslant80$；稳定性差：$S>80$				

采用相互关系矩阵确定的权重为：$K(B_1, B_2, B_3, B_4, B_5, B_6)=(24.63, 18.66, 17.16, 17.16, 11.94, 10.45)$

为了现场评判的方便，总分为100分。根据权重采用半定量专家取值法，对不同级别下的评价指标给出贡献值，并给出分值区间，根据调查进行单一指标贡献评分，然后总评分。降雨和地震工况，依据现场调查选择相应的修正系数，进行暴雨或地震工况总评分，依据稳定性评判标准进行快速判别。

评判标准及发生概率：①稳定性好，$S\leqslant20$，发生概率不大于20%；②稳定性较好，$20<S\leqslant40$，发生概率为20%～40%；③稳定性中等，$40<S\leqslant60$，发生概率为40%～60%；④稳定性较差，$60<S\leqslant80$，发生概率为60%～80%；⑤稳定性差，$S>80$，发生概率大于80%。

5.3.3.3　潜在不稳定斜坡辨识评判方法

通过分析选取不稳定斜坡稳定性评价指标：斜坡坡度（B_1）、斜坡高度（B_2）、岩体强度（B_3）、结构面方位（B_4）、结构面特性（B_5）、结构面组合（B_6）、岩体结构单元类型（B_7），根据其对稳定性的贡献进行因素的四级刻化。潜在不稳定斜坡危险源识别指标体系及稳定性快速评判见表5.9。

采用相互关系矩阵确定的权重为：$K(B_1, B_2, B_3, B_4, B_5, B_6, B_7)=(11.67, 11.11, 15.56, 11.67, 14.44, 15.00, 20.55)$

为了现场评判的方便，总分为100分。根据权重采用半定量专家取值法，对不同级别下的评价指标给出贡献值，并给出分值区间，根据调查进行单一指标贡献评分，然后总评分。降雨和地震工况依据现场调查选择相应的修正系数，进行暴雨或地震工况总评分，依据稳定性评判标准进行快速判别。

评判标准及发生概率：①稳定性好，$S\leqslant20$，发生概率不大于20%；②稳定性较好，$20<S\leqslant40$，发生概率为20%～40%；③稳定性中等，$40<S\leqslant60$，发生概率为40%～60%；④稳定性较差，$60<S\leqslant80$，发生概率为60%～80%；⑤稳定性差，$S>80$，发生概率大于80%。

5.3.3.4　泥石流辨识评判方法

根据《泥石流灾害防治工程勘查规范》(DZ/T 0220—2006)，进行泥石流沟易发程度评判。泥石流沟数量化及易发程度评判见表5.10。

表 5.9 潜在不稳定斜坡危险源识别指标体系及稳定性快速评判表

一级指标	权重 K	量化分级	分值区间	评分值	天然工况总评分 S_0
斜坡坡度/(°)	11.67	≤30	0～2		
		30～45	2～6		
		45～60	6～10		
		≥60	10～12		
斜坡高度/m	11.11	≤10	0～2		
		10～20	2～5		
		20～30	5～9		
		≥30	9～11		
岩体强度	15.56	硬岩	0～3		
		中硬岩	3～7		
		软岩	7～13		
		极软岩或松散堆积	13～16		
结构面方位	11.67	倾外结构面不发育	0～2		
		断续发育倾外结构面，1 组	2～6		
		发育倾外结构面 1 组或断续发育 2 组	6～10		
		发育倾外结构面，2 组及以上	10～12		
结构面特性	14.44	非控制性硬性结构面，连通率不大于 20%	0～3		
		控制性结构面为硬性，连通率 20%～40%	3～7		
		控制性结构面局部夹泥，连通率 40%～60%	7～12		
		控制性结构面夹泥严重，连通率不小于 60%	12～14		
结构面组合	15.00	无不利结构面组合	0～3		
		组合可形成小于 10m 高的不稳定块体	3～7		
		组合可形成 10～20m 高的不稳定块体	7～12		
		组合可形成 20～30m 高的不稳定块体，或可形成贯通性潜在滑面	12～15		
岩体结构单元类型	20.55	整体结构	0～4		
		块状结构、次块状结构	4～10		
		碎块状结构、镶嵌结构、松弛结构	10～17		
		松动结构、碎裂结构、散体结构	17～21		

暴雨工况	工况修正系数 λ_{11}	修正条件分级	条件修正系数 λ_{12}	修正系数 $\lambda_1=\lambda_{11}\times\lambda_{12}$	暴雨工况总评分 $S_1=S_0\times\lambda_1$
5 年一遇暴雨	1.0	汇水条件差，坡体不易入渗饱水	1.0		
20 年一遇暴雨	1.1	汇水条件好，坡体不易入渗饱水	1.1		
50 年一遇暴雨	1.2	汇水条件差，坡体易入渗饱水	1.2		
100 年一遇暴雨	1.5	汇水条件好，坡体易入渗饱水	1.5		
判别标准	稳定性好：$S\leqslant20$；稳定性较好：$20<S\leqslant40$；稳定性中等：$40<S\leqslant60$；稳定性较差：$60<S\leqslant80$；稳定性差：$S>80$				

表 5.10　　泥石流沟数量化及易发程度评判表

一级指标	权重 K	量化分级	分值区间	评分值	总评分 S
崩坍滑坡及水土流失的严重程度	0.159	无崩坍、滑坡、冲沟或发育轻微	1～6		
		有零星崩塌、滑坡和冲沟存在	6～14		
		崩塌滑坡发育，多浅层滑坡和中小型崩塌，有零星植被覆盖，冲沟发育	14～18		
		崩塌滑坡等重力侵蚀严重，多深层滑坡和大型崩坍，表土疏松，冲沟十分发育	18～21		
泥沙沿程补给长度比/%	0.118	＜10	1～4		
		10～30	4～10		
		30～60	10～14		
		＞60	14～16		
沟口泥石流堆积活动	0.108	无河形变化，主流不偏	1～3		
		河形无变化，大河主流在高水偏，低水不偏	3～9		
		河形无较大变化，仅大河主流受迫偏移	9～12		
		河形弯曲或堵塞，大河主流受挤压偏移	12～14		
河沟坡度/(°)	0.090	＜3	1～3		
		3～6	3～7		
		6～12	7～10		
		＞12	10～12		
区域构造影响程度	0.075	稳定区，地震活动微弱	1～2		
		相对稳定区，地震烈度不大于Ⅶ度	2～6		
		抬升区，活动断裂较发育，地震活动较强烈，地震烈度Ⅶ～Ⅸ度	6～8		
		强烈抬升区，活动断裂发育，地震活动强烈，地震烈度不小于Ⅸ度	8～9		
流域植被覆盖率/%	0.067	＞60	1～2		
		30～60	2～6		
		10～30	6～8		
		＜10	8～9		
河沟近期一次变幅/m	0.062	＜0.2	1～2		
		0.2～1	2～5		
		1～2	5～7		
		＞2	7～8		
岩性影响	0.054	硬岩	1～2		
		风化和节理发育的硬岩	2～4		
		弱风化、节理较发育	4～5		
		软岩、黄土	5～6		
沿沟松散物贮量/(万 m^3/km^2)	0.054	＜1	1～2		
		1～5	2～4		
		5～10	4～5		
		＞10	5～6		

续表

一级指标	权重 K	量　化　分　级	分值区间	评分值	总评分 S
沟岸山坡坡度/(°)	0.045	<15	1～2		
		15～25	2～4		
		25～32	4～5		
		>32	5～6		
产沙区沟槽横断面	0.036	平坦型	1～2		
		复式断面	2～3		
		拓宽U形谷	3～4		
		V形谷、谷中谷、U形谷	4～5		
产沙区松散物平均厚度/m	0.036	<1	1～2		
		1～5	2～3		
		5～10	3～4		
		>10	4～5		
流域面积/km^2	0.036	<0.2	1～2		
		0.2～10	2～3		
		10～100	3～4		
		>100	4～5		
流域相对高差/m	0.030	<100	1～2		
		100～300	2～3		
		300～500	3		
		>500	4		
河沟堵塞程度	0.030	无	1		
		轻微	2		
		中等	3		
		严重	4		
判别标准		不易发：15<S≤43；轻度易发：44≤S≤86；中等易发：87≤S≤115；极易发：116≤S≤130			

评判标准及发生概率：①不易发，15<S≤43，发生概率不大于33%；②轻度易发，44≤S≤86，发生概率33%～66%；③中等易发，87≤S≤115，发生概率66%～88%；④极易发，116≤S≤130，发生概率不小于88%。

5.4　隐蔽性崩滑流危险源早期辨识

5.4.1　大型隐蔽性崩滑灾害的形成条件

通过典型滑坡案例分析，可将滑坡形成的必要条件归纳为以下三大类：

（1）潜在滑动面（岩层软弱夹层、断层带、节理、裂隙和最大剪切应力面等）。

（2）驱动力（自重、水的作用力和震动力）。

（3）临空条件（沟谷、人工切割面）。

5.4.1.1 潜在滑动面

潜在滑动面是滑坡形成过程中最难识别、也是滑坡形成过程中最为关键的致灾因子。初步分析以下因子可以构成或形成潜在滑动面：

（1）软弱岩层。地层中相对软弱的岩层是由于成岩环境不同而形成的，一般来说是指力学强度较低的岩石，如泥岩、页岩、片岩、煤层、第四系松散堆积层与基岩界面，容易形成滑坡潜在滑动面。

（2）断层与节理。指构造作用过程中形成的破碎带、错动面及由此而产生的节理面。因为构造作用而导致其强度降低，容易形成滑坡潜在滑动面。

（3）裂隙。从材料力学的角度来分析，一般来说岩土体的抗拉强度小于抗剪强度，抗剪强度小于抗压强度，因此当斜坡岩土体受力，在拉应力作用部位容易产生裂隙，进而发展形成滑坡潜在滑动面。

（4）最大剪切应力面。这是斜坡在自身重力作用下产生应力分异而形成的潜在滑动面。斜坡由于拉应力作用首先会产生裂缝，进而导致剪切应力增加形成最大剪切应力面，可形成滑坡潜在滑动面。

5.4.1.2 临空条件

临空条件是相对滑坡潜在滑动方向而言的。相对来说，这是滑坡形成过程中较易识别的致灾因子。滑坡的潜在滑动方向取决于力和临空条件的关系。

（1）沟谷。即指地表外营力作用而形成的临空面，如河流下切、地表水冲刷、斜坡运动后形成的临空面等。

（2）人工切割面。指工程开挖形成的临空面，如房屋基础开挖、公路路基开挖、构筑物基础开挖等。

5.4.1.3 驱动力

驱动力是促使滑坡变形破坏的源动力。从力和荷载的角度分析，可分为恒载（重力、地下水作用力）和临时荷载（降雨、库水、灌溉或震动力）。

（1）岩土体自身重力是驱动滑坡变形破坏最根本的动力，可以看成是滑坡变形破坏的“内动力”。

（2）水的作用力。与滑坡有关的水可分为地下水、降雨、库水和灌溉等，但最终都是形成地下水作用于滑坡体，通常又分为孔隙水作用力和裂隙水作用力。

（3）震动力。震动力的来源有两种：一种是地震，由于构造作用而激发的地震动力；另一种是人工震动，如爆破等。

上述3类基本条件可形成多种组合，组合关系则决定了滑坡的变形破坏模式。

5.4.2 斜坡演化的基本规律和过程

斜坡岩土体承受应力，就会在体积、形状或宏观连续性等方面发生某种变化。宏观连续性无显著变化者称为变形；否则，称为破坏。斜坡的变形破坏过程可划分为3个阶段。

(1) 斜坡变形阶段（表生改造阶段和时效变形阶段）。

(2) 斜坡破坏阶段（累进性破坏阶段）。

(3) 破坏后的继续运动阶段。

基于斜坡变形-时间演化过程的识别时空域范围见图 5.25。

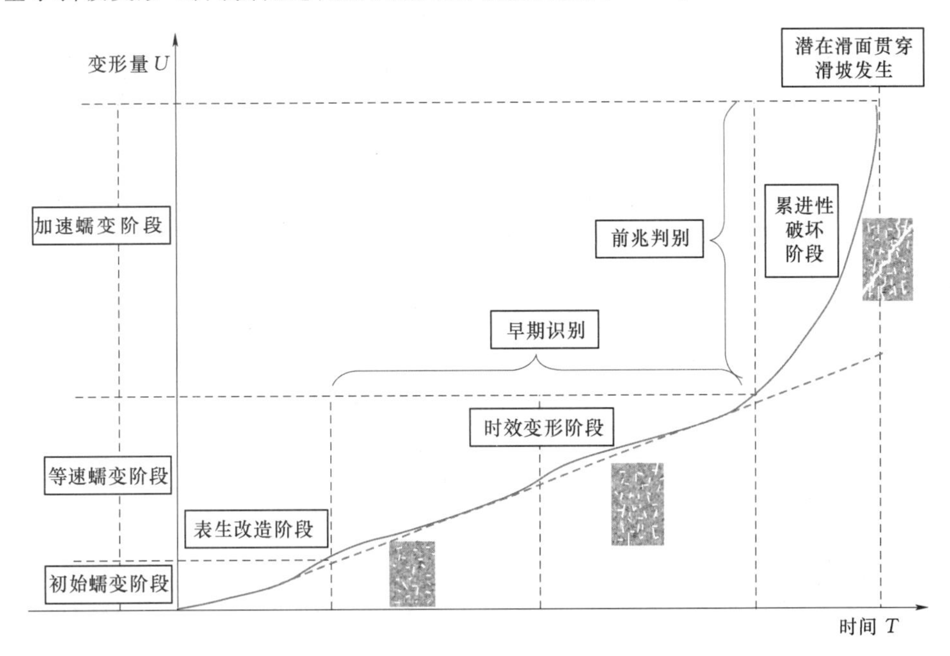

图 5.25　基于斜坡变形-时间演化过程的识别时空域范围

斜坡变形是指滑坡孕育过程中在斜坡整体失稳之前所产生的裂缝、鼓胀、沉陷等宏观连续性还未遭受破坏的物理现象。斜坡破坏是指在斜坡岩土体中的潜在滑动面（蠕变剪切面或变形破裂面）逐渐发展形成贯通性破坏面，并导致斜坡产生整体或分散性的运动，即通常所说滑坡、崩塌、泥石流等突发性运动。破坏后的继续运动是指滑坡发生滑动后的运动过程，如果斜坡发生破坏后未受到空间的约束，仍会产生继续运动。

5.4.3　大型隐蔽性崩滑灾害分类及成因模式

通过资料收集、实例研究和归纳，以滑坡形成条件和变形破坏基本规律分析为基础，按照大型滑坡变形破坏方式及其控制性关键致灾因子进行分析研究，提出大型隐蔽性滑坡分类体系。

(1) 按斜坡运动方式分类，分为倾倒和滑移，其中，滑移按照滑动面形态又分为旋转滑移、平面滑动和不规则滑动。

(2) 按控制斜坡变形破坏的关键致灾因子分类，分为弱面控制型、锁固段型、软弱基座型和复合型（两种及以上关键致灾因子）共 4 类。

(3) 按斜坡运动方式和控制性关键致灾因子的组合分类，划分为 17 种变形破坏模式。

1) 倾倒。分为块体倾倒、压缩-倾倒、浅层倾倒和深层倾倒。

2) 滑移。可分为：①旋转滑动，包括蠕滑-拉裂、蠕滑-拉裂-剪断、压缩-拉裂-剪断、塌陷-拉裂-剪断、滑移-弯曲-剪断、滑移-剪断；②平面滑动，包括滑移-拉裂（土）、顺层滑移-拉裂（岩）、平推式滑移；③不规则滑动，包括视倾向滑移-剪断、塑流-拉裂、阶梯状滑移、滑移-剪断（支撑拱）。

5.4.4 大型隐蔽性崩滑灾害识别指标体系及方法

大型灾难性滑坡大多具有一定的隐蔽性，致灾的滑坡要么发生前没有被察觉，要么就是因为对斜坡变形破坏模式及关键致灾因子认识不清而导致对发展趋势的误判。通过典型滑坡案例分析和关键致灾因子提取，建立了大型隐蔽性滑坡识别指标，分析提取了不同成因类型滑坡的内控因子、诱发因子和前兆信息因子。

5.4.4.1 大型隐蔽性滑坡识别指标体系构建

（1）不同成因模式滑坡的内控因子分析。斜坡岩土体是滑坡形成的物质基础，岩土体的宏观结构和组合特征决定了斜坡的变形破坏方式——滑坡变形模式。在此结合前人研究，通过斜坡类型、结构和岩层产状、地形和临空条件分析，以地质力学理论为基础，较全面地归纳了不同斜坡岩体结构类型及其可能的变形破坏模式，见表5.11。

表5.11 不同斜坡岩体结构类型及其可能的变形破坏模式对照表

斜坡类型	形成条件（内控因子）及主要特征		主要变形模式	可能的变形破坏模式
	结构及产状	地形和临空		
均质或似均质斜坡	均质的土质或半岩质斜坡，包括碎裂状块状体斜坡	决定于土、石性质或天然休止角	蠕滑拉裂	转动型滑坡、崩塌
基覆界面型斜坡	上覆土体下伏基岩		蠕滑拉裂	顺层滑坡、转动型滑坡
层状体斜坡	平缓层状体坡 $\alpha=0-\pm\varphi_r$	$\alpha<\beta$	平推式滑移 滑移压致拉裂	平推型滑坡、转动型滑坡
	缓倾外层状体坡 $\alpha=\varphi_r-\varphi_p$	$\alpha\approx\beta$	滑移拉裂	顺层滑坡、块状滑坡
	中倾外层状体坡 $\alpha=\varphi_p-40°$	$\alpha\geqslant\beta$	滑移弯曲	顺层切层滑坡
	陡倾外层状体坡 $\alpha=40°\sim60°$	$\alpha\geqslant\beta$	弯曲拉裂	崩塌、切层转动型滑坡
	陡立-倾内层状体坡（$\alpha>60°$）-倾内	$\alpha\approx\beta$	弯曲拉裂（浅部） 蠕滑拉裂（深部）	崩塌、深部切层转动型滑坡
	变角倾外层状体坡上陡，下缓（$\alpha<\varphi_r$）	$\alpha\leqslant\beta$	滑移弯曲	顺层转动型滑坡
块状斜坡	可根据结构面组合线产状按层状体斜坡类型的方案细分		滑移拉裂	崩塌、楔形滑动型滑坡
软弱基座体斜坡	平缓软弱基座体斜坡	上陡下（软弱基座）缓	塑流拉裂	崩塌、扩离、块状滑坡
	缓倾内软弱基座体斜坡	上陡下（软弱基座）缓	蠕滑-拉裂-剪断（深部）	崩塌、转动型滑坡（深部）

注 φ_r、φ_p 分别为软弱面的残余（或启动）摩擦角和基本摩擦角；α 为软弱面倾角；β 为斜坡坡角。

（2）大型隐蔽性滑坡早期识别和前兆识别指标体系。通过归类整理，初步分析提取和筛选，建立了西部山区大型滑坡关键致灾因子和前兆信息识别指标体系，见表 5.12。

表 5.12　　西部山区大型滑坡关键致灾因子和前兆信息识别指标体系

识别指标			分类分级、描述或定量特征值					
早期识别指标	内在控制因子	斜坡结构	散体状斜坡	破裂状斜坡		层状斜坡		块状斜坡
		岩性组合	极软岩<5MPa	软岩 5～15MPa	较软岩 15～30MPa	较硬岩 30～60MPa		硬岩 >60MPa
			上软下硬	上硬下软		软硬互层		软弱夹层
		地形坡度/(°)	平直	凹形		凸形		S形
			平原—微坡(0～2)	缓坡(2～5)	斜坡(5～15)	陡坡(15～35)	峭坡(35～55)	近直立坡(55～90)
		临空条件	一面临空	两面临空		三面临空		孤立
	关键因子	弱面	层面	裂隙节理		断层结构面		软弱夹层
		锁固段	前部锁固	中部锁固		后部锁固		分段锁固
		软弱基座	泥岩	页岩		片岩		煤层
外界诱发因素		降雨/(mm/d)	小雨，<10	中雨，10～24.9	大雨，25～49.9	暴雨，50～99.9	大暴雨，100～250	特大暴雨，>250
		库水	上升速率	下降速率		浸没程度		浸泡时间
		地下水	含水量	孔隙水压力		静水压力		扬压力
		外营力	风化卸荷	溶蚀		河流侵蚀		冻融
		震动	地震	施工爆破		车辆震动		核爆炸
		工程活动	开挖			堆载		
前兆信息指标		地表变形	总变形量	每月变形量		每日变形量		每小时变形量
		深部位移（钻孔）	总位移量	每月位移量		每日位移量		每小时位移量
		后缘裂缝深度	1/8 滑体厚度	1/4 滑体厚度		1/2 滑体厚度		3/4 滑体厚度
		裂缝配套程度	后缘拉裂	侧缘羽裂		前缘隆胀		四周裂缝贯通
		声震频率	偶尔	频率低		频率较高		持续
		地下水出露	局部渗水	泉点渗水		线状渗水		管状喷涌
		崩塌频率规模	偶尔	间歇性崩塌		小崩小塌		局部崩塌

依据控制斜坡变形破坏的关键致灾因子，将大型隐蔽性滑坡分为弱面控制型、锁固段型、软弱基座型和复合型（两种及以上关键致灾因子）四大类。在上述研究基础上，通过深入分析和提取研究，对滑坡发生区域和相邻未发生滑坡区域的地质条件进行对比分析，初步研究查明了大型滑坡特点与形成条件，筛选和确定了大型滑坡发生的关键致灾因子，建立了大型隐蔽性崩滑灾害成因模式、早期识别和前兆判别指标体系，见表 5.13。

表 5.13　　大型隐蔽性崩滑灾害成因模式、早期识别和前兆判别指标体系

斜坡运动方式	变形破坏模式图	地质描述	早期识别指标	前兆判别指标
	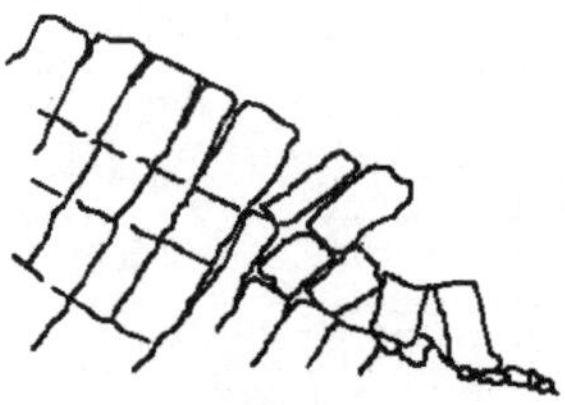 ①块体倾倒	一种常见的斜坡变形模式，规模一般不大，主要发育于块状或厚层状岩质斜坡，地形坡度近直立甚至反倾；斜坡结构主要受顺走向的结构面控制，同时发育一组平缓倾外的节理或裂隙；坡脚可见倒石堆积现象	（1）临空面地形坡度60°～85°； （2）块状或厚层状斜坡，结构面组合：80°～90°陡倾内＋平缓倾外＋垂直坡面； （3）岩块倾倒角5°～10°； （4）张裂缝20～30cm	（1）岩块倾倒角10°～20°； （2）张裂缝30cm以上； （3）岩石破裂声震明显； （4）坡脚可见新鲜倒石堆积
倾倒	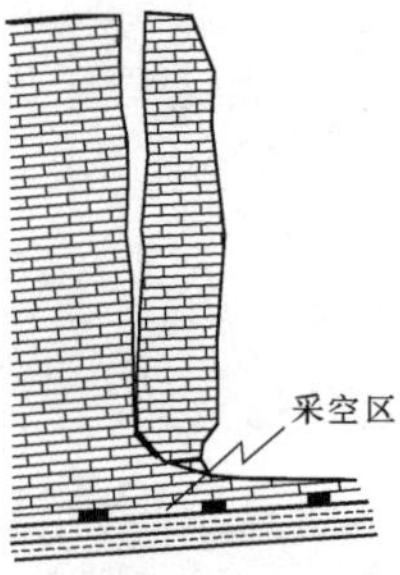 采空区 ②压缩倾倒	多因采矿而诱发，斜坡临空面近直立，中厚层状平缓岩质斜坡，发育顺走向的长大节理、裂隙或溶蚀裂缝，采空区位于坡脚附近，发生前常见采空区塌陷，坡体后缘裂缝突然拉张现象	（1）临空面坡度近直立； （2）平缓层状斜坡，下伏采空区或凹岩腔； （3）后缘发育平行坡面贯通性结构面； （4）后缘拉张，裂缝深达1/2坡高； （5）变形体倾倒角5°～10°	（1）后缘裂缝深达3/4坡高； （2）变形体倾角大于10°； （3）坡脚压裂声震不断； （4）后缘裂缝壁崩塌不断
	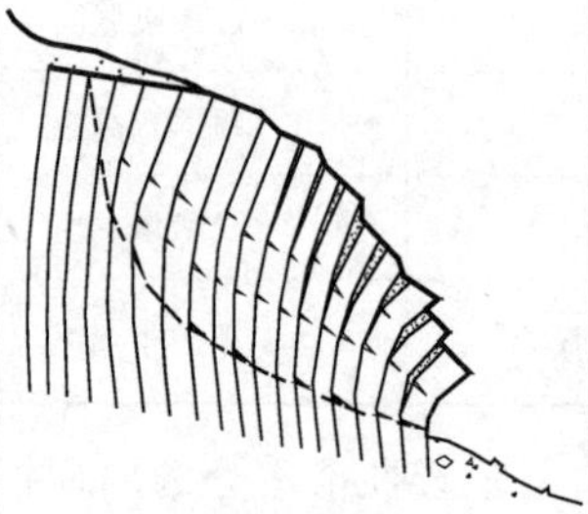 ③浅层倾倒	主要发育于中—厚层、中硬岩层状体斜坡，岩层陡倾内或近直立，可见非构造原因引起的岩层向外弯曲现象	（1）地形坡度大于40°； （2）岩性及岩体结构：一般为硬性岩层，中—厚层状结构，多为灰岩，变质砂岩，板裂化花岗岩、片麻岩、英安岩等； （3）坡体结构：岩层陡倾坡内或近直立，倾角大于65°；波速V_p小于2000m/s （4）变形程度：岩层倾角，5°～15°，坡顶拉裂并现槽状地形	（1）岩层倾角大于20°； （2）后缘拉裂槽见地堑式塌陷； （3）坡体表层出现零星块石翻滚坠落

续表

斜坡运动方式		变形破坏模式图	地质描述	早期识别指标	前兆判别指标
倾倒		④深层倾倒	主要发育于中—薄层、软弱岩层状体斜坡，变质岩层中多见，岩层中陡倾内，可见非构造原因引起的岩层向外弯曲现象	（1）地形坡度大于30°； （2）岩性及岩体结构：一般为柔性的变质岩软弱地层，中—薄层状结构，多为板岩、炭质板岩、云母片岩、千枚岩、变质砂岩、薄层状灰岩、大理岩等岩性或岩性组合等； （3）坡体结构：岩层中—陡倾坡内，倾角大于45°；波速 V_p 小于2500m/s； （4）变形程度：岩层倾角20°～30°，坡顶可见拉缝	（1）岩层倾角大于40°； （2）坡肩部位见大量具有“反坡台坎”的拉裂缝，缝宽大于50cm； （3）后缘现拉裂槽，并见地堑式塌陷； （4）坡体表层出现零星块石翻滚坠落
滑移	（1）旋转滑移	拉裂 原地面 潜在滑移面 ⑤蠕滑-拉裂（土体）	多发于厚层土质斜坡或均质散体状岩质斜坡，斜坡坡度30°～50°，以后缘出现弧形拉裂为变形前兆，继而两侧出现剪切裂缝、坡脚隆起开裂，最终形成圈闭的裂缝。一般为降雨诱发或坡脚开挖引发	（1）地形坡度为30°～50°； （2）均质土坡或散体状岩质斜坡，如花岗岩强风化带； （3）后缘弧形拉裂，出现向前扩展趋势；缝宽为50～100cm，可见深度为2～3m，下错为30～50cm；变形速率为20～50cm/d； （4）坡脚时常可见渗水现象	（1）周界裂缝圈闭，后缘弧形拉裂趋于闭合，前缘隆胀明显； （2）变形速率大于50cm/d，变形曲线切线角为85°～90°，加速度 a 大于0，位移矢量角方向一致； （3）小崩小塌不断
		拉裂 剪断 蠕滑 ⑥蠕滑-拉裂-剪断	主要发育于上硬下软平缓倾内层状斜坡，临空面坡度大于45°，上部硬岩由相对均质的脆性岩体或半成岩（土）体构成，可见长大竖向节理或裂隙，陡倾切层段，倾角大于60°，下伏近于水平的软弱夹层，两者之间则为近弧形的切层段。中部锁固段被剪断后易形成高速滑坡	（1）地形坡度：大于45°，两侧被冲沟或垂直坡面的裂隙切割； （2）斜坡结构及产状：平缓倾内斜坡（8°～20°），软弱面倾角位于其残余和基本摩擦角之间； （3）岩性及组合：常见上覆灰岩、白云岩、砂岩、板岩等较硬岩，下伏为泥岩、页岩、黏土岩等软岩夹层； （4）后缘拉裂深度达1/3坡高左右，缝宽可达1～3m	（1）后缘裂缝深度达1/2坡高左右，裂缝趋于闭合； （2）下伏软岩明显剪（挤）出； （3）岩石破裂声震不断； （4）坡脚泉点出露 （5）变形速率陡增大于50cm/d，变形曲线切线角为85°～90°，加速度 a 大于0，位移矢量角方向一致

续表

斜坡运动方式		变形破坏模式图	地质描述	早期识别指标	前兆判别指标
滑移	(1) 旋转滑移	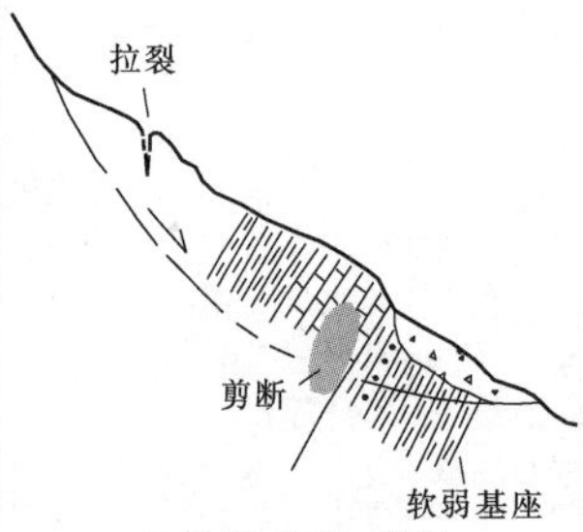 ⑦压缩-拉裂-剪断	主要发育于中倾内上硬下软岩层斜坡，软硬岩层界面倾角30°～60°；具有鼻梁状微地貌特征，上部硬岩段天然坡度35°～45°。伴随软硬界面处硬阻部位的剪断，易形成高速滑坡	(1) 地形坡度为40°左右，具有鼻梁状微地貌特征，至少单侧利于汇水； (2) 上硬下软倾内斜坡；岩层倾角为30°～60°；硬岩段下部完整性较好；位于斜坡中上部的硬岩坡高一般不少于300m； (3) 硬岩段坡角为35°～45°； (4) 陡坡段软岩局部临空高度一般为30～60m	(1) 鼻梁段硬岩段中上部发育陡倾外拉裂缝，张开20cm以内，可见深度不小于5m； (2) 微破裂监测集中于硬岩下部，数量多； (3) 鼻梁段发生局部小崩塌，偶尔可听到破裂声
		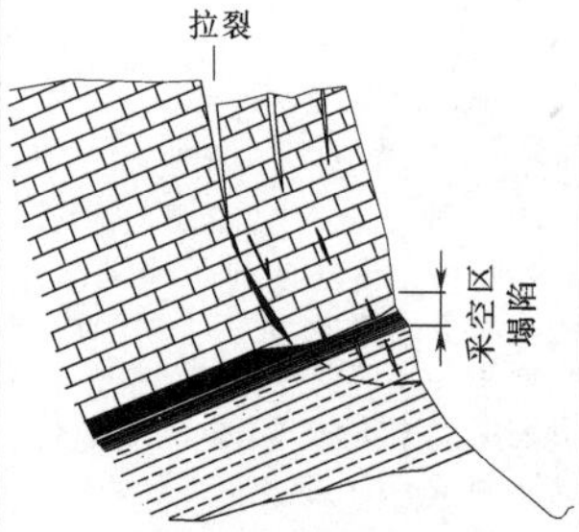 ⑧塌陷-拉裂-剪断	多因采矿而诱发，斜坡临空面坡度大于45°；中厚层状缓倾内岩质斜坡，发育顺走向的长大节理、裂隙或溶蚀裂缝，采空区位于坡脚附近，发生前常见采空区塌陷，坡体后缘裂缝突然拉张下沉现象	(1) 斜坡临空面坡度大于45°； (2) 缓倾内上硬下软斜坡，多见于灰岩下伏煤层斜坡，发育平行坡面贯通性结构面； (3) 下伏采空区出现塌陷； (4) 后缘拉张，裂缝宽为50～100cm	(1) 采空区塌陷； (2) 坡顶下沉，后缘拉张裂缝闭合； (3) 下伏软岩剪（挤）出； (4) 岩石破裂声震频率渐低； (5) 前部变形曲线切线角为85°～90°，加速度 a 大于0，位移矢量角方向一致
		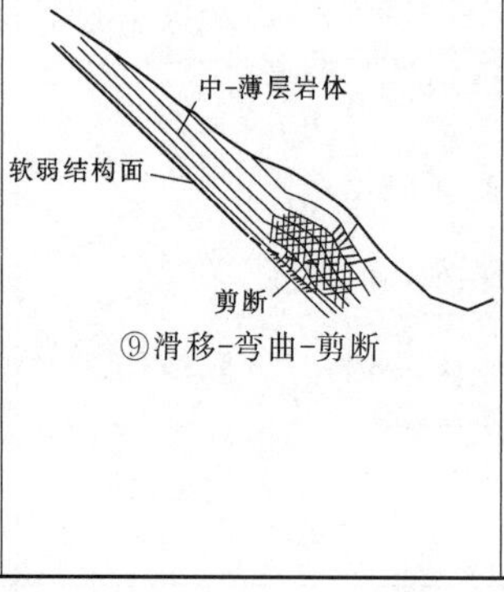 ⑨滑移-弯曲-剪断	常见于中缓顺层斜坡，岩层倾角为25°～50°，层厚0.5～2.0m，层间发育软弱夹层，坡长大于100m，前缘滑移受阻而发生弯曲-溃屈破坏产生	(1) 地形坡度为20°～50°； (2) 中倾外顺层斜坡，岩层倾角为25°～50°； (3) 层厚0.5～2.0m，层间发育软弱夹层，坡长大于100m； (4) 坡脚发育垂直层面节理； (5) 后缘下沉，坡脚隆起开裂	(1) 后缘拉张、坡顶下沉大于1m； (2) 前缘明显隆起开裂架空（剪出）； (3) 岩石破裂声震频率渐低

续表

斜坡运动方式		变形破坏模式图	地质描述	早期识别指标	前兆判别指标
滑移	(1) 旋转滑移	⑩滑移-剪断（岩桥）	一般发育于地形较陡的均质或缓倾内层状斜坡，后缘发育平行坡面、中陡倾外的贯通控制性结构面，结构面倾角不大于坡度，多因坡脚工程开挖揭底而引发	(1) 地形坡度为40°～60°； (2) 均质或缓倾内层状斜坡，发育平行坡面，中陡倾外的贯通控制性结构面，结构面倾角不大于坡度； (3) 坡顶下沉50～100cm，前缘隆起； (4) 岩石破裂声震频率渐高	(1) 坡顶下沉大于100cm，前缘明显隆起； (2) 岩石破裂声震频率渐低； (3) 后缘拉裂下错大于100cm； (4) 前缘剪出
	(2) 平面滑动	⑪滑移-拉裂（土体）	常见于上覆松散堆积层、下伏缓倾顺层斜坡，地形上缓下陡30°～50°，一般为降雨或坡脚开挖引发	(1) 地形坡度为20°～40°； (2) 土-岩复合型斜坡，基岩缓倾外； (3) 基覆界面平直光滑； (4) 后缘弧形拉裂，出现向前扩展趋势；缝宽为50～100cm，可见深度为2～3m，下错30～50cm；变形速率为20～50cm/d； (5) 坡脚时常可见渗水现象	(1) 周界裂缝圈闭，后缘弧形拉裂趋于闭合，前缘隆胀明显； (2) 变形速率大于50cm/d，变形曲线切线角为85°～90°，加速度a大于0，位移矢量角方向一致； (3) 前缘小崩小塌不断
		⑫顺层滑移-拉裂（岩体）	发育于缓倾软硬互层状斜坡，地形上缓下陡30°～50°，坡脚临空，一般为降雨或坡脚开挖引发	(1) 地形坡度为20°～50°； (2) 中—陡顺层岩质斜坡，岩层倾角为15°～45°； (3) 下伏软弱结构面或软硬互层； (4) 后缘弧形拉裂，出现向前扩展趋势；缝宽为30～50cm，可见深度为1～2m，下错20～30cm；变形速率为10～30cm/d； (5) 可见地下水沿层面渗出现象	(1) 后缘出现多级拉张裂缝，周界裂缝趋于圈闭，后缘缝宽大于50cm，下错大于30cm，变形速率大于30cm/d；变形曲线切线角为85°～90°，加速度a大于0，位移矢量角方向一致； (2) 前缘可见剪出口； (3) 局部小崩小塌不断

续表

斜坡运动方式		变形破坏模式图	地质描述	早期识别指标	前兆判别指标
滑移	(2) 平面滑动	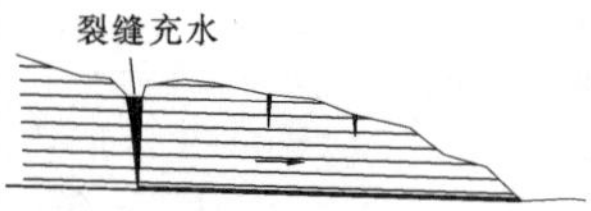 裂缝充水 ⑬平推式滑移	常见于我国西部红层地区，近水平砂、泥岩互层的岩体中，岩层倾角一般仅3°～10°，除层面，至少发育竖直贯通结构面。强降雨中突然启动，运动一定距离后停止。滑坡发生后：后缘存在一个长大的拉陷槽；前缘泉点或水流渗出；滑动岩体往往以块状整体滑出，可基本保持原岩结构，不完全解体。如四川垮梁子滑坡。触发因素为暴雨	(1) 近水平岩层斜坡，岩层倾角为3°～10°，下伏软弱基座或夹层； (2) 地形坡度上缓0°～20°，前缘临空； (3) 后缘发育顺坡向陡裂或拉陷槽，可充水； (4) 软弱夹层受地下水浸泡软化； (5) 非汛期可见蠕变现象	(1) 暴雨大于80mm/h，后缘充水高达裂缝深度2/3； (2) 前缘地下水渗出； (3) 前缘出现挤出现象
		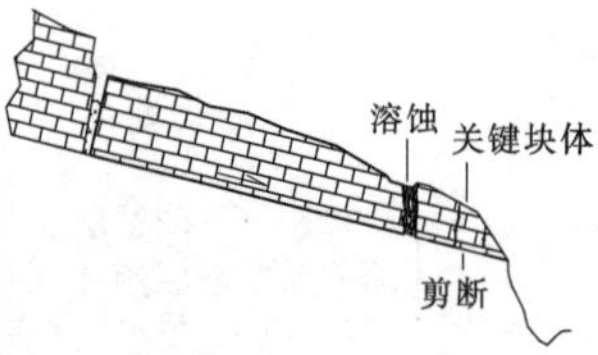 溶蚀 关键块体 剪断 ⑭视倾向滑移-剪断	主要发生在斜向缓倾内的厚层灰岩山体中，岩层走向与临空面方向呈大角度相交。一般情况下稳定性较好，在强烈地震或外界因素（如地下采矿、溶蚀）影响下，前缘关键块体遭受破坏，在自重应力作用下沿层面滑移，挤压前缘阻挡体，产生应力集中，阻滑体被压缩、破坏，而成为准临空面。最终导致剪出口局部崩落，最后发生视倾向滑动。易形成高速滑坡，如重庆武隆鸡尾山滑坡，汶川地震诱发大光包滑坡和窝前滑坡	(1) 地形上缓下陡，准临空面坡度陡立； (2) 平缓层状斜坡，岩层倾角为20°～40°； (3) 层状块裂结构岩体，发育两组陡倾长大结构面，上硬下软二元结构，下部存在采矿等活动； (4) 潜在滑动方向与岩层倾向夹角大于20°	(1) 后缘拉张，缝深见底，缝宽2～3m； (2) 前缘挤压变形，导致崩塌不断； (3) 后缘拉张部位崩塌不断； (4) 岩石破裂声震持续发出

续表

斜坡运动方式		变形破坏模式图	地质描述	早期识别指标	前兆判别指标
滑移	(3) 不规则滑动	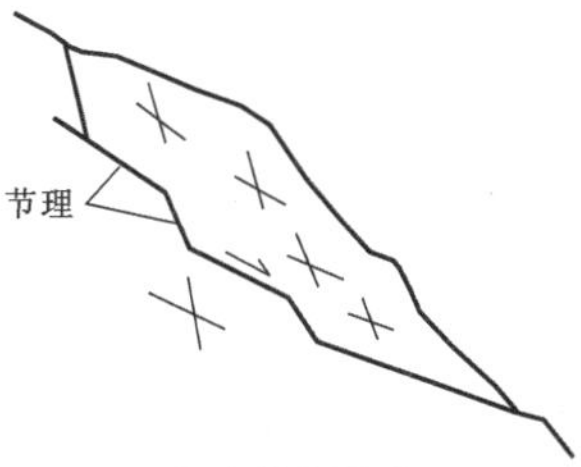 ⑮阶梯状滑移	多见于大型岩质工程高边坡，为均质或厚层状斜坡，常见于块状火成岩斜坡，发育陡缓交替结构面、节理或长大裂隙，两侧常为沟谷割切而临空。多为切脚开挖引发	(1) 地形上缓，临空面坡度较陡大于30°，两侧被裂隙切割或临空； (2) 均质或厚层状斜坡，常见于块状火成岩斜坡； (3) 发育顺坡向陡裂60°～90°和缓裂10°～30°构成阶梯状； (4) 后缘拉张下错，拉裂宽度为30～50cm； (5) 岩石破裂声震不断发出	(1) 后缘拉裂下错，裂缝宽度大于50cm； (2) 前缘剪出，崩塌不断； (3) 岩石破裂声震频率突然下降
		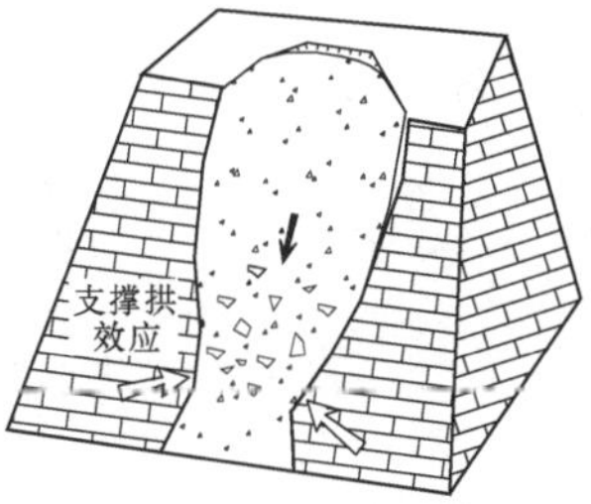 ⑯滑移-剪断（支撑拱）	常发育于槽状地形内，地形上宽下窄，地形坡度为30°～50°，堆积体物源多来源于后缘斜坡的崩坡积物。当前缘收口部位被突破后，可发生高速碎屑流滑坡。如三峡库区新滩滑坡	(1) 地形坡度为30°～50°，槽状地形上宽下窄； (2) 松散堆积层斜坡； (3) 后缘常有崩塌堆积加载； (4) 前缘可见地下水渗出； (5) 后缘和两侧裂缝发育，收口部位以下未见明显开裂； (6) 上部位移速率为20～30cm/d，下部位移速率为10cm/d左右	(1) 后缘弧形拉裂，两侧剪切裂缝基本圈闭； (2) 收口部位隆胀或破裂； (3) 上部位移速率大于30cm/d，下部位移速率大于10cm/d；变形曲线切线角为85°～90°，加速度 a 大于0，位移矢量角方向一致； (4) 前缘小崩小塌不断

5.4.4.2 大型隐蔽性滑坡辨识途径和方法

大型隐蔽性滑坡灾害的早期识别，特别是对于潜在新生型岩质滑坡，可采用如图5.26所示的辨识手段和方法。以地球系统科学理论为指导，结合典型实例研究和工程实践经验，分析制定大型隐蔽性滑坡（潜在新生型岩质滑坡）的识别流程及关键指标体系（图5.27）：首先应调查斜坡结构及岩性组合，分析确定其类型；其次是观察微地貌和临空条件，确定滑移边界条件；再在上述基础上，分析预测其潜在的滑移面及性状；最后结合识别工作区可能的诱发因素（降雨，融雪，地震，开挖堆载、地下开采等人类工程活动），分析确定潜在新生型岩质滑坡的变形破坏模式。

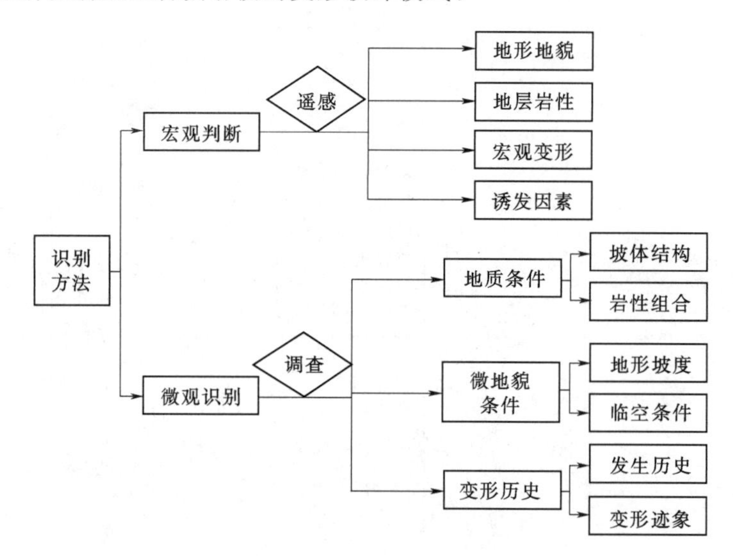

图 5.26　大型隐蔽性滑坡灾害早期辨识手段和方法

图 5.27　大型隐蔽性滑坡（潜在新生型岩质滑坡）的识别流程及关键指标体系

5.5 典型地质灾害危险源辨识

5.5.1 滑坡

滑坡是电力建设工程中非常常见的地质灾害，理论研究及工程实际表明，岩土体在结构面发生滑崩之前一般有明显的发展阶段，表现为地表裂缝、岩土大变形、支护衬砌变形、锚索失效、树木倾斜等现象。根据实际工程勘探情况反映，大多数滑坡主要发生在结构松散、风化能力较强、岩土力学性能较低或者各种构造面比较发育的各种边坡或者潜在不稳定岩体（包括不稳定堆积体、倾倒蠕变岩体），主要是由长时间降雨、强降雨、冰雪融化等软化结构面和增加结构面上部岩土体荷载或者人工不合理开挖切坡脚等引起岩土体平衡失稳造成的。在野外，从宏观角度观察滑坡体，可以根据一些外表迹象和特征，粗略判断滑坡体的稳定性。

5.5.1.1 滑坡要素辨识

（1）滑坡体：指滑坡的整个滑动部分，简称滑体。

（2）滑坡壁：指滑坡体后缘与不动的山体脱离开后，暴露在外面的形似壁状的分界面。

（3）滑动面：指滑坡体沿下伏不动的岩土体下滑的分界面，简称滑面。

（4）滑动带：指平行滑动面受揉皱及剪切的破碎地带，简称滑带。

（5）滑坡床：指滑坡体滑动时所依附的下伏不动的岩土体，简称滑床。

（6）滑坡舌：指滑坡前缘形如舌状的凸出部分，简称滑舌。

（7）滑坡台阶：指滑坡体滑动时，由于各种岩土体滑动速度差异，在滑坡体表面形成台阶状的错落台阶。

（8）滑坡周界：指滑坡体和周围不动的岩土体在平面上的分界线。

（9）滑坡洼地：指滑动时滑坡体与滑坡壁间拉开，形成的沟槽或中间低四周高的封闭洼地。

（10）滑坡鼓丘：指滑坡体前缘因受阻力而隆起的小丘。

（11）滑坡裂缝：指滑坡活动时在滑体及其边缘所产生的一系列裂缝。位于滑坡体上（后）部多呈弧形展布者称拉张裂缝；位于滑体中部两侧，滑动体与不滑动体分界处者称剪切裂缝；剪切裂缝两侧又常伴有羽毛状排列的裂缝，称羽状裂缝；滑坡体前部因滑动受阻而隆起形成的张裂缝，称鼓张裂缝；位于滑坡体中前部，尤其在滑舌部位呈放射状展布者，称扇状裂缝。

以上滑坡诸要素只有在发育完全的新生滑坡才同时具备，并非任一滑坡都具有。

5.5.1.2 活动滑坡的辨识

活动滑坡的辨识特点是滑坡各部分要素清晰可见。野外辨识特征如下：

（1）滑坡体上下发育冲沟，且两冲沟有同源现象。

（2）滑坡体地形破碎，起伏不平，斜坡表面局部有不均匀陷落的平台。

（3）斜坡较陡且长，虽有滑坡平台，但面积不大，有向下缓倾的现象。

（4）有时可见到滑坡体上的裂缝，特别是黏土和黄土滑坡，地表裂缝明显，裂口较大。

（5）滑坡地表湿地、泉水发育。

（6）滑坡体上无巨大直立树木，可见小树林或醉汉林、马刀树，且有新生冲沟。

（7）滑坡体上土石松散，有小型崩塌体。

5.5.1.3 古（老）滑坡的辨识

后期的剥蚀夷平面以及一系列的改造过程，使得古（老）滑坡原有滑坡要素短缺或模糊不清，但古（老）滑坡的大致地貌轮廓仍然清晰可见。古（老）滑坡的辨识特征如下：

（1）滑坡后壁一般较高，坡体纵坡较缓，有时生长树木。

（2）滑坡体规模一般较大，外表平整，土体密实，无明显的裂缝及不均匀沉降现象，滑坡台阶宽大且已夷平。

（3）滑坡体上冲沟发育，这些冲沟是沿古（老）滑坡的裂缝或者洼地发育起来的。

（4）滑坡两侧自然冲沟切割很深，有时出现双沟同源现象。

（5）滑坡前缘斜坡较缓，长满树木，有的形成醉汉林或马刀树，滑坡体无松散坍塌现象，前缘迎河部分有时出现大孤石。

（6）滑坡舌已远离河道，有些滑舌部外已有不大的漫滩阶地。

（7）泉水在滑坡体边缘呈点状或串珠状分布，水体清澈。

（8）滑坡体上被辟为耕田，甚至有居民点、电杆等分布。

5.5.1.4 新生型滑坡辨识

随着水电站建设的进展，水库的运行使库区两岸岸坡内外部水文地质环境发生变化，使得蓄水前未发生失稳的边坡破坏失稳而发生滑动，形成水库新生型滑坡，该类滑坡在水库蓄水之前是不容易被察觉和容易被忽视的，如果未能在水库蓄水前对该类滑坡进行正确和有效的辨识，一旦该类滑坡发生，将使滑坡区人民的生命和财产蒙受重大的损失。

对新生型滑坡的辨识主要以库区已有岸坡调查、勘察及滑坡研究资料为基础，分析库区岸坡变形破坏机制、滑坡发育分布规律及破坏模式，研究库区新生型滑坡的形成条件。根据库区地形地貌、地层岩性及坡体结构类型等滑坡形成条件，建立库区重大新生型滑坡的定性判据及量化辨识指标体系。在此基础上，充分利用区域地质资料、已有的岸坡调查资料及遥感资料，划分库区岸坡结构类型及重大新生型滑坡易发区段，并通过大量现场调研，详细调查滑坡易发区段的地形地貌、地层岩性、地质构造、斜坡地质结构、斜坡的变形破坏形迹、水文地质条件及人类工程活动等，建立新生型滑坡的定性判据，并初步判断重大新生型滑坡易发点的具体位置、规模；进而根据重大新生型滑坡量化判别指标（岸坡结构特征、地层岩性、地形地貌及临空条件、变形破坏特征、人类工程活动、岸坡涉水深度及暴雨等），量化评价新生型滑坡易发点发生滑坡的可能性；并在详细勘察的基础上采用极限平衡法定量评价易发斜坡的稳定性，编制库区重大新生型滑坡预测评价图。

5.5.2 崩塌

崩塌是电力建设工程中比较常见的地质灾害，常见的形式有崩落、塌方、滑崩，具有突发瞬时性、隐蔽性特点。其发生的方式有多种，如工程区域在强降雨或者长时间降雨等情况下，地表水渗入坡体，软化岩土及软弱面，产生孔隙水压力等，降低了基岩面的抗剪强度，可能会引起山体滑崩、危岩体崩落、滑崩泥石流；由于边坡的开挖过陡及不合理的切脚、开挖围岩洞室或者边坡支护不及时或不到位、使用炸药或引爆方式不当等，导致岩土体结构破坏失稳，可能会发生小规模岩土体滑崩或者岩块崩落；由于弱地震震动，引起山体中断层、裂隙、结构面等不良地质运动，可能出现坡体崩塌、山体滑崩、岩崩或山崩。崩塌带来的危害往往难以定量，可能造成人员伤亡等重大事故。

5.5.2.1 已有崩塌体辨识特征

（1）崩塌下落的大量石块、碎屑物或土体堆积在陡崖的坡脚或较开阔的山麓地带，形成倒石堆。

（2）倒石堆的形态规模不等，由于倒石堆是一种倾卸式的急剧堆积，所以结构松散、杂乱、多孔隙、大小混杂无层理。

（3）倒石堆的形态和规模视崩塌陡崖的高度、陡度、坡麓基坡坡度的大小与倒石堆的发育程度而不同。岸坡陡，在崩塌陡崖下多堆积成锥形倒石堆；岸基坡缓，多呈较开阔的扇形倒石堆。在深切峡谷区或大断层下，由于崩塌普遍分布，很多倒石堆彼此相接，沿陡崖坡麓形成带状倒石堆。

5.5.2.2 可能发生的崩塌体辨识特征

对于可能发生的崩塌体，主要根据坡体的地形、地貌和地质结构的特征进行识别。通常可能发生的坡体在宏观上有以下特征：

（1）坡度大于60°，且高差较大，或坡体成孤立山嘴，或凹形陡坡。

（2）坡体内部裂隙发育，尤其是垂直和平行斜坡延伸方向的陡裂隙发育或顺坡裂隙或软弱带发育，坡体上部已有拉张裂隙发育，并且切割坡体的裂隙，裂缝可能即将贯通，使之与母体（山体）形成了分离之势。

（3）坡体前部存在临空空间，或有崩塌物发育，这说明曾发生过崩塌，今后还可能再次发生。

具备了上述特征的坡体，即为可能发生的崩塌体，尤其当上部拉张裂隙不断扩展、加宽，速度突增，小型坠落不断发生时，预示着崩塌很快就会发生，处于一触即发的状态之中。

如位于长江兵书宝剑峡出口右岸的链子崖危岩体即是有名的还在崩塌的崩塌体，其组成坡体的灰岩形成高达100多米的陡壁，陡崖被众多的宽大裂缝深深切割，致使临江绝壁有摇摇欲坠之势。对长江航运构成了很大的威胁。据史书记载，该处历史上几千年来曾多次发生崩塌堵江断航事件，这说明崩塌具有多发性的特点，在预测崩塌的可能性时，应考虑这个特点。

在高山峡谷区进行工程建设，特别是道路建设，常常会遇到倒石堆。那些不稳定的倒石堆，很容易发生崩塌，下推力很大，会造成严重后果。因此事先必须充分估计可能发生的剧变，采用各种有效的防范措施。

5.5.3 泥石流

泥石流是自然界分布非常广泛的一种地质灾害。在电力建设工程中，常见的泥石流表现有降雨坡面小型泥石流、降雨共生型泥石流（包括暴雨和长时间强降雨引起，可能伴随滑坡或者滑崩）、地下洞室泥石流（主要由于洞室开挖遇见岩溶等不良地质和地下水较丰富地段出现突水突泥，发展到一定规模演变成地下泥石流），而其他如冰川型泥石流、库岸溃决型泥石流、地震型泥石流、火山型泥石流及人类工程活动引发的泥石流等比较少见。小型坡面泥石流规模不大，一般引起道路堵塞、排水设施系统堵塞破坏等，其破坏力还是比较有限的。其他泥石流对电力建设工程的影响是非常突出、不容忽视的，带来的危害往往难以估量。因此，不管泥石流是自然因素诱发，还是人为因素诱发，或者两者共同诱发，在大多数情况下，都具有暴发突然性、来势迅速凶猛的特征，并兼有崩塌、滑坡等群发性和洪水破坏双重作用的特点，其危害程度比单一的崩塌、滑坡和洪水的危害更为严重，往往会给影响区和辐射区造成巨大的威胁和财产重大损失，如“8・30”锦屏水电站以泥石流为主的群发性地质灾害。针对泥石流灾害，目前主要采取预防为主和应急预案为辅相结合的方法，结合锦屏水电站、白鹤滩水电站、小湾水电站、黄登水电站等对泥石流的防御治理和应急措施的经验教训，对泥石流危险源的辨识总结如下：

（1）具备发生泥石流的工程区域地质条件一般复杂多变，断裂带十分发育，构造活动较强烈，导致区域山体支沟极为发育。其沟床纵比降较大，流域上宽下窄，汇流条件较好，具有明显形成区、流通区和堆积区，为固体物质及山体滑崩岩土体的集聚、输移提供了有利条件，也为坡面泥石流发展成破坏力大的沟道泥石流提供了有利的地形条件。

（2）若流域岩体主要由砂板岩、变质岩、砂砾岩等软岩及较软岩组成，风化作用较强烈，裂隙风化现象较明显，或者岩体表层有着厚度较厚的松散固体物质，或松散堆积体，或崩积层，岩石比较破碎，而山体植被单薄、发育不良或被破坏，造成岩土裸露，以及人为地在流域辐射范围堆积沙渣与松散固体物质，在充足的雨水侵蚀条件下，岩土体稳定性大大降低，这也为泥石流提供了丰富的物质来源，极易发生滑坡、塌陷、塌方、坡面泥石流等灾害。同时，在雨季某个时间段，工程区域的降雨量具备达到发生泥石流的临界值条件，为泥石流发生提供了必要的水源动力条件。

（3）现有的泥石流形态在地貌上极易辨认。位于谷口出口的堆积区，常形成轮廓鲜明纵坡平缓的洪积扇，扇面无固定沟槽，流水多呈漫流状态。

潜在泥石流的辨识应从其形成的基本条件（是否具有陡峭的地形、丰富的松散堆积物及产生突发性和持续性大暴雨或大量冰融水流出的水文气象条件）加以分析和识别。通过资料收集分析确定泥石流的识别指标，并进行泥石流沟数量化及易发程度评判。

5.5.4　洞室塌方

洞室塌方，即洞室坍塌，是电力建设工程中地下工程或隧道工程比较常见的地质灾害，主要是由于人为开挖致洞室围岩平衡失稳而发生坍塌的现象，如导流洞、引水洞、地下厂房、公路隧道工程等。大多数工程实例表明，绝大多数洞室坍塌多发生在构造带、不利结构面组合发育带、软弱岩带及Ⅳ类、Ⅴ类围岩分布地段，其结构松散，力学性能较差以至于自稳性差，加上地下水影响及开挖支护不及时或者支护不力，导致洞室围岩失稳趋势继续演变成坍塌。洞室塌方主要表现为：其发生段的开挖过程破坏了围岩自然应力平衡，围岩出现了应力重分布，局部区域出现了应力集中，超过围岩自身稳定所需要的临界应力，从而造成局部失稳破坏，导致塌方。如老挝南欧江七级水电站导流洞、徐村水电站导流洞、厄瓜多尔电站2号竖井、黄登水电站地下厂房等。

5.5.5 岩土体大变形

岩土体大变形地质环境多处于不良地质发育段，如岩土体结构松散、岩性软弱、高地应力、断层节及理裂隙带发育、构造活动比较强烈等地段，岩土体在外界因素影响下易发生失稳失效。岩土体大变形主要体现为：边坡的开挖过陡及不合理的切脚、开挖围岩洞室等破坏了岩土体的天然应力自然平衡，使开挖部位的岩土体发生应力集中及重新分布，附近区域岩土体发生塑性变形，造成岩土体变形，如果存在支护不及时或不到位，这些岩土体会在外力或者自身高应力释放与重分布过程扰动下发展成大变形，进而引起失效破坏；岩土开挖过程使用炸药或引爆方式不当等导致岩土体结构破坏失稳；还有自然因素如雨水、地下水、融雪、昼夜气温差较大等引起岩土体的收缩膨胀变形等。

5.5.6 地面沉降

地面沉降的调查主要是通过收集资料、遥感解译结合实地调查进行综合分析，并辅助以必要的勘探，以准确地获得电力建设工程区域松散或半松散沉积层的分布范围，并通过试验分析，确定松散或半松散沉积层在重力作用和外力作用下是否会引起地面沉降，对电力建设工程建筑物及人员造成安全威胁。

5.5.7 地裂缝

地裂缝的辨识首先从宏观上进行判别，通过遥感解译获取工程区域的地貌特征，寻找地表高程梯度，结合对已有断裂、隐伏断裂和地层形态的野外调查，以及利用地面变形监测技术，确定可能产生地裂缝的分布规模及范围，分析地裂缝与区域新构造活动的关系；其次对现有地裂缝进行调查，包括地裂缝分布范围与几何特征、地裂缝活动特征和变化活动速率、地裂缝类型和成因、地裂缝危害和防治现状及效果等，分析地裂缝与同地区地面沉降、地面塌陷或崩塌、滑坡、气象水文及人为活动的关系。

5.5.8 地下水灾害

地下水灾害是地下洞室开挖过程中发生的、与地下水密切相关的地质灾害，表现为涌水、突水、突泥及地下泥石流等，常发生在岩溶发育的地区及构造发育地带。涌水、突泥是地下工程开挖中常见的地质现象。一般发生这类地质灾害，其地质环境主要表现为：溶洞和陷落柱等不良地质体比较发育，可能有地下暗河系统，或围岩外围分布有含水砂砾石层或与地表水连通的较大断裂破碎带、向斜褶皱带等含水或透水岩层，围岩中的地下水（孔隙水水源、裂隙水水源、岩溶水水源）比较丰富，岩体风化较强烈、胶结较差且比较破碎。在电力建设工程（特别是水电工程）地下洞室开挖过程中，小型涌水、突泥现象出现较多，地下水灾害较为普遍。

地下水地质灾害主要通过收集资料、遥感解译及实地调查分析判别，需要查明电力建设工程区地层岩性是否为含水层，是否存在可溶岩及地下水埋深等，其辨识较为直观。

5.5.9 地应力灾害

地应力灾害是地下洞室围岩在地应力作用下引起的变形、破坏现象，主要表现为岩爆、塑性变形等。岩爆，也称冲击地压，属于一种开挖采掘地质灾害，是硬质围岩失稳的一种表现形式，常见于Ⅰ类、Ⅱ类、Ⅲ类围岩（岩体具有高地应力、完整性好、坚硬致密且较高的脆性，其地下水极度缺乏，较干燥）的地下洞室开挖过程中，围岩因开挖卸荷、应力集中造成岩石内部破裂和弹性能突然释放，而引起洞壁岩块爆裂松脱、剥离、弹射乃至抛掷性破坏，如锦屏一级、二级水电站。

地应力地质灾害主要通过对电力建设工程区域的构造稳定性评价、新构造活动及地应力场的分析判别，在工程选址时应尽可能避开地应力集中区或强烈构造活动带，选择较为稳定的、地应力变化不大或地应力值低的地段作为场址。

5.5.10 有害气体危害

有害气体是地下洞室开挖揭露后释放出的有损人体健康、危害作业安全的气体，可产生爆炸或导致人员中毒、窒息等危害。在地下洞室开挖掘进中，常会遇到各种易燃、易爆及对人体有害的气体，如沼气、二氧化碳、硫化氢、氡气等。特别是当洞室通过煤系、含油、含碳或沥青的地层时，遇到有害气体的机会更多。

爆破作业后，若不能及时、充分地排出炮烟，爆破所产生的有害气体就会散发到洞室封闭的空气中，当洞室内的有害气体超过最大允许浓度时，将对洞室作业人员造成危害。其中，一氧化碳可使人产生耳鸣、头痛、头昏、呕吐、感觉迟钝等症状，严重时能使人丧失行动能力，造成呼吸困难、停顿，甚至出现假死现象，中毒特征是嘴唇呈桃红色、两颊有红色斑点；氧化氮可使人眼睛和鼻喉产生炎症和充血，出现咳嗽、吐痰、呼吸困难、呕吐、肺水肿等，中毒特征是手指尖和头发呈黄色，潜伏期较长；硫化氢会使人眼睛红肿，咳嗽和头痛，患急性支气管炎和肺水肿；氮会使人咳嗽和头晕。

有害气体危害主要通过收集资料、对电力建设工程区的区域地层岩性和地质构造等的分析进行判别。在电力建设工程施工过程中主要通过在施工区安装检测仪器来辨识。

5.6 地质灾害重大危险源辨识

电力建设工程中因地质灾害可能导致人员死亡及伤害、财产损失或环境破坏的根源或状态均属地质灾害重大危险源，包括施工作业、危险物质及危险环境。

（1）施工作业：可能引发地质灾害的土石方开挖、支护、斜井竖井开挖、石方爆破、地质缺陷处理等，包括边坡开挖、地下工程施工、地基处理及地质灾害治理等施工作业活动。

（2）危险物质：一种物质或若干种物质的混合物，由于它的化学、物理或毒性等特性，具有易导致火灾、爆炸或中毒等危险，如地下工程中的有毒有害气体及放射性物质。

（3）危险环境：指不良地质地段、潜在不稳定岩土体（危岩体、滑坡体、变形体等）、超标准洪水等。

地质灾害高易发区、地质灾害危险性大的地区及存在地质灾害险情（或隐患）的地区，均应作为重大危险源加以识别和控制。根据电力建设工程的特点，按以下分类进行地质灾害重大危险源辨识。

5.6.1 水库工程

水库工程地质灾害危险源包括水库蓄水初期及运行期间易引发相关地质灾害问题（如水库大流量渗漏、塌岸、滑坡涌浪、水库浸没、水库塌陷、水库诱发地震等）的不良地质条件和建设环境。相应的地质灾害重大危险源主要包括滑坡涌浪危险源、重要地段库岸再造危险源和库岸塌陷危险源及水库诱发地震（大于4级）危险源。

（1）滑坡涌浪。水库区特别是近坝库岸的大滑坡常激发很高的涌浪，不仅严重威胁大坝等枢纽工程的安全，而且对附近库区及下游建筑物、城镇以及过往船只造成极大的危害。一般大中型水电工程，特别是堆石坝工程，若近坝库岸或水库区有居民点分布的对岸及上下游岸坡发育有大型的崩塌堆积体、滑坡堆积体、危岩体或潜在不稳定斜坡，易引发滑坡涌浪灾害时，均需考虑涌浪对工程和居民点的影响和危害。

（2）库岸再造。水库库岸再造是水电工程（包括抽水蓄能电站）运行中经常遇到的工程地质问题，产生灾害的影响范围广，持续时间长，对库岸居民点安全影响较大。塌岸不仅危害沿岸分布的民居、道路、桥涵及有关建筑物等，而且塌岸发生后岩土体滑入水库，造成淤积，影响水库的有效运行。其中，作为重大危险源被关注的重要地段库岸即指地质条件复杂、现状地质灾害发育、有居民点分布，且受库岸再造影响较大的库岸地段。根据多个山区河道型水库（如三峡、二滩、宝珠寺、大朝山、漫湾、天生桥一级、紫坪铺、小湾等）塌岸分布统计发现，不同岸坡结构类型塌岸所占比例的差别较大。其中，以残坡积岸坡所占比例最大，约为60%；其后依次为：崩坡积堆积物约占19%，岩质岸坡约占11%，冲积层堆积物约占7%，古（老）滑坡堆积体约占3%。

（3）库岸塌陷。库岸塌陷包括水库岩溶塌陷及库岸采空区塌陷。水库岩溶塌陷主要分布于具备塌陷形成条件且有多种不利要素综合作用、对自然或人为诱塌因素影响较为敏感的地段。按岩溶塌陷赖以产生的可溶岩类型可分为碳酸盐岩类塌陷、蒸发岩类塌陷（岩盐塌陷）以及可溶性钙质碎屑岩类塌陷。水电工程以碳酸盐岩类塌陷为主。在自然条件下，除地震外诱塌因素的作用强度一般较弱，塌陷往往是零星产生，主要见于岩溶发育较均匀、岩溶地下水呈分散网络状分布的地段，常见于水库区岩溶洼地、库岸地带及工程区岩溶地下水的排泄地带（如断裂破碎带、地下河通道带等）。库水作用会诱发或加剧岩溶塌陷灾害。

采空区塌陷主要是指水库库岸矿产（包括煤矿、石膏矿、沙金及其他金属矿产等）开采形成空洞，水库蓄水后由于库水浸泡或水位升降导致空洞塌陷而引起地表变形破坏的现象。对水电工程而言，水库区第四系河流堆积物中不同时期、不同规模的沙金开采留下的隐患较为普遍。

（4）水库诱发地震：水库诱发地震实质上是与水库蓄水相伴的地震活动性增强而诱发地震的现象。并非所有的水库蓄水都会诱发地震，地震发生与否取决于水库地质环境条件，包括以下几方面：①高坝水库，坝高超过100m，库容大于20亿m^3；②库内地质构造复杂，并且存在活动性的构造，在库区（半径约25km）存在大的活动断层，在第四纪特别是全新世有活动；③区内有活动地震带，库区位于地震带上，这里有中强地震的历史记录或属于潜在震源区，其所处的地震带处于地震活动期；④库区地形差异大，有温泉出露和火山活动地段；⑤从岩性分析看，碳酸岩发震率最高，块状岩体次之，层状岩体最差。从我国 26 例水库诱发地震来看，20 例发生在碳酸岩地区，占发震比例的 77%。水库诱发地震震源浅、频率高，一般 4 级以上的水库诱发地震会对附近居民的生产生活及工程安全产生一定的影响（图 5.28 和图 5.29）。

图 5.28　天生桥一级水电站水库地震致地表开裂

图 5.29　阿海水电站水库地震致房屋地基开裂

5.6.2　边坡工程

边坡工程地质灾害危险源包括施工与运行期间易引发相关地质灾害（如崩塌、滑坡、岩土体大变形、潜在不稳定岩体、坡面泥石流等）的地质环境条件和诱发因素。边坡包括工程边坡及自然边坡。其中，自然边坡指的是位于工程边坡开口线以外，在自然地质作用下，具有一定倾斜度的斜坡，一旦失稳可能会对工程建（构）筑物或人员造成威胁。边坡工程地质灾害危险源一般主要包括崩塌、滑坡、泥石流、变形体、危岩体、倾倒体、松动体、风化卸荷带、高位松散堆积体等类型。另外，电力建设工程比较特殊和突出的危险源是公路边坡开挖造成的松散弃渣（图 5.30），弃渣一般松散停积于坡面上或堆积在坡脚，易于再次失稳，产生次生灾害。

(a) 坡面挂渣

(b) 公路外侧堆渣

图 5.30　公路施工弃渣

由于边坡工程地质灾害危害的严重性，所有与边坡地质灾害相关的危险源均应作为重大危险源加以辨识。其中，崩塌及滑坡是边坡工程中危害最大的灾害，因此应作为边坡工程首要的重大危险源加以辨识。其他危险源分述如下。

（1）边坡岩土体大变形。边坡工程在施工期及运行期由于主观、客观因素的影响，而导致边坡岩土体产生的大变形现象，包括边坡下部隆起或溃屈、侧面剪切滑移、上部坐落错位、后缘或侧向张开拉裂、岩体弯曲倾倒、边坡支护体开裂、混凝土挡墙破裂、锚索失效等。其中，不良的边坡地质条件（如堆积体、软弱破碎岩体、强卸荷岩体、特殊岩土等）是引发边坡岩土体大变形灾害的主要危险源。

（2）潜在不稳定岩土体。潜在不稳定岩土体是电力建设工程中的一种可能发生潜在演化地质灾害的地质体，包括工程斜边坡、人工堆渣斜坡、自然斜坡体等形态。其在切坡脚、不合理开挖、炸药引爆、机械振动等人工开挖作用下，或者在风化、雨水侵蚀、地震等自然作用下，易发生失稳破坏，可能产生滑坡、或崩塌，甚至泥石流等灾害，包括危岩体、倾倒体、松动体、强风化强卸荷岩体、软弱破碎岩体、膨胀性岩土体、深厚覆盖层、大型综合成因堆积体等，是引发边坡地质灾害的主要危险源。边坡潜在不稳定岩土体需要进行必要处理，否则会引发新的地质灾害。

（3）坡面泥石流。松散岩土体边坡、堆弃渣场边坡或有堆渣的斜坡，在雨水的冲刷下，形成坡面泥石流，破坏边坡的完整性，淤积河道、渠道、公路和排水管道，为沟谷性泥石流的形成提供物源，对工程和人身财产造成危害。

（4）斜坡危岩体及滚石。斜坡危岩体及滚石灾害是自然边坡的主要灾害种类（图5.31和图5.32），自然边坡危险源主要类型见图5.33。由于其致灾机理和运动过程复杂、防治难度大，越来越受到大家的重视。潜在不稳定斜坡，如松散岩堆积体体边坡、强风化强卸荷边坡、孤石（群）及危石（群）发育边坡、危岩体边坡等，在风化、卸荷、重力及雨水的作用下，产生崩塌或坠落，对工程和人身财产造成危害。不少水电站施工期间曾发生斜坡滚石灾害，造成人员伤亡或设备损失。

(a) 卸荷松弛岩体

(b) 孤石及危石群

图5.31　斜坡危岩体

5.6.3　地基工程

地基工程危险源包括施工与运行期间引发相关地质灾害（如地基岩土体大变形与渗透

图 5.32　斜坡滚石灾害

破坏、地基大流量渗漏、地基塌陷及地基失效等）的地质环境条件和诱发因素。由于地基是建筑物的基础，地基工程灾害直接影响或危害建筑物的安全，因此，所有与地基地质灾害相关的危险源均应作为重大危险源加以辨识。

（1）地基塌陷。地基塌陷包括溶蚀塌陷及采空区地面沉陷。地基岩溶塌陷在可溶岩地区较为普遍，通常是由于覆盖在隐伏岩溶或强烈溶蚀带之上的堆积体突然下塌造成，岩溶塌陷的形成是多种因素长期互相作用的结果，除与可溶岩地层有关外，主要与地下水作用、上覆第四系地层、水动力条件及地震等因素有关。若在采空区建设电力工程，则需调查采空区的空间位置、规模大小、现状稳定程度等，并结合具体地基地质条件加以分析和辨识。

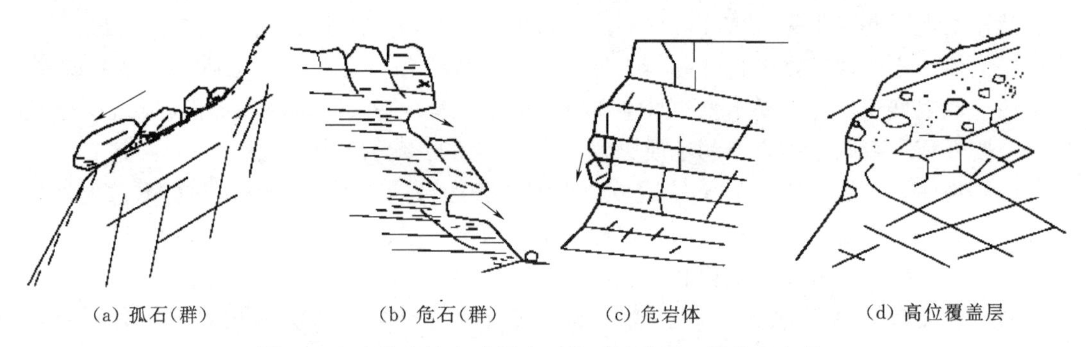

(a) 孤石(群)　(b) 危石(群)　(c) 危岩体　(d) 高位覆盖层

图 5.33　自然边坡危险源主要类型示意图（据董家兴等）

（2）地基岩土体大变形。地基岩土体大变形是电力建设工程常见的地质灾害，是指地基岩土体变形量已超过设计允许范围，导致或可能导致上部建筑物的基础和结构变形、开裂和破坏而形成灾害，包括地基沉降变形、开挖卸荷变形、滑移变形及渗透变形等灾害及特殊土地质灾害（如黄土湿陷、膨胀土胀缩、冻土冻融、砂土液化、淤泥触变或软土震陷等）。

（3）地基失效。地基失效属地震灾害，主要发生在砂、砂壤土和轻质砂壤土及软土地基，特别是河流一级阶地和河漫滩地带，由于地基土液化、软土震陷、翻砂冒水等导致地基失效（包括地裂缝、错位、滑坡、不均匀沉降等）。

（4）地基大流量渗漏。地基渗漏包括水电工程的坝基（肩）渗漏及渠道基础渗漏。地基渗漏灾害常指大流量的管道渗漏或使岩土体产生渗透变形、危及工程安全的渗漏。岩溶地基、覆盖层地基、构造复杂地基及可溶性红层地基处理不当易产生渗漏灾害问题。大范围或大流量的渗漏，不仅影响工程效益，而且会导致地基沉降和塌陷。

5.6.4　地下工程

地下工程地质灾害危险源包括施工与运行期间引发相关地质灾害（如坍塌、冒顶、岩爆、围岩大变形、流沙、涌水、有害气体、地下泥石流及地下水侵蚀等）的地质环境条件和诱发因素。其中，坍塌、地面塌陷、岩爆、涌水、突泥及有害气体灾害对施工安全危害极大，引发灾害的危险源均应作为重大危险源加以辨识。塌方和地面塌陷危险源辨识叙述如下：

（1）塌方。塌方（坍塌）是开挖面上的岩土体在重力或地应力作用下向临空方向滑落的现象。地下工程建设中因设计、开挖或支护不合理，常常发生顶部或侧壁大面积垮塌造成事故。坍塌多发生在构造带、不利结构面组合发育带及软弱岩带。工作面、侧壁坍塌称为片帮，顶部垮落称为塌方，二者常同时发生。

（2）地面塌陷。隧洞进出口段、浅覆盖洞段和大的断裂带分布洞段，常因洞内塌方不断扩大，导致地表塌陷（或冒顶）。

5.6.5 临建工程

临建工程地质灾害危险源包括引发临建工程施工期及使用期地质灾害（如崩塌、滑坡、泥石流、岩土体大变形等）的地质环境条件和诱发因素。其中，引发崩塌、滑坡、泥石流及岩土体大变形灾害的危险源均应作为重大危险源加以辨识。山洪泥石流灾害与降雨、泄洪密切相关，是汛期多发的地质灾害，也是对临建工程危害最大的灾害，多在暴雨期间及大范围、长时间降雨过后发生，如滑坡、泥石流、河岸冲刷等灾害，具有隐蔽性和突发性、持续时间短、成灾快、破坏性强、危害大且难以预测和防治的特点，须重点加以辨识。

5.6.6 移民工程

移民工程地质灾害危险源包括引发移民工程地质灾害（如崩塌、滑坡、泥石流、地面塌陷、岩土体大变形及远程地质灾害等）的地质环境条件和诱发因素。由于移民工程地质灾害直接关系到移（居）民点的稳定和安全，因此，所有与移民工程地质灾害相关的危险源均应作为重大危险源加以辨识。其中，远程地质灾害包括远距离的滑坡、碎屑流、泥石流等，一旦发生，对移（居）民点的危害极大，应扩大范围进行专门调查，加强观测，并采取必要的防范措施。近年来，随着极端强降雨等灾害性天气的重现期缩短，我国西南地区因高速远程滑坡造成的群死群伤特大灾害逐渐增加，必须加强对这种灾害类型危险源的调查与防范。

5.6.7 输电线路工程

线路工程地质灾害危险源包括引发输电线路地质灾害（如坍塌、滑坡、地基塌陷及岩土体大变形等）的地质环境条件和诱发因素。其中，引发坍塌、滑坡、地基塌陷灾害的危险源应作为重大危险源加以辨识。

输电线路工程建设过程中，开展地质灾害重大危险源辨识及预控工作，对强化施工过程安全控制、消除隐患、提高安全作业环境水平、减少和防范地质灾害的发生、保障人身安全能起到很好的促进作用。

第6章 电力建设工程地质灾害危险源风险分析评价

6.1 风险分析概述

6.1.1 风险的含义

(1) 概念。风险是指在某一特定环境下，在某一特定时间段内，某种损失发生的可能性。风险是由风险因素、风险事故和风险损失等要素组成。换句话说，在某一个特定时间段里，人们所期望达到的目标与实际出现的结果之间产生的距离称之为风险。“风险”一词既是一个通俗的日常用语，也是一个重要的科学词语。尽管目前国际上对其没有一个统一的严格定义，但各种看法的核心基本一致。

Wilson 等 (1989) 在国际权威科学刊物《科学》上发表论文，将风险的本质描述为“不确定性”，定义为“期望值”。Maskrey (1989) 定义“风险是某一事故发生后所造成的损失”。Smith (1996) 定义“风险是某一灾害发生的概率”。Tobin 和 Montz (1997) 定义“风险是某一灾害发生的概率和期望损失的积”。Deyle (1998) 定义“风险是某一事故发生的概率与发生后果规模的结合”。Hurst (1998) 则定义“风险是某一事故发生的概率与结果的描述”。

联合国人道事务部公布的定义为：“风险是在一定的区域和给定的时间内，某一灾害发生的可能性及其引起的生命财产和经济活动的期望损失。”

假设某滑坡发生在荒无人烟的地方，既没有造成生命伤亡也没有财产损失，可以理解为滑坡事故风险趋于零。因此，定义“风险是某一事故发生的概率”是不准确的。同时定义“风险是某一事故发生后所造成的损失”，那也仅仅是一个事后的损失评估，不能称为“风险”。

如果将事故发生的可能性与事故发生后可能造成的损失结合起来，两者同时考虑，应该是科学的风险含义。因此，联合国人道事务部公布的定义是全面而科学的。

(2) 相关术语。由于灾害的危险性以及风险性研究一般是从不同学科角度来进行的，这在实际操作时不可避免地会产生一个术语混乱的局面。这种标准性的术语以及相关的术语运用往往缺乏一致性，并且这种情况同样出现在地质灾害危险性和风险性研究中，给实际工作带来了许多的不便之处。本章在参考国内外文献的基础上，针对地质灾害危险性和风险性研究中较为基础和重要的术语概述如下：

1）概率。一个确定程度的量，在0（不可能）和1（确定）之间进行判断。概率是对不确定量的可能估计，或是对将来不确定事件发生的可能性的估计量，它有两种解释：①统计学的频率或是分数，像掷硬币那种重复试验可能出现的结果，它也包含了总体变量的概念，这个数字称作客观存在或者相对频率概率，因为它存在于真实世界中，原则上可以通过试验得出；②主观概率（相信程度），对信念、判断的定量测量，或是通过诚实的、公正的毫无偏见的考虑，获得所有可靠的信息，相信结果发生的可能性。

2）地质灾害易损性。潜在损害现象可能造成的损失程度，即地质灾害危险区内单个或者一系列受险对象易受损失的程度，程度范围在0（没有损失）和1（总损失）之间。

3）地质灾害易发性。地质灾害易发性可以用地质结构体可能发生地质灾害的程度来度量，反映不同灾种的易发程度，可能发生的概率越高，则易发性越大。

4）地质灾害危险性。地质灾害危险性是地质灾害自然属性的体现，危险性是在特定时间和区域内某种潜在灾害发生的可能性。

5）容许风险。风险处于社会容许的范围内，人们可以生活并获取某种利益。但是这些风险不容忽视，需要保持监测，如果可能的话要采取减缓措施。

6）风险识别。对可能发生风险的事件及其发生的原因和方式进行识别。

7）风险评估。风险评估包括风险辨识、风险分析及风险评价的过程。

8）风险评价。用风险管理先后顺序的步骤，将风险与事先制定的标准进行比较，以决定该风险的等级。

9）风险分析。系统地运用有效信息，以判断特定事件发生的可能性及其影响的严重程度。

10）定性风险分析。使用文字叙述形式对潜在结果进行描述，分析这些结果发生的可能性。

11）定量风险分析。对概率、易发性及可行结果进行基于数量上的评价分析，得出风险的量化结果。

12）风险管理。风险管理是将管理策略、管理程序与管理实务等系统地应用于风险相关工作中，其中包含风险评估与风险控制等程序，以风险评估结果作为决策依据，并据此采取降低风险的行动，控制风险所造成的损害。

13）风险控制。通过采取弥补或补强措施来控制风险，其目的主要在：①通过采取适当的处置措施，避免风险的发生；②通过防灾与减灾工程的管理及监控，降低风险发生的概率；③定期开展天然灾害危害性的评估。

14）风险处理。指管理风险的决策过程和执行或强化风险减灾措施并反复评估效果的过程。

15）风险缓解。运用相关技术和管理方法来减小风险发生的可能性，或是降低可能发生结果的严重程度，或者两种方法都使用来减小风险。

6.1.2 风险的表达

根据地质环境事故发生的条件、规律、危害及实践经验，用“风险度”表示风险大小，可采用下列 3 种表达式：

（1）风险度＝事故发生概率×造成的损失。该式的优点在于可以比较不同风险的大小，对于可以用概率计算或预测出的地质环境事故的风险是适用的。

（2）风险度＝事故发生危险度×造成的损失。这里的“危险度或危险性”是一个不含有危害或损失含义的名词，相当于环境事故的“易发性”。由于有些事故在某种情况下是无法计算或预测出其发生概率的，而只能根据专业知识和地质条件对发生的危险性（度）进行评估，因此，这类风险可以用“风险度＝事故发生危险度×造成的损失”来表示，也可用于定性的风险比较。

（3）风险度＝事故发生的可能性与造成的损失的组合。用该式来表示地质环境风险可能是一种比较有效的方法。这里的“事故发生的可能性”可以是计算出的“概率”，也可以是“事故发生的危险度”，包含了上述两种表达的涵义。

根据地质灾害与环境地质事故特点及其造成危害性，本书采用“风险度＝事故发生可能性与造成的危害的组合”来描述电力建设工程地质灾害风险。

6.1.3　风险评价基本原则

地质灾害风险评价是根据主要灾害指标划分级次，同时应充分考虑“以人为本”的思想，结合地质灾害发育现状、发展趋势及影响地质灾害发育和承灾体受灾程度等诸多因素来综合考虑。为了达到以上目的，地质灾害风险评价应遵循以下原则：

（1）分清主次原则。影响地质灾害风险性的因素很多，因为地质灾害的产生及其危害程度是各种自然环境和社会环境综合作用的产物。如自然环境是由各种自然因素组成的，这些环境因素主要包括地层岩性、地貌、降雨、森林植被、河流切割等。人类社会环境是由各种社会因素结合而成，例如人口、经济、各种物资等。各类环境因素有其各自的变化规律，同时又相互影响、相互作用。但其中一些是主要的，在较大程度上决定了地质灾害的特征及危害程度，起主导作用；而有些因素对于地质灾害的形成与危害程度影响不大。在地质灾害风险评价过程中，必须综合分析各种因素，分清主次，抓住主要因素。

（2）相对一致性原则。地质灾害划分的风险区内部要相对保持一致性，特别是区域比例尺风险评价，即在同一类别区段内，地质灾害的发育程度、影响因素应有最大的相似性，而不同类别区段之间则应具有明显的差异性，即不同级别分区有不同的一致性指标。只有这样，地质灾害风险评价才有实际意义。

（3）科学性与实用性原则。科学性主要体现在评价技术方法和模型具有现代相关科学理论依据，适合性较好，易于推广；评价指标、数据资料的准确可靠性及评价级别划分的可操作性。实用性则主要体现在评价技术方法简单易行，评价结构简洁明了，可视化程度高，能为研究区的地质灾害预警、治理和管理决策提供依据。

（4）定性和定量相结合的原则。地质环境分析是地质灾害空间预测的基础。由于自然环境因素的复杂性及区域间差异的模糊性，目前尚无法完全用定量方法来反映，只有采用定性分析与定量方法相结合的方式来反映地质灾害与各种因素之间的关系，才能更好地反映实际情况。

（5）类型评价与综合评价相结合的原则。类型评价显示不同类型单元的风险程度，是风险性区划的基础。在进行地质灾害风险评价时，参考地质灾害危险性评价的区域自然背景和易损性评价的社会经济背景进行综合评价，以反映风险性组合关系和分布规律。

由于地质灾害的特殊性，在区域风险评价中既要系统、全面地掌握当地地质资料，又要掌握实际问题的变化情况，才能抽象出来反映实际情况的概念模型。

6.2 危险性评价技术方法

6.2.1 危险性评价指标体系

6.2.1.1 评价指标选取原则

地质灾害作为一个庞大而复杂的复合非线性系统，其各个子系统的每个因素都在质量上和数量上有序地表现为一个指标（变量），根据电力建设工程地质灾害的发育特点、地质环境条件的内涵以及指标体系的方法学，筛选出具有代表性的指标，并按其各自特征进行组合，就构成了电力建设工程地质灾害易发性指标体系，该指标需满足能够整体反映出地质灾害易发程度的基本状况并应用于实际评价的要求。因此，评价指标必须具备典型性、代表性和系统性，同时必须遵循以下特征及原则。

（1）评价指标应具有以下特征：

1）数量性。任何一种指标都是从数量方面来反映它要说明的对象的。人们构建指标的基本目的，就是要将复杂的现象变为可以度量、计算和比较的数据、数字、符号。

2）综合性。人们设计指标的另一目的，就是要通过它来认识社会，来研究一些复杂的现象，揭示一些现象的规律性。

3）替代性。指标并不是现象的本事，它是某种现象、状态的代表。指标的替代性，从另一方面，也说明了指标只能在有限的范围内说明一定的问题，而不能说明全部问题，因为任何现象总是具有多方面联系的，而指标只能就这些现象的某一侧面或某几个侧面来反映。

4）具体性。指标反映现象、揭示现象的一般规律时，不能是一般化、含糊不清的。而必须是具体的、明确的。指标的本质就在于给事物以明确的表现。

除了上述4个特征外，指标还有时间性、重要性和客观性等特征。指标不是独立存在的，它总是作为完整体系建立起来并发挥作用。体系的一般涵义是：一个由某种有规则的相互作用或相互依赖的关系统一起来的事物总体或集合体；一种由发展或事物相互联系的性质所形成的各部分的自然结合或组织，一个有机的整体。

（2）指标设置应遵循以下原则：

1）科学性原则。具体指标的选取是建立在科学研究的基础上，做到物理意义明确、分级方法标准、量化方法规范，客观和真实地反映电力建设工程地质灾害易发性评价程度。

2）系统性原则。指标体系作为一个有机整体，要求能全面、系统地反映电力建设工程地质灾害各要素的特征以及各要素之间的关系，并能反映出其动态变化和发展的趋势。指标间应相互补充，充分体现电力建设工程地质灾害系统的一体性和协调性。任何地质灾害都不是孤立存在的，地质灾害系统内部和系统与系统之间相互联系、相互影响。要说明这些问题，必须从地质环境、灾害特征和诱发因素等方面综合考虑。因此，指标的选择力求具备典型性、导向性、完备性、广泛的涵盖性和高度的概括性。指标体系的各个指标之间不是简单相加，而是有机联系而组成的一个层次分明的系统整体，但同级指标之间应保持各自的独立性，避免指标之间的重复交叉、相互包含及大同小异等现象。

3）层次性原则。电力建设工程地质灾害是一个复杂而庞大的系统工程，对其进行综合评价的指标体现应具有合理而清晰的层次结构，评价指标应在不同尺度、不同级别上都能反映或辨识电力建设工程地质灾害的属性。

4）独立性原则。为降低信息的重复度，各指标间应保持相互独立。各指标不能被其他指标替代，也不能由其他同级指标换算得来，各指标应尽量避免包含关系。

5）可操作性原则。即所选择的指标概念要完整，内涵要明确，易于被地质工程工作者接受，在实际应用过程中具有可操作性。

6）实用性原则。指标体系中的各项指标应简单明了，含义确切。每项指标都必须是可度量的，所需数据比较容易获取，每项指标也有与之相对应的评价标准，即具有较强的可测性和可比性。同时，要避免指标过多，体系过于庞大。

6.2.1.2 评价指标选取

遵循以上6个原则，通过预选指标，运用鉴别力分析及相关分析等方法，最终根据评价的层次不同确定评价指标，构成了电力建设工程地质灾害危险性评价指标体系。

控制和影响地质灾害孕育发生的因素，概括起来主要有以下几种。

（1）坡度。坡度是地质灾害形成的最主要的地貌因子之一，随着坡度的增大，斜坡岩土体抗剪能力逐渐减弱而下滑力增大。当坡度达到一定角度，超过岩土体坡度休止角时，坡体上的松散固体物质切向分力就可以克服摩擦力而向下运动。滑坡变形后的坡度变化有两种情况：一是滑坡发生后坡度变缓有利于滑坡的稳定；二是滑坡坡度变陡，特别是斜坡下部或滑坡体前缘变陡，不利于滑坡稳定。

（2）工程岩组。作为斜坡的物质组成，岩土体的性质对斜坡的稳定性必然有很大的控制作用。在收集基础地质资料的时候，获得的往往是地质图，即地质意义上的岩性，而不是工程意义上的岩土体类型，所以评价前还要将之转化为符合工程评价需要的工程岩土类型，在这个过程中，除了考虑岩土体的类型、物理力学性质外，还要适当考虑岩土体的结构特征。

（3）坡体结构类型。坡体结构是坡体内岩体或土体的分布和排列顺序、位置、产状及其与临空面之间的关系。它是形成滑坡的地质基础，主要是控制了滑动面（带）的位置和形状。坡体结构与斜坡体稳定性有密切关系，不同的坡体结构类型往往决定着不同斜坡的变形破坏模式。一般来说，横向直交坡最为稳定，斜向坡次之，而顺向坡对坡体的稳定性尤为不利。

（4）相对高差。一般来说，流域相对高差越大，山坡稳定性越差，崩塌、滑坡和泥石流等不良地质现象越发育；高差越大，提供的位势能越大，岩土体的势能越大，相对高差可以反映出发生灾害的危害程度，随着相对高度的增大，潜在滑动面的层数越多，越容易产生滑坡。

（5）构造。构造对斜坡的稳定性也有一定的影响。断层构造带内岩体的完整性和连续性受到一定程度的破坏，进而降低斜坡体的整体稳定性；同时断层构造带也是地下水最丰富和活动的地区，降低了岩体的抗剪强度；活动断层造成地表破裂，岩层结构发生破坏，非活动断层作为地震波的反射界面，可能导致岩体的拉力破坏。

（6）地面变形迹象。地面宏观变形在野外综合地质评判中有很大的控制意义。因为其他因素基本上都只是反映了坡体赋存的地质环境和坡体本身的结构组成等静态信息，只有地面变形情况在一定程度上反映了斜坡变形发展的阶段，这对于从宏观上判断斜坡在不久的将来是否会发生破坏具有很大的参考价值。

（7）已有的地质灾害。在进行地质灾害区域评价时，自然要考虑已经发生的地质灾害。同时，考虑到地质灾害往往具有群发性、灾害链等特点，已经发生了灾害的局部区域及其附近就有复活形成新灾害的可能性，或者可能转而形成其他类型的地质灾害。

（8）河流地质作用。滑坡、崩塌的发育与现代河流地质作用密切相关。河流的下切往往会形成陡壁或悬崖，坡体原来平衡的应力状态遭到破坏，并引起应力释放，导致产生与河岸或与开挖平行的卸荷裂隙，并不断加深、扩大，最后形成崩塌。

（9）降水。暴雨是滑坡产生的重要激发因子，它对滑坡的产生具有直接和间接的作用，并与其他一系列滑坡影响因子相关联，大大促进滑坡的产生。暴雨和连续降雨，可以迅速抬高坡体内地下水水位，一方面增加了斜坡岩土体的重量，另一方面坡体内裂隙或结构面被水饱和后，无论抗拉或是抗剪强度都有很大程度的降低，使坡体上的松散固体物质更容易下滑而形成滑坡。

（10）地质灾害密度。灾害密度指单位面积内所发生的灾害数量。灾害密度是反映灾害次数的一个重要指标，灾害密度大的区域，说明区域孕灾环境复杂、致灾因子活跃，危险性大。

（11）人类工程活动。在人类活动中，不合理切坡和放炮对斜坡体稳定性的影响最大。人工切坡形成高陡的有效临空面，边坡最小主应力值变小，使坡脚压力差增大，从而降低边坡稳定性。在进行工程建设时，如果不顾及地形条件，任意开挖或在边坡上加载，常常会导致边坡失稳而发生滑坡，任意砍伐森林或在陡坡上耕种也经常引起滑坡。

6.2.2 危险性评价模型及方法

常用的危险性评价模型及方法很多，如 Logistic 回归模型、信息量法、综合指数法、层次分析法、模糊综合评判法、灰色系统法及人工神经网络法等，这些方法各有其优点。而 Logistic 回归模型具有许多其他模型不具备的独特优点，如对正态性和方差齐性不作要求、对自变量类型不作要求、系数的可解释性等，正是这些优点，使得 Logistic 回归模型成为数理分析研究中广受欢迎的分析工具。在区域比例尺下的地质灾害易发性评价中，主要采用的是 Logistic 回归模型。

Logistic 回归模型中以 Binary Logistic 回归模型应用较为广泛，该模型因变量只能取两个值 1 和 0（虚拟因变量），Logistic 函数的形式为

$$f(x)=\frac{e^x}{1+e^x} \tag{6.1}$$

计算公式如下：

设因变量 Y 是只取 0 和 1 两个值的定性变量，则简单线性回归模型为

$$y=\beta_0+\beta_1 x+\varepsilon \tag{6.2}$$

因为 Y 只取 0 和 1 两个值，所以因变量 Y 的均值为

$$E(y)=\beta_0+\beta_1 x \tag{6.3}$$

由于 y 是 0-1 型贝努利随机变量，因此有如下概率分布

$$P(y=1)=p \tag{6.4}$$

$$P(y=0)=1-p \tag{6.5}$$

其中，p 代表自变量为 x 时 $y=1$ 的概率。

根据离散型随机变量期望值的定义，可得

$$E(y)=1\times p+0\times(1-p)=p \tag{6.6}$$

进而得到

$$E(y)=p=\beta_0+\beta_1 x \tag{6.7}$$

因此，从以上的分析可以看出，当因变量是 0、1 时，因变量均值 $E(y)=p=\beta_0+\beta_1 x$ 总是代表给定自变量时 $y=1$ 的概率。虽然这是从简单线性回归函数分析而得，但也适合复杂的多元回归函数情况。

因为因变量 Y 本身只取 0 和 1 两个离散值，不适于直接作为回归模型中的因变量，而 $E(y)=p=\beta_0+\beta_1 x_1+\beta_2 x_2+\cdots+\beta_k x_k$ 表示在自变量为 $x_i(i=1, 2, \cdots, k)$ 条件下 $y=1$ 的概率，因此，可以用它来代替 y 本身作为因变量，其 Logistic 回归方程为

$$f(p)=\frac{e^p}{1+e^p}=\frac{e^{(\beta_1+\beta_1 x_1+\beta_2 x_2+\cdots+\beta_k x_k)}}{1+e^{(\beta_0+\beta_1 x_1+\beta_2 x_2+\cdots+\beta_k x_k)}} \tag{6.8}$$

由于回归模型的复杂性，单纯依靠 GIS 软件的空间分析功能无法完成，要借助于专业的统计分析软件 MATLAB 作回归分析。而在专业统计分析软件中无法直接使用图像作为分析变量，解决这一问题的办法之一就是将图像转化为相应的数字矩阵。而实际上，栅格图像本身就是一个庞大的矩阵，每一个像元代表一个数字。借助于 GIS 软件（如 ArcGIS）工具箱中提供的转换功能，可以将图像转化为数字矩阵。同样，当 MATLAB 软件完成逻辑回归分析后，输出的数字矩阵也可以在 GIS 软件中转化为栅格图形，通过这种数字矩阵与栅格图形转换的方法解决了 GIS 软件中数据与专业统计分析软件数据相互联系的问题。

在实际评价过程中，可以根据研究地质灾害发生所需的各个基本图层（等高线层、水系层、遥感图等），在 GIS 软件中利用空间分析和制图功能生成直接与地质灾害有关的各个因子图层（坡度、工程岩组、坡体结构类型、相对高差、构造图），在 ArcGIS 中转为数字矩阵并输入 MATLAB，经过 MATLAB 的逻辑回归分析，再将分析结果产生的矩阵转为栅格图形，最后利用 ArcGIS 的制图功能生成地质灾害易发性评价分区图。

地质灾害危险性评估是在地质灾害易发性评价基础之上，考虑外在易于诱发地质灾害发生的各种因素及各因素间可能的相互组合对地质灾害发生的影响，进一步刻画和预测地质灾害影响的范围以及发生的概率。目前，在国内的研究中，地质灾害危险性分析仅停留在定性或半定量的地质灾害空间概率上，实际就是地质灾害空间敏感性或易发程度分析，

仅仅对地质灾害所发生的区域进行分析研究，而没有解答或探讨地质灾害发生的时间或频率、地质灾害的影响范围和规模等问题，没有达到全面危险性分析的程度。

在中等比例尺以及大比例尺下的地质灾害危险性评估工作中，由于评价范围属于区域性质，因此在这两类比例尺下的地质灾害危险性评估不考虑地质灾害所影响的范围，而只考虑其概率值，包括事件概率、空间概率以及时间概率。

针对地质灾害危险性评价中触发地质灾害因素出现概率的评价，主要以考虑降雨等因素为主。

在实际工作中，即使通过历史记录或者多重时间段的遥感影像解译，一些有关地质灾害发生的时间信息也很难收集，因此，研究中主要采取的是一种简化的方法，其危险性值主要通过下列公式进行计算：

$$H=P_E \cdot P_S \cdot P_T \tag{6.9}$$

式中：H 为危险性值；P_E 为事件概率，定义为地质灾害事件出现的概率；P_S 为空间概率，定义为在一个特定地质灾害易发性程度类别中，地质灾害所发生的频率；P_T 为时间概率，主要考虑触发因素，例如暴雨或地震重复出现的概率。

6.3 易损性评价技术方法

6.3.1 易损性评价指标体系

6.3.1.1 易损性评价指标选取原则

由于地质灾害自身危险性以及受灾体对地质灾害抵抗的能力有着较大的差异，在地质灾害易损性评价的实际工作中，不可能把所有的影响因素都加入地质灾害易损性评价指标体系之中。因此，在选取地质灾害易损性评价指标的时候，必须充分分析地质灾害受灾体特性，进行有针对性的选取。最终建立的地质灾害易损性评价指标体系应该满足以下几点要求：①所选指标简单明了，易于量化，且不过于复杂烦琐；②能较为全面地反映区域特征，可以代表区域易损性的主要内容；③要具备合理性以及可操作性，信息要易于获取，并且要切实反映出受灾体的易损特性。

根据地质灾害风险管理控制层次、精度以及适用范围地质灾害触发因素，针对电力建设工程项目，主要研究大比例尺（1∶50000～1∶5000）易损性评价指标体系的构建，从地质灾害受灾体特性的角度尽可能全面考虑影响受灾体的各种因素，将该指标体系划分为三大类：社会易损性因素、物质易损性因素和资源易损性因素。

（1）社会易损性因素。在社会易损性因素中主要考虑人口和社会结构因素，包括研究区人口密度、人口年龄结构、居民对地质灾害风险的防灾减灾意识以及政府对该区域地质灾害防治工作重视程度等方面。

1）人口密度。地质灾害对人类社会的影响主要体现为造成人员的伤亡及人员的紧急转移，地质灾害对人员伤亡程度以及需要转移的人员数量多少均与受灾地区的人口数量有着密切的关系。一般情况下评价单元人口密度越大，在相同规模灾害发生时所造成的人口伤亡越大，其数据可以由研究区的统计年鉴中获取。

2）人口年龄结构。人口年龄结构也是较为重要的社会易损性影响因素之一，其反映的是研究区内人口的年龄分布特征。根据相关研究，65岁以上的老人和15岁以下的少年儿童，无论是灾害反应能力还是自我抗灾救灾能力都相对较弱，因此，区域内老人和少年儿童占的比例越大，人口受地质灾害影响也越大，人员伤亡可能性也随之增大，易损性值也就越大。

3）居民对地质灾害风险的防灾减灾意识。居民对地质灾害风险的防灾减灾意识对社会易损性同样有着重要的影响。一般情况下，研究区内的居民受教育程度越高，对地质灾害认识越深入，那么他们风险防范的意识也越高，在地质灾害险情加剧或要发生时，他们往往可以采取正确的措施来避免或降低地质灾害产生的危害，因此，受地质灾害影响也越小，人口伤亡越小，人口易损性值也随之变小。在实际评价中，可以用研究区内小学文化程度人口所占比例来表征居民的受教育程度。

4）政府对该区域地质灾害防治工作重视程度。除了研究区内人口社会因素外，政府相关部门对地质灾害防治工作重视程度也是影响因素之一，政府宣传力度越强，居民的防范意识及认识也就越强，地质灾害危险性也随着政府在地质灾害防治工作中人力物力投入的加大而变低，因此，人口易损性也会越低。

（2）物质易损性因素。物质易损性因素主要包括房屋、交通设施、设备和室内财产等人类劳动所创造的有形财产，这些财产主要是采用价值密度来表示，物质易损性主要是分析研究区内房屋、交通设施、设备和室内财产等物质财产特征及分布与易损性的关系。

（3）资源易损性因素。作为自然资源的主要承灾体，土地资源应与人口和物质财富一样进行定量化研究，因此，如果土地资源和地下水资源受到破坏，它们的利用价值会降低甚至完全丧失，并且在恢复过程中还需要额外投入必要的再造成本。在地质灾害易损性评价时，不考虑其对灾害的抵抗能力，只考虑其与地质灾害体相对位置关系对承灾体破坏损失影响。

6.3.1.2　易损性评价指标

大比例尺下地质灾害易损性评价，在数据收集方面可以达到较高的精度，而在评价指标选取中，则可以考虑选取更为综合的评价因子。数据的获取除了可以通过遥感解译以及文献资料收集统计外，还可以通过实地野外调查访问获得，大比例尺（1：50000～1：5000）地质灾害易损性评价指标体系构建见图6.1和表6.1。

表6.1　　大比例尺（1：50000～1：5000）地质灾害易损性评价指标

一级因子	二级因子	三级因子	计算方法	取值	备　注
社会易损性	人口密度		各乡镇人口密度以人口活动区域面积进行计算	0～1	根据现场调查结果
	人口年龄结构		评价单元内老人和儿童人口的比例来表示	0～1	0表示研究区人口全部为成年人；1表示全部为老人与儿童
	受教育程度		重点防治区、次重点防治区、一般防治区	0～1	居民受教育程度系数＝评价单元内文盲和小学人口数量/评价单元内总人口数量

续表

一级因子	二级因子	三级因子	计算方法	取值	备　　注
物质易损性	房屋	房屋结构	分为三类：钢筋混凝土框架结构、砖混结构和简易结构	0.25	钢混框架结构
				0.50	砖混结构
				0.75	简易结构
		房屋层数		0.8	3 层以下
				0.72	3～6 层
				0.51	6 层以上
		房屋价值密度			根据现场调查结果
	交通设施	交通设施等级、结构和价值密度		0.4	水泥路面
				0.5	柏油路面
				0.75	一般碎石路
	室内财产	室内财产价值密度	只考虑其价值分布密度对易损性的影响		根据现场调查结果
资源易损性	土地资源	土地资源价值			主要考虑土地资源易损性，评价时采用资源价值密度进行计算

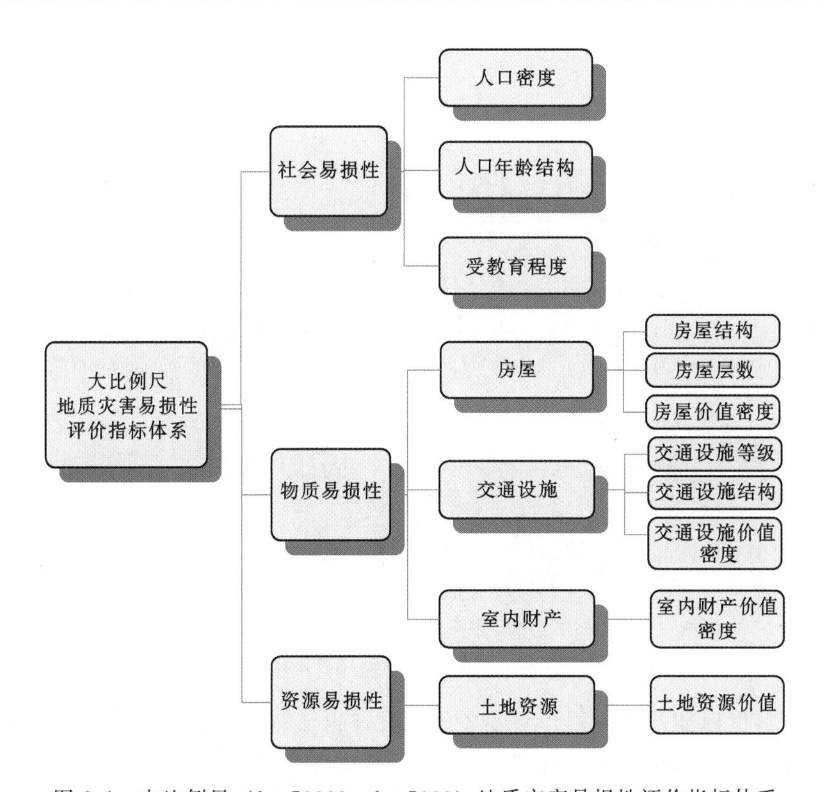

图 6.1　大比例尺（1：50000～1：5000）地质灾害易损性评价指标体系

6.3.2 易损性评价模型及方法

6.3.2.1 地质灾害易损性评价模型

目前，受灾体易损性评价模型主要有模糊综合评判法、灰色聚类综合评价法、物元模型综合评价法、目标函数模型、加权求和模型等，主要根据不同层次以及不同评价尺度（比例尺）进行选取。针对电力建设工程地质灾害受灾体的易损性评价特点，考虑各级评价因素在易损性评价中所起的作用，采用目标函数模型进行评价：

$$Z=\sum_{i=1}^{n}Z_i=\sum_{i=1}^{n}\sum_{j=1}^{n}\sum_{l=1}^{n}K_{i00}\cdot K_{ij0}\cdot K_{ij1}\cdot S_{ijl} \tag{6.10}$$

式中：Z 为易损性评价值；Z_i 为一级评价指标中第 i 因素的总值；i 为一级评价指标的个数；j 为一级评价指标中第 i 因素的二级指标的第 j 子因素，$j=0$，1，2，…，n；l 为二级指标下的三级指标的第 l 子因素，$l=0$，1，2，…，n；K_{i00} 为一级指标第 i 子因素权重；K_{ij0} 为二级指标第 j 子因素权重；K_{ijl} 为三级指标第 l 子因素权重；S_{ijl} 为三级指标第 l 因素的实际贡献权值。

6.3.2.2 易损性评价

在确立了易损性评价模型之后，以 GIS 为平台，利用空间多重标准流程（SMCE）可实现地质灾害易损性评价。空间多重标准评价流程（SMCE）见图 6.2。

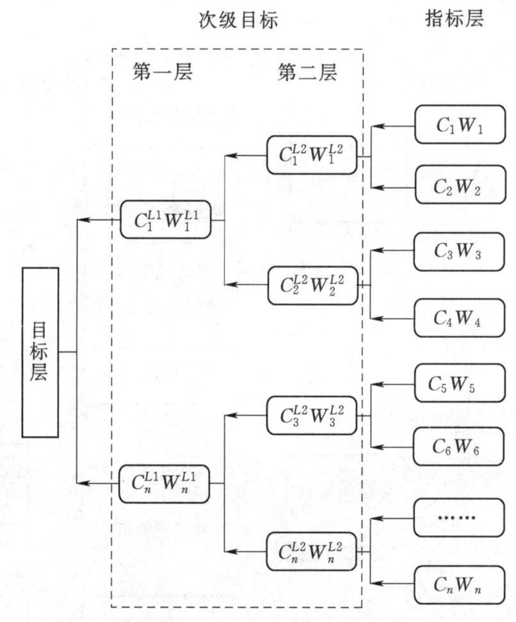

图 6.2 空间多重标准评价流程（SMCE）

C—评价指标值；W—权重；L—评价等级；n—评价指标个数

（1）空间多重标准评价流程。空间多重标准评价流程（SMCE）主要是通过在评价区建立一系列评价因子图层以及评价“标准树”，帮助并引导用户在 GIS 空间平台上进行多重评价因子的评价计算。

（2）标准树。标准树建立步骤是首先根据地质灾害易损性各级评价层次的指标体系，依此确定标准树的主目标、分目标（即组群等）、标准或影响因素。标准树的主目标为地质灾害易损性评价，分目标为次级目标中各层级评价指标体系；标准或影响因素则为指标层中的所有评价指标。

（3）通过数据的标准化处理，按照上述流程进行运算，最终计算得出研究区内的易损性值分布。

6.4　风险评价技术方法

6.4.1　风险评价模型

地质灾害风险是指在一定区域和给定时段内，地质灾害对人类生命财产和经济活动产生损失的可能性或期望值。地质灾害风险综合反映了地质灾害的自然属性和社会属性，由致灾体的危险性、承灾体的易损性和孕灾环境的暴露性组合而成。地质灾害风险从概念上讲，就是地质灾害发生的概率以及地质灾害产生不良后果的可能性。也就是说，地质灾害风险包括发生破坏的可能性及其所产生的后果两方面，因此它是事件发生概率和事件发生后果两个因素的函数，其概念模型可以用风险三角形来表达。如图 6.3 所示，地质灾害风险三角形是与危险性（H）和易损性（V）的 2 条边的边长有关，当三角形的某一边增大或减小时，则风险也相应地增大或减小；当某一边不存在时，则风险为 0。因此，风险值的大小可以用危险性和易损性值两个特征值的“积函数”来定量表达。

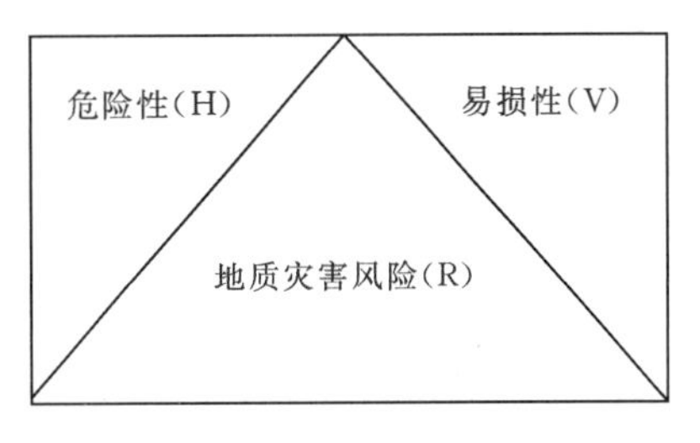

图 6.3　地质灾害风险概念模型

综上可知，地质灾害风险评价是在对评价区的致灾因子、承灾因子和孕灾环境进行充分研究的基础上，对评价区遭遇不同强度地质灾害的可能性及其可能造成的后果进行定量分析和评估，其定量评价模型可以表达如下：

$$R=f(H,V)=H\cdot V \tag{6.11}$$

式中：R 为特定地质灾害造成的人员伤亡、财产损失或经济活动破坏的期望值；H 为一定区域内潜在地质灾害中一定时间内发生的概率（危险性），用 0（无危险）～1（高危险）之间的数值表示；V 为地质灾害以一定的起那个的发生而对受威胁对象所造成的损失程度（易损性），用 0（无损失）～1（完全损失）来表示。

这一定义体现了地质灾害的自然性和社会性：H 越大表明其越危险，同时 R 越大，表明风险越大。从而可对地质灾害按轻重缓急依次处理，对风险大的要先处理。

6.4.2　风险评价方法

地质灾害风险评价方法包括：①定性分析评价；②半定量分析评价；③定量分析评价。

地质灾害的风险分级直接影响着灾害风险评价的结果，也相应地影响决策者所进行的决策，因此其分级标准十分重要。从目前研究情况来看，数值分级是灾害风险的定量评价是常用的一种方法，它可以使复杂问题简单化，使过于微观的问题宏观化，因此在实际的工程应用中常常会用到。在地质灾害的风险评价中，风险度是因变量，因此风险度的数值及其分级是由危险性与易损性的数值与分级共同决定的，一旦危险性与易损性的分级确定下来，风险性的分级也就确定下来。

地质灾害风险定性评价和定量评价哪个更为合适，不仅取决于期望的结果精度和问题的性质两个方面，还应该与所能获得的数据的质和量相适应。一般对于大区域（小、中和大比例尺），所能获得的数据量贫乏，质量也不高，不能满足定量评价的需要，此时定性评价更为合适一些。而对于特定场地（详细比例尺）需要精确评价其风险性时，例如满足传统极限平衡分析需要的斜坡问题，则可以进行详细的定量风险评价。

6.4.3 风险区划的 GIS 实现方法

地理信息系统集地理、计算机、测绘、遥感和信息等学科为一体，采用计算机对地理空间数据进行获取、管理、存储、显示、分析和模型化，以解决与空间位置有关的规划管理问题。地理信息系统一般都具有空间数据和属性数据的输入、编辑、查询、简单空间分析统计、输出、报表等功能。多数 GIS 软件同时支持矢量和栅格两种数据模型，并可方便地相互转化，这就为多源数据的有机整合提供了可能，而且为建立灵活的分析模型提供了方便。GIS 的这一特征使得有可能运用 GIS 方法建立区域地质灾害管理信息系统，通过 GIS 已有的功能来有效管理和处理与地质灾害有关的多源空间数据，并通过二次开发来实现 GIS 基础之上的专业评价预测，进行地质灾害区域评价，从而可以大幅度提高工作效率，降低劳动强度，并提高资料数据的利用率和地质灾害管理的信息化水平。

总体上讲，基于 GIS 的地质灾害风险评价应遵循以下基本步骤：

(1) 建立完善研究区综合地学信息系统。在综合地学信息系统中，对空间和属性数据进行查询、叠加、缓冲区等分析，得出与地质灾害风险评估有关的信息图层。

(2) 风险识别和范围划定。通过基于综合地学信息系统开发的地质灾害危险性区划模型得出的地质灾害危险性区划图和各单因素图以及历史纪录，进行地质灾害风险类型识别、范围划定，从而得出有待进行风险评估的地质实体。

(3) 研究分析地质灾害风险因子。进行地质灾害风险评估前必须分析清楚引起地质灾害可能的风险影响因子，并确定它们在整个可能的风险中所占的比值。这一步主要是通过概率论方法来实现，既可以是主观概率方法（专家打分），也可以是客观概率方法（即应用信息论等概率统计方法）。最终确定出地质灾害风险的前提风险因子、强度风险因子、诱发风险因子、灾害损失敏感因子和系统抗损因子的构成和相对比例，这是整个评价过程中的核心。具体应用中，根据区域资料的详细程度，可考虑采用主观概率方法、客观概率方法，或二者结合使用。

(4) 进行风险评估，得出地质灾害风险图。首先要选择风险评估计算模型，例如统计分析法、层次分析法等；然后结合地质灾害风险评价本身的特殊性，编制栅格模型，以实现风险计算，进行区域地质灾害风险评估，从而利用 GIS 相关功能得出地质灾害风险分布图；之后要确定一个符合实际的、可行的标准，对地质灾害风险进行分级，标定需要采取控制措施的高风险区，并重新审视分析风险产生的风险源，为进一步认识风险提供依据。

6.4.4 风险分级与量化

地质灾害风险是由地质环境事故发生的可能性 P 及其发生后将要造成的损害所组成的概念。假设地质环境事故发生的可能性（兼有概率或危险性的含义）为 $P(x)$，这个事故发生后所造成的损失或危害称为“风险后果” $V(x)$，风险则可表征为

$$R(x)=P(x)V(x) \tag{6.12}$$

式中：x 为一个具体的事件或事故。

通常一个实际环境事故是由若干独立事件组合起来的，则这个环境事故的风险 $R(x)$ 为

$$R(x)=\sum_{i=1}^{n}P(x_i)V(x_i) \tag{6.13}$$

或

$$R(x)=\int_0^{\infty}P(x)V(x)dx \tag{6.14}$$

或 $R(x)=P(x)V(x_i)$ 的组合。

由此，地质环境风险评价的任务就是：求出其 $R(x)$。按照式（6.13）和式（6.14），分别计算出风险事故发生的概率或危险性（度）$P(x)$ 及其可能造成的危害或损失 $V(x)$，再计算风险 $R(x)$，这是现阶段国内外公认的基本方法和思路。

6.4.4.1 地质灾害风险定性分析评价

刘希林在泥石流灾害的风险研究中，以泥石流危险性与易损性等级划分为基础，进而划分风险性的等级，通过理论与实践的相互验证，具有一定的合理性，并在风险评价中广为应用。基于此，本书在参考刘希林风险等级定性划分方法的基础上，以地质灾害的危险性与易损性等级划分为基础，对地质灾害风险进行定性分析评价（表 6.2）。

表 6.2 地质灾害风险定性分析评价

灾害发生的可能性	对人类生命和财产产生的后果			
	易损性高	易损性中等	易损性低	易损性极低
危险性高	风险性高	风险性高	风险性中等	风险性低
危险性中等	风险性高	风险性中等	风险性中等	风险性低
危险性低	风险性中等	风险性中等	风险性低	风险性低
危险性极低	风险性低	风险性低	风险性低	风险性极低

6.4.4.2 地质灾害风险半定量分析评价

定性分析是定量分析的基本前提，没有定性的定量是一种盲目的、毫无价值的定量；定量分析使定性分析更加科学、准确，它可以促使定性分析得出相对可靠的结论。

与定性风险分级很相似，半定量风险分析中定性描述的字换成了数值，目的是扩大量度的等级。这里的数值不是定量分析中所提供的真实的风险值，由于每一个数值与实际的后果和可能性程度并不存在精确的关系，数值仅仅是用来识别量度范围。

定性分析和半定量分析两种方法的主要区别在于：半定量分析方法是通过设定的评价标准，对参与风险评价的各个因子给予权重，并根据计算所得的风险相对评分；定性分析方法仅仅是对风险进行定性分级。根据相关文献，针对地质灾害风险半定量评估的方法适用于以下几种情况：

（1）危险和风险初始识别阶段。

（2）当所应对的风险级别（预先估计）不需要耗费太多时间和精力时。

（3）当所获得数值数据的可能性是有限时。

利用半定量的风险分析方法，通过综合危险性的分类以及风险结果的分类，根据危险性以及风险结果的相关矩阵获得风险值并对其排序。

从单独的一个斜坡到覆盖整个更大的区域（基于空间分析或GIS平台）都可以应用半定量风险分析方法，其适用的范围较广。

6.4.4.3　地质灾害风险定量分析评价

风险定量分析评价在资料十分完备时采用，是分析损害的具体数量和发生的可能性，分析结果给出每种风险发生的概率值和发生后的严重程度。

地质灾害风险定量分析评价通常被用于特定的地质灾害或者非常小的研究区域，适用对象的面积较小，在文献当中也仅能找到数量较少的应用于区域评价的风险定量分析评价方法。在风险定量分析评价方法当中，所有的风险计算公式也同样用的是危险与风险结果相乘的表达式，但存在一些区别，这些区别主要体现在危险性的计算或者易损性以及风险结果的计算之中。可以从这些方法中得到的共同点就是把地质灾害的概率作为危险性，把风险结果作为易损性。

6.4.4.4　小结

（1）在区域比例尺（小、中、大比例尺）的地质灾害风险分析中，主要采用的是半定量分析方法，在地质灾害易发性评价基础上，考虑诱发地质灾害因素的时间概率，开展地质灾害可能性或概率的分析评价。最终风险值同样可以分类以及进行排序分级；

（2）在详细比例尺（小于1∶5000）的地质灾害风险分析中，主要采用的是定量分析方法，主要采用地质灾害危险性值（地质灾害发生的概率）与地质灾害易损性值（人口易损性值、物质易损性值）相乘的方法对地质灾害风险性值（人口风险性值、物质易损性值）进行定量计算，死亡人数的计算主要是通过受威胁人口数与人口风险值相乘的方法，物质损失的计算方法与之同理，通过受威胁的财产数与物质风险值相乘的方法。

第7章 电力建设工程地质灾害危险源风险管理与控制

地质灾害危险源控制就是利用工程技术和管理手段消除、控制危险源，防止危险源导致地质灾害、造成人员伤害和财物损失的工作。电力建设工程遍布全国，许多电力建设工程都面临着地质灾害的严重威胁。电力建设工程是生命线工程，一旦发生地质灾害将给国民经济带来严重损失。因此，开展电力建设工程地质灾害危险源风险管理与控制工作、加强电力建设工程抗御灾害的能力显得非常重要。

电力建设工程地质灾害的危害具体表现在对人身财产安全、工程进度、工程投资和效益、工程质量和安全及生态环境的影响等方面。不管是建设期，还是运行期，地质灾害一旦发生，其对电力建设工程的危害都是比较严重的。目前，我国正处在电力开发建设的高峰期，正确认识电力建设工程地质灾害的成灾特点及对工程的危害，认真做好地质灾害的风险管理与控制工作，是防灾、减灾及治灾的关键。

目前，电力建设工程地质灾害防治工作越来越受到建设各方的高度关注，但仍存在防治工作的精度、广度和深度不够以及隐患认识不清、判断不准等问题，特别是部分企业和施工单位仍然对防灾工作重视不够，存在工棚选址不当、防灾措施不到位、临灾避让意识不强、存有侥幸心理和麻痹思想等问题，导致在建工程地质灾害时有发生。虽然水电工程领域的风险管理工作始终重视危险源管理，采取了安全隐患排查方法，同时加强应急预案的建立和演练，但目前风险管理工作仍然较为传统、分散，缺乏系统性、完整性与规范性。我国当前地质灾害防治工作中存在“重视风险分析，不重视风险管理”“重视工程治理，不重视预警避险”“重视专业防治，不重视群策群防”问题，建议通过强化制度建设，修订完善政策法规，创建电力建设场地风险管理典型试点工程等方式把地质灾害防治工作落实到操作层面。电力企业应高度重视地质灾害危险源风险管理工作，加强制度建设，加强横向交流，推动行业经验共享。

7.1 总体控制要求

7.1.1 控制目标

地质灾害危险源的控制工作，要体现“以人为本、预防为主、避让与治理相结合和全面规划、突出重点”的原则，根据电力建设工程特点及地质灾害成灾特点，采取综合控制措施，从源头上控制地质灾害的发生和最大限度地避免地质灾害造成的损失。实践证明，只要项目建设的各个环节充分重视地质灾害危险源的辨识工作，并采取有效的管控措施，许多地质灾害可以避免。

为贯彻落实《国务院关于加强地质灾害防治工作的决定》（国发〔2011〕20号），指导电力行业各单位进一步加强地质灾害防范工作，避免或最大限度地减少地质灾害造成的人身伤亡和经济损失，保证电力安全生产持续稳定，国家电力监管委员会2013年1月18日下发了《关于加强电力行业地质灾害防范工作的指导意见》（电监安全〔2013〕6号），通知指出：我国是地质灾害多发国家，近年来，崩塌、滑坡、泥石流、塌陷等地质灾害多次引发电力事故，特别是对电力建设工程安全生产构成严重威胁，做好防范工作不仅关系到电力安全可靠供应，更关系到企业员工的生命安全。通知要求各建设单位应当充分认识地质灾害防范工作的重要性和紧迫性，坚决贯彻执行国家有关地质灾害防治工作的各项政策要求，结合电力安全生产实际，加强电力设施和电力建设工程的防范工作，采取切实有效的措施，防范因地质灾害引发的电力事故。同时，指导意见提出了防范工作的指导思想、基本原则和总体目标。

（1）指导思想。以科学发展观为指导，坚持以人为本的理念，加强组织领导，强化监督管理，落实防范责任，完善规章制度，深入开展地质灾害隐患排查和应急管理工作，提高防灾避险能力，预防和遏制重特大电力事故发生。

（2）基本原则。坚持属地管理、分工负责，形成地方政府综合指导、电力监管机构行业指导、企业分工负责、社会共同参与的工作格局；坚持预防为主，防治结合，科学运用监测预警、工程治理和搬迁避让等多种手段，有效规避灾害风险；坚持专群结合、群测群防，紧紧依靠企业员工和当地群众全面做好防范工作；坚持“谁引发，谁治理”，对电力建设工程引发的地质灾害隐患明确责任单位，切实落实防范和治理措施。

（3）总体目标。全面建设形成电力行业防范工作体系和地质灾害监测预警、隐患排查、应急联动工作机制，按照国家地质灾害防治工作主管部门及地方政府的要求，完成地质灾害高易发区重要电力设施及周边地质灾害隐患的排查工作，基本完成地质灾害高易发区重要电力设施及周边地质灾害隐患点的工程治理或搬迁避让，使地质灾害造成的电力事故明显减少。

7.1.2　控制原则

7.1.2.1　全面控制

加强电力建设工程地质灾害危险源风险的管理与控制工作，必须坚持“以人为本、科学防治、依法防治、防治结合、以防为主”的方针，按照总体规划、分步实施、突出重点、落实责任的原则，做好电力建设工程全过程的地质灾害控制。

（1）建设单位对建设工程地质灾害防治工作负全面管理责任，统一指导和组织协调防治工作，依据地质灾害危险性评估报告和工程设计文件，制定地质灾害防治工作方案，明确地质灾害危险点分布范围、参建方防治责任和防治措施等；组织建立由设计、监理及施工单位组成的地质灾害防治组织指挥体系；建立与地方政府有关部门的联动机制。

（2）设计单位应依据相关标准进行设计，并满足防灾、减灾、治灾的要求；进行地质灾害防治工作设计交底；收集和掌握水文气象资料，编制工程年度防洪度汛设计专题报告和地质灾害防治专题报告。

(3) 监理单位编制的监理实施细则应包含地质灾害防治工作内容，审查施工单位地质灾害防治方案，审查防洪度汛方案，严格监理施工单位全面履行地质灾害防治的各项措施，组织开展地质灾害防治的监督、检查工作。

(4) 施工单位应当依据建设单位制定的地质灾害防治工作方案，细化本单位防治工作组织措施；在对施工现场及周边地区地质灾害进行风险辨识、评价的基础上，优化施工组织设计，有针对性地完善施工安全技术措施；严格按照设计方案和施工组织设计完成地质灾害防治工程。

(5) 监测单位应按照合同开展治理工程及地质灾害体的日常监测，并将监测成果按时报送相关单位；监测发现异常情况，立即向相关单位报告。

(6) 各单位应建立地质灾害防治工作组织体系，将防治工作纳入单位安全生产日常管理工作中，完善防治工作管理制度，明确监测预警、隐患排查、信息报送、应急救援、教育培训、资金保障等方面的内容，结合实际制定地质灾害技术防治措施。

(7) 保证地质灾害防治资金的投入，并有效使用。

(8) 建立地质灾害隐患排查制度。通过经常性检查、汛前检查、汛期检查、雨后检查等有效手段，全面排查地质灾害隐患，同时做好防滑桩、护坡、挡渣墙、防护网（栏）、截排水系统等地质灾害防护设施和监测网点的隐患排查，确保正常发挥作用。

(9) 建立地质灾害隐患治理制度。对地质灾害隐患，应严格按照设计治理方案进行治理。对短期内难以治理的地质灾害隐患，应采取加强监测预警、制定专项应急预案或者搬迁避让等措施。

(10) 建立健全地质灾害预报预警机制。加强与地方政府国土、气象、水利等部门的联系沟通，明确地质灾害预报预警工作程序，落实责任单位和人员，确保预报预警渠道畅通，及时接收、传递地方政府有关部门发布的预报预警信息，按照要求上传有关监测信息，做好预警预报发布信息记录。

(11) 做好超前地质预测及巡视检查、监测工作，建立预报预警系统，完善地质灾害预警预报信息传递手段，确保地质灾害预警信息和应急信息传播渠道畅通。

(12) 强化重点防范期、防范区灾害监测预警。各单位应当在充分分析本地区诱发地质灾害气象条件的基础上，重点强化汛期、强降雨、强降雪期间以及其他恶劣天气发生期间的监测预警工作，增大监测频次，及时发现新的地质灾害隐患点，划定危险区域，设置警示标志；安排专人值守，加强巡视检查，重点加强生产区、施工区、生活办公营地及周边的监测预警，观测降雨强度和雨量，监测地面土体开裂、坡体蠕动、山洪暴涨、响声异常等灾害前兆，及时发现和排除险情。

(13) 对位于地质灾害危险性大—中等区中潜在危害大、风险高的地质灾害点，应及时采取工程治理措施消除隐患；对于分布范围广、危害程度大的灾害，在其治理投入高、技术难度大、可靠性不确定时，宜优先考虑避让或搬迁。

(14) 开展地质灾害防治宣传教育，做好地质灾害防治的群策群防工作。通过宣传教育，帮助从业人员识别地质灾害类型，掌握地质灾害分布区域和预警信号，提高防灾救灾意识和自救、互救能力。

7.1.2.2 分期控制

电力建设工程历经规划、勘测、设计、施工建设和运营管理等阶段，地质灾害问题涉及工程规划设计及建设的全过程，因此，地质灾害危险源的控制应是电力建设工程全生命周期（全过程）的控制。由于不同建设时期地质灾害类型及成灾特点不同，地质灾害危险源控制重点也有所不同。

（1）前期控制。前期是人类认识自然、利用自然的开端，主要表现为在一定范围内开展的勘测设计和科研工作，对地质环境影响较小，主要受自然地质灾害（包括滑坡、崩塌、泥石流等）的危害，少量受人为因素（如勘测基地建设、平洞开挖等）的影响。然而，前期的勘察设计工作是电力工程建设的重要基础性工作，如前期查明工程地质条件及主要工程地质问题，选定最佳的工程场址，确定合适的建筑物类型、枢纽布置和科学的施工方法。因此，前期应以设计控制为主，严格按照有关规程规范要求，做好电力建设工程勘察设计工作。

（2）施工期控制。电力建设工程施工期是人类工程活动对自然条件改变最大的时期，也是电力建设工程地质灾害集中发育期，特别是建设初期，是工程地质灾害高发期，其中尤以临建工程地质灾害发生频率最高，同时还受到自然地质灾害的影响，地质灾害对人身财产安全、建设工期和工程投资直接或间接产生影响。因此，施工期管理控制（特别是施工组织、建设管理、质量监督及安全监测）及工程控制［包括主体（枢纽）工程、临建工程、移民工程及输电线路工程］同等重要，仍需加强。

（3）运行期控制。电力建设工程运行期是工程与自然的磨合期，尤其是运行初期，是水库工程与地基工程地质灾害高发期，地质灾害直接威胁工程安全（如地基岩土体大变形、水库诱发地震及滑坡涌浪等）。众多水电工程建成后存在的工程地质问题主要是水库库岸稳定问题。

7.1.2.3 长效控制

电力建设企业应认真贯彻《地质灾害防治条例》（国务院令第394号）及《国务院关于加强地质灾害防治工作的决定》（国发〔2011〕20号）精神，切实落实自然资源部对地质灾害防治工作的要求，以建立地质灾害防治工作长效管理机制为目标，以保护广大员工生命财产安全为根本，以建立健全地质灾害调查评估体系、监测预警体系、防治体系、应急体系为核心，强化建设项目地质灾害的防范意识和能力，持续深入开展地质灾害防治各项管理工作，全面提高电力企业地质灾害防治能力。在选择控制途径时，需要遵循以下原则和方法：

（1）首先考察地质灾害风险是否是可以接受的，如果风险是可以接受的，则不采取进一步的控制措施，但是需要与风险受众进行必要的风险沟通，明示风险的存在，从而将现实存在的风险转化为项目自愿承担的风险。

（2）如果通过分析考察，确认风险是不可接受的，则需要采取进一步措施来降低风险。降低风险大体可以从降低危险性、降低易损性和减少风险元素（风险元素的集合构成风险的受众）3个方面入手，通过一种或多种途径来实现。

（3）在采取降低风险的措施之后，还需要对控制措施的效果进行评估，这一过程即风险反馈。重新回到决策流程的起点，考察经过处理之后的地质灾害风险是否已经降低到了可接受的水平，如果仍然是不可接受的，则可能需要追加其他措施。

(4) 当未来评价对象的内外在条件发生改变时，也需要按照这一程序重新对其进行风险控制决策。在风险控制决策的过程中具体选择什么样的措施则有赖于成本-效益分析，成本和效益既包括有形的物质价值，也包括无形的价值。

7.1.3 控制途径

(1) 规划控制。规划控制是一种事前预防方法，常常经济而有效。地质灾害危险源风险控制应与电力工程规划相结合，在存在现实地质灾害风险或潜在风险的区域限制或调控新的建设项目，并依据风险的大小和性质的不同，采取不同的规划控制措施。如某区域存在地质灾害的风险极高，不适合从事任何人类活动，则禁止任何项目建设，并有可能需要考虑搬迁现有的居民和财产。如果存在一定风险，但是可以通过一定的措施较容易地控制，则可根据风险的性质，对在此区域进行工程建设和其他活动需要遵循的一些特殊原则提出建议并监控执行。

(2) 工程措施。对于降低地质灾害风险而言，工程措施是一种最直接的方法，但通常也是最昂贵的方法，因此必须在严格进行成本-效益分析的基础上，经过充分论证之后方可付诸实施。依据工程措施控制的因素，可以将工程措施分为两类：一类是降低地质灾害发生的概率；另一类是防止地质灾害发生时造成危害。前者包括如处理滑坡的排水、抗滑桩、挡墙等提高斜坡抗滑力、降低斜坡下滑力的方法；后者主要是一些防护性工程措施，例如针对泥石流灾害的拦挡坝、针对崩塌灾害常采用的棚洞以及拦石网等。

有时候对突然出现的地质灾害险情常采用一些应急工程治理措施，这些措施对于迅速排除险情常常是非常有效的，而且在成本效益的取舍上一般是得当的。但是从风险控制的角度来看，有一点值得注意，应急工程由于事发突然、治理时间紧迫，在暂解险情之后，首先需要对其长期有效性进行重新论证，还需要彻底评估应急工程的实施是否已经将整个地质灾害风险降低到了可接受的水平，否则，如果不久之后险情再次出现，又得进行应急抢险。

(3) 规避。如果地质灾害风险过高，远远超出了可接受水平，并且无法通过其他控制措施来降低风险，或者采取其他控制措施的效益远远低于成本，则只能采取规避措施，将风险范围内的建设项目调整到其他地区。

(4) 监测预警。崩塌、滑坡等地质现象本身存在诸多不确定性和复杂性，在当前技术水平下常常无法清楚认识其本质，对其未来的变形破坏特征所作的判断只能随着信息的逐步输入而日臻完备，所以有相当数量的斜坡区域，虽然可以明确意识到存在着滑坡地质灾害潜在风险，但是对于风险的大小和性质尚不确知，此时常常只能采取监测预警这一措施，以求不断跟踪反馈斜坡演化所处的状态，针对出现的新变化及时采取相应的措施。

(5) 接受。地质灾害风险对于任何一个区域而言都是客观存在的。只有当这种风险在人们认为不可接受的情况下才动用人力物力对其进行控制；反之，当人们因为经济或其他限制原因不能控制或降低风险时，人们将会忍受不超过可接受水平的风险。

(6) 防灾减灾教育。教育是防灾减灾体系中极为重要的一环。通过宣传教育提高全体员工的防灾减灾意识，传授紧急情况发生时的逃生本领，对于最大限度地降低灾害造成的损失，特别是减少人员伤亡具有重要的意义。

7.1.4 控制阶段

（1）地质灾害日常防御阶段。防御主要是指灾害发生之前，灾害管理者从长期而宏观的角度对地质灾害所采取的事前预防策略，该阶段侧重于灾害性质的分析及认定承受地质灾害风险的承灾体或地质灾害影响的区域，拟订降低地质灾害风险的计划并据以建立灾害预警系统。因此，在该阶段中工作内容主要包括以下几个方面：

1）地质灾害防灾预案编制。

2）减灾防灾教育及训练。

3）疏散避险线路及演练。

4）地质灾害遥感调查。

5）地质灾害勘查。

6）群测群防监测系统。

7）建立减灾功能系统。

8）建设场区的合理规划与管理。

（2）地质灾害灾前准备阶段。在地质灾害灾前准备阶段，灾害管理者基于灾害的迫切性建立响应紧急灾害的任务小组、拟订行动计划与采用的措施，其工作重点包括制订灾害应急响应计划，以及进行灾害准备训练、关键性救灾物资的储备、应急处置单位及组织间的协调与沟通等，使灾害应急行动达到协同一致的目的。因此，在该阶段中工作内容主要包括以下几方面：

1）地质灾害预报预警。

2）抢险救援人员的组织和准备。

3）救助资金的准备。

4）救助装备、物资的准备。

（3）地质灾害应急响应阶段。灾害应急响应主要是针对发生的紧急灾害迅速作出响应，并立即启动作业程序与方法，其主要任务与职责是整合救灾资源与人力、提供紧急救难的设备和场所，尽快地降低灾害的危害，并减少地质灾害的二次伤害。因此，该阶段工作主要包括以下方面内容：

1）灾情调查与紧急处理。

2）救灾派遣人员及受灾人员疏散。

3）启动受灾人员临时安置系统。

4）避险场所的运作。

5）灾害管理与控制系统。

6）灾情通报系统。

（4）地质灾害灾后重建阶段。恢复重建是地质灾害风险管理与控制体系中一个相当重要的环节。该阶段的主要任务是在地质灾害发生后，通过合理有效地重建与修复工作，恢复灾区的平常状态。因此灾后恢复重建时的工作内容，应包括灾区恢复重建主管机关灾情勘查与紧急处理、灾后环境复原、基础与公共设施复建等。

在地质灾害灾后重建阶段中，虽然地质灾害已经得到初步控制，但其初期仍处于不稳定状态，由于外界因素（降雨、地震）的影响，往往会再次失稳产生滑坡、崩塌或泥石流，所以应该在地质灾害发生后尽快进行二次灾害的防治工作。除了规划完善的防救灾工作外，还应该防范灾后可能发生的二次灾害，重点加强边坡、斜坡及沟谷的勘察治理工作，主要包括地质灾害详细调查及应急勘查、地质环境适宜性评价、地质灾害危险性评估、地质灾害监测、地质灾害避让搬迁工程、地质灾害工程治理措施等。

7.2 综合管理控制

电力建设工程是一项系统工程，与参建各方（业主、设计、监理、施工、建设行政主管部门及各级地方政府等）密切相关，地质灾害问题涉及工程规划设计、建设施工及运行管理全过程，与移民安置、生态环境保护及工程安全等重大问题均有关系。由于目前还不可能完全通过工程措施解决所有的地质灾害问题，进行有效的预防显得尤为重要。因此，对于已建或正在实施的电力建设工程，加强地质灾害防治的勘查、设计、监理和施工工作非常必要。

管理是危险源控制的重要手段。管理的基本功能是计划、组织、指挥、协调、控制。通过一系列有计划、有组织的系统安全管理活动，控制系统中人的因素、物的因素和环境因素，有效地控制地质灾害危险源。

电力企业、电力建设单位以及电力建设工程勘察、设计、施工、监理等各参建方应当加强防范工作组织领导，建立组织机构，明确工作职责，形成分工明确、职责清晰的防范工作组织体系。各单位应当将防范工作内容纳入安全生产日常管理工作之中，完善防范工作管理制度，明确监测预警、隐患排查、信息报送、应急救援、教育培训、资金保障等方面内容，结合实际制定崩塌、滑坡、泥石流、塌陷等地质灾害危险源的技术防范措施。

各单位应在国家地质灾害防治工作主管部门及地方政府的综合指导下，科学有序地开展防范工作。要落实地质灾害防范工作责任：电网企业负责输变电设施及周边的防范工作；发电企业负责电源点生产区域及周边的防范工作；电力建设单位对电力建设工程防范工作负全面管理责任，统一指导和组织协调电力建设工程的防范工作，负责建立与地方政府有关部门的联动机制；施工单位负责所承揽工程施工区域及周边的防范工作，勘察、设计、监理等单位负责职责范围内的防范工作；电力监管机构应当对电力企业和电力建设工程的防范工作进行指导和监督，督促相关单位落实防范工作责任和防范工作措施。

目前，随着电力生产规模的不断扩大，特别是电力企业进入以前未涉及的经营领域，导致安全质量管理面临着许多新的问题；同时由于市场竞争的加剧，许多电力建设工程面临的自然环境比以前更恶劣，地质灾害风险成倍增加。

以下结合电力建设工程特点，从 6 个方面提出电力建设工程地质灾害危险源管理控制措施。

7.2.1 建设管理控制

电力建设工程涉及公共安全和利益，必须高度重视工程建设质量，切实加强工程建设管理。由于电力建设工程地质灾害主要是人为因素引起，且主要发生在建设期，根据《地质灾害防治条例》第三十五条规定，因工程建设等人为活动引发的地质灾害，由责任单位承担治理责任。工程建设引发的地质灾害不管是否对工程建设造成危害，建设单位对地质灾害的预防均应负起管理责任，在流域水电项目开发、建设过程中严格遵守国家规定的基本建设程序，委托具有相应资质的单位从事设计、施工和监理等工作，并做好以下几方面的工作，确保工程建设质量及施工安全，减少或避免地质灾害的发生。

（1）认真履行管理职责。贯彻地质灾害防治法律、法规、条例、规章和标准；督促、检查、指导电力建设工程各参建单位落实地质灾害防治责任，健全地质灾害防治工作责任体系；组织协调地质灾害防治工作；组织开展地质灾害防治的排查、评估、监测、预警、培训及应急响应工作；负责预警联动机制的建设及信息报送工作；组织开展地质灾害防治宣传教育，普及地质灾害防治的基本知识，增强企业和员工防灾、抗灾、救灾、避险意识和自救、互救能力。

（2）严格安全生产制度。坚持“安全第一、预防为主、综合治理”的方针；规范市场行为，严格执行“先勘察、后设计、再施工”的基本建设程序；确保合理的勘察设计周期，科学确定并严格执行合理的工程建设周期，杜绝“三边工程”建设。认真贯彻落实国家关于建设项目安全“三同时”工作的法律法规，切实保证安全设施与主体工程同时设计、同时施工、同时投入生产和使用，严格按照国家有关规定实行工程建设招标投标制、工程监理制、业主负责制和设计责任终身制。

（3）定期开展地质灾害隐患排查。建设单位应当结合地方政府发布的地质灾害防治规划和生产实际，定期组织专业人员开展电力设施和电力建设工程及周边的地质灾害风险辨识，全面排查崩塌、滑坡、泥石流、塌陷等地质灾害隐患，同时做好防滑桩、护坡、挡渣墙、截排水系统等防护设施的安全隐患排查，确保其正常发挥作用。对地质灾害高易发区内的重要电力设施，原则上应当每三年聘请地质灾害防治专家开展一次全面的隐患排查。发现重大地质灾害隐患或地质灾害监测数据发生突变，以及附近地区发生地震等重大自然灾害后，相关单位应当聘请专业评估机构，对电力设施或电力建设工程进行全面的地质灾害风险分析，并提出风险分析评估报告，明确防范治理方案。

（4）重视地质灾害危险性评估。严格执行地质灾害危险性评估制度，电力工程建设、有可能导致地质灾害发生的工程项目建设和在地质灾害易发区内进行的工程建设，在申请建设用地之前必须进行地质灾害危险性评估。电力建设单位应当按照《地质灾害防治条例》和国家建设工程核准有关规定，在电力建设工程可行性研究阶段，聘请具备相应资质的评估机构或单位，依据国家及地方政府发布的地质灾害防治规划开展地质灾害危险性评估，形成地质灾害危险性评估报告。应认真执行评估结论意见及专家审查意见，对可能产生的地质灾害实施有效的防治措施。坚持工程建设与环境工程同步规划、同步实施，明确地质灾害易发区、危险区和重点防治区，对地质灾害危险性大区实施监控，有效预防和减少地质灾害事故的发生。

（5）加强地质灾害重大危险源管理。电力建设工程（特别是水电工程）建设施工工期长，水文、地质条件及建筑结构复杂，施工点多面广且具有多样性，事故多发，安全管理工作难度大，存在地质灾害或洪水灾害等易导致人员死亡及伤害、财产损失的危险环境。建设单位应在工程施工以及工程建设项目管理区域对工程施工安全有影响的地质灾害重大危险源组织进行辨识与评价，联合参建各方对地质灾害重大危险源进行安全控制。工程建设单位在编制工程概算时，应当将地质灾害重大危险源防治费用编入工程概算，并在施工合同中约定资金拨付和使用要求，保证资金有效投入。电力建设工程应建立建设、设计、施工、监理单位等安全责任主体的地质灾害重大危险源监控与应急管理机制，同时应建立工程建设项目防治地质灾害重大危险源的应急救援体系（包括救援指挥、信息响应、抢险队伍及物资、设备储备等）。

（6）重视防洪度汛检查。电力建设工程抗洪能力相对较弱，安全度汛是防汛工作的重点和难点。汛前应加强对前期项目工地和在建项目工程建设区的地质灾害隐患点的排查工作，对可能发生洪水、泥石流、山体滑坡等地质灾害的项目工地进行仔细梳理，重点排查边坡、基坑支护、堆料场和弃渣场、现场临时驻地、施工导流设施等情况，明确重点防范区域和环节，完善地质灾害防范措施，防止次生灾害的发生。同时将隐患点的监测和地质灾害易发区的巡查任务落实到具体责任人，建立和完善群测群防体系，确保人民生命财产与建设工程的安全。已建电站运行单位也应加强地质灾害隐患点的排查治理工作，密切关注水电站枢纽区地质条件和水文情况变化，严格监测库内不稳定边坡的发展演变，完善防洪度汛方案，确保安全运行。

汛期是地质灾害高发期，据统计，70%～90%的崩塌、滑坡、泥石流发生在汛期。不少大、中型水电工程施工期都曾经发生山洪引发的泥石流及滑坡造成重大人员伤亡的事故，以及发生围堰溃决、河岸冲刷导致设备损失和工期拖延的事故。因此，必须采取超前防汛措施，例如：对高陡边坡做好疏排水及监测等措施；对局部可能失稳的滑坡体进行综合处理；将施工弃土与弃渣堆放到指定地点，并采取修建拦渣挡墙，加强场内排水及监测等方法，防止弃渣引发泥石流、滑坡等灾害。

（7）制订防灾应急预案。《中华人民共和国安全生产法》第三十七条规定：生产经营单位对重大危险源应当登记建档，进行定期检测、评估、监控，并制订应急预案，告知从业人员在紧急情况下应当采取的应急措施。地质灾害防灾预案的内容包括：地质灾害监测、预防重点；主要地质灾害危险源的威胁对象、范围；主要地质灾害危险源的监测、预防责任人；主要地质灾害危险源的预警信号、人员和财产转移路线。电力工程建设单位应对超标洪水、地震、水淹厂房（泵房）、水电厂垮坝、山体滑坡、泥石流、防洪度汛等自然灾害事件制订应急预案，特别是对地质灾害重大危险源的预防应制订应急预案措施。实施过程中应从系统脆弱性与能力角度再认识工程风险，利用应急预案推动应急管理工作，加强过程控制，改善应急预案质量。工程建设单位是工程建设项目应急救援总协调单位，应按应急救援预案的要求提供资金和物资保障。

各参建单位应当将地质灾害防范工作应急管理纳入本单位应急体系，建立快速反应、处置有效的地质灾害应急响应机制。对国内工程遵循“抢救人员生命优先、防止事故蔓延为主；统一指挥、分级负责、单位自救与社会救援相结合”的应急处置基本原则；对国际工程则遵循“以人为本，减少危害；居安思危，预防为主；统一领导，分级负责；整合资源，协同应对”的应急处置原则。按事故的严重程度和影响范围，对应相应事故等级，采取应急响应行动。重大电力建设工程和高易发区内的电力建设工程，应当成立由电力建设单位牵头、各参建方参加的地质灾害应急工作小组，统一指导、部署应急救援和抢修恢复等工作，及时传递应急响应信息。各单位应当按照国家地质灾害信息报告的有关规定，及时向地方政府和电力监管机构报送险情和灾情信息。

7.2.2 勘察设计控制

强化勘察设计工作是防范地质灾害的要求。电力建设工程勘察设计阶段，勘察设计单位应当依据地质灾害危险性评估报告和设计规范，科学论证项目选址，尽量避开地质灾害易发区。对确实需要在地质灾害易发区内建设的工程，应当在充分论证的基础上，采取差异化设计，适当提高工程设防标准。勘察设计单位应当在现场详细勘察基础上，优化厂区（站址）生产、生活区平面布置，合理规划现场作业区、工程弃渣区等选址方案，提出电力建设工程地质灾害防治方案和措施。

实践证明，勘察设计的质量和水平对保证工程质量、保障国家财产和人身安全、促进技术进步、提高工程效益起决定性作用。电力工程地质灾害大部分是人为因素造成，其中最直接的原因就是勘测不到位、设计不合理。因此，严格按照有关规程规范要求，做好电力工程（包括主体工程及移民工程）勘察设计工作是减轻或避免地质灾害最有效的措施，具体要求包括以下几个方面：

（1）重视地质勘察。工程地质勘察工作是电力工程规划、设计、施工等极为重要的前期基础工作之一。如果前期不对工程地质条件进行全面、深入的研究，查明主要工程地质问题，就无法选定最佳的工程场址，更无法确定适合地形地质特点的建筑物类型、枢纽布置和科学的施工方法，地质灾害就在所难免。

加强施工地质工作，对地质灾害进行超前预测预报，是电力工程施工中不可缺少的环节，对于指导施工，确保岩土体稳定是必不可少的，尤其是地下工程。大量的工程实践证明，对岩土体稳定性加强超前预测预报，对有安全隐患或已变形开裂甚至局部失稳破坏的岩土体进行及时有效处理，是有效防治地质灾害发生或发展、减小危害程度、降低工程建设风险的重要手段。

（2）因地制宜地进行设计。设计是工程建设的灵魂，脱离实际地质环境的不良设计，会诱发和加重地质灾害，并留下安全隐患。因此做好前期地质勘察，特别是有针对性的地质灾害勘察，科学合理、因地制宜地进行电力工程设计，是预防地质灾害最直接、最有效的手段。不少工程因勘察设计工作不到位，选址不当，导致业主决策失误，形成“骑虎难下”的建设局面，既拖延工期，又增加投资，造成重大经济损失。勘察设计单位应认真执行《建设工程质量管理条例》（国务院令第 279 号）及《建设工程勘察设计管理条例》（国务院令第 293 号），落实“设计质量终身制”，并按照国家能源局《关于加强水电工程建设管理的通知》（国能新能〔2011〕156 号）要求，加强水电工程前期设计工作，科学制定工程建设方案，合理拟订移民安置方案，切实加强技术管理工作。

主体（枢纽）工程选址及总体布置的安全是电力运行人员生产安全与健康的前提条件，工程选址、总体布置设计中若考虑不周，则各建筑物将面临着不良地质条件、滑坡、滚石、污染等危害，这些危害均可能对工程安全构成影响。总体布置中设计应尽量避开不良地质条件、崩塌堆积物、混合堆积体、滑坡、泥石流、滚石、污染源等，利用地形条件，或采取相应的防护和处理，使危害因素的影响减少到最低程度。危害因素避不开或处理工程量较小时，要及早进行处理设计并安排施工，以免后患。

主体设计单位要全面负责移民安置规划设计及移民工程勘察设计等工作，加强移民安置区地质灾害危险性评价及勘察工作，确保移民安置区选址安全合理。

（3）加强地质灾害危险源排查。汛期是地质灾害的高发期，设计单位应编制《防洪度汛设计专题报告》，明确各项工程防洪度汛标准、地质灾害防治原则、预测评价、灾害区划及防治措施要求、防洪度汛的难点及重点、汛期洪水预报、超标洪水预案及措施等，根据各工程的具体特点结合地质灾害类型，进行工程区尤其是防洪度汛期间地质灾害易发性分区，分工程部位、营地、渣场等提出地质灾害的防治措施，包括汛前应完成的工作、巡视检查、清挖、挡护、锚固、排水及监测等。同时，设计单位与参建各方一起分项目、分部位进行地质灾害危险源隐患排查，表 7.1 为在建（已建）电力建设工程地质灾害危险源排查表，根据电力建设工程常见地质灾害对表 7.1 中所列项目进行排查清理，在各项目排查时可根据工程具体情况进一步细化。

表 7.1　　在建（已建）电力建设工程地质灾害危险源排查表

工程名称：

排查项目	地质灾害危险源排查内容	检查结果	说明
工程枢纽区	1. 建筑物边坡变形、滑坡		
	2. 建筑物基础沉降、变形		
	3. 建筑物周围边坡存在危岩、浮石、挂渣		
	4. 建筑物地基出现不均匀沉陷		
	5. 坝基、堰基等建筑物基础涌水		
	6. 坝基、堰基等建筑物基础渗透变形（或破坏）		
	7. 坝基、堰基等出现绕渗		
	8. 地下洞室出现围岩变形、塌方、涌水等		
	9. 地下洞室出现有毒、有害气体及放射性物质等		
	10. 坝前及库区建筑物、施工支洞出现水库浸没		
	11. 公路边坡变形、滑坡，桥梁基础变形及边坡坍塌等		
施工临时占用区	1. 施工临时建筑物周边边坡变形、滑坡		
	2. 施工辅助设施基础沉降、变形		
	3. 施工营地及建筑物周围边坡存在危岩、浮石、挂渣		
	4. 工程施工区内冲沟出现洪水、泥石流等		
	5. 工程施工区外边坡变形、塌方、汇水等		
	6. 料场、渣场变形、塌方、泥石流等		
工程移民安置点	1. 工程移民安置点周边边坡变形、滑坡		
	2. 工程移民安置点建筑物基础沉降、变形		
	3. 工程移民安置点周围存在危岩、浮石、挂渣		
	4. 工程移民安置点场内洪水、泥石流等		
项目排查情况综合评价： 项目负责人：　　现场排查人：　　日期：			

（4）做好技术服务。勘察设计单位要严格执行工程建设强制性标准，加强设计产品校审制度建设和执行，确保质量管理体系有效运行并持续改进；合理配置技术力量，充分发挥整体技术水平；及时解决建设过程中出现的问题，加强现场技术服务，根据地质等条件的变化进行优化设计，并对重大设计变更进行充分论证；对泄水建筑物的水力设计、材料设计及工程运行安全进行自查和复核；对项目建设过程中的设计图纸、技术要求等设计文件的执行情况进行检查，对没达到要求、存在工程安全隐患的部位，提出处理要求；对工程建设过程相关验收提出的涉及影响建筑设计功能和运行安全的项目整改落实情况进行检查，对未达标的项目提出设计要求；对已建工程的运行情况进行跟踪了解，对存在的不规范操作提出整改要求。

7.2.3 施工安全控制

7.2.3.1 开展危险源评价

根据《水电水利工程施工重大危险源辨识及评价导则》（DL/T 5274—2012），危险源评价应分阶段进行，其中，重大危险源评价按阶段分为预评价、施工期评价及后评价。

（1）招标前应对危险环境及设施、场所类危险源进行预评价，并将重大危险源清单随招标文件提供给投标单位。具体内容包括：规划的施工道路、办公及生活场所、施工作业场所可能遭遇的地质、洪水等自然灾害；可能存在有毒、有害气体的地下开挖作业环境；施工地段的不良地质情况。

（2）施工期应定期对重大危险源进行辨识及评价。施工期应以单元工程为单位，按施工作业活动类（如土方开挖、石方明挖、石方洞挖、边坡支护、洞室支护、斜井竖井开挖、石方爆破、地质缺陷处理、砂石料生产、灌浆工程、填筑工程、截流工程等）、设施场所类（如弃渣场、爆破器材库、油库油罐区、材料设备仓库、供水系统、供风系统、供电系统、通风系统、道路桥梁隧洞等）及危险环境类（如不良地质地段、潜在滑坡体、超标准洪水、粉尘、有毒有害气体等）进行重大危险源辨识及评价。

（3）工程完工时，应对工程现状进行重大危险源辨识及评价。工程竣工资料应包含遗留的重大危险源及对应的危险因素分析，对施工中辨识出的危险源数量、类型以及是否发生事故进行统计分析，提交危险源总结报告。

每一阶段的危险源辨识与评价工作完成后，均应编写并提交报告。

7.2.3.2 实施安全技术控制

按分层次属地管理原则，充分利用现有资源，使各类危险因素实现分类管理，在措施落实上实现分级控制，逐级落实安全管理责任。

（1）制定安全控制措施。施工单位作业前必须制定地质灾害危险源的安全控制措施，明确通用安全要求，包括所有人员进入危险区域工作时必须遵守的制度和规程、一般性预防措施以及特种作业人员资质等相关内容；同时，提出有针对性的安全控制措施，包括针对具体施工作业项目组织危险源辨识、风险评价和控制措施的预知预控管理工作。

（2）采取安全技术措施。

1）直接安全技术措施。严格按设计文件、相关规程规范及施工技术要求进行作业，消除危险因素。

2）间接安全技术措施。采用超前预测预报及安全防护措施，最大限度地预防和控制危险因素的发生：①建立现场自然灾害危险源登记表，内容包括危险源类型、部位、可能发生的事故、危害区域、引发条件、防护措施、监控责任人等；②野外营地应避开滑坡体、松散堆积物和有滚石的山坡下方，不要在山谷、河道的底部以及冲沟口扎营；③在自然灾害频发地区作业，应设置避险场所，选好安全撤离路线，以防突发灾害，确保人员安全避险；④避开雷雨、大风天气开展野外作业。

3）指示性安全技术措施。采用监测预警、警示标志等措施，警告、提醒作业人员注意，并采用安全教育培训和发放个人防护用品等措施进行预防等。

（3）进行分级管理控制。安全技术管理和评价的对象就是危险源，管理控制内容就是危险因素。应动态控制建设过程中的地质灾害危险因素，建立分级管控机制，实现危险因素分类管理、防治措施分级控制。重大危险源（Ⅰ级危险源）应由工程建设业主及施工方联合负责管控，其余参建各方参与；重要危险源（Ⅱ级危险源）由施工单位负责管控；一般危险源（Ⅲ级危险源）由施工作业班组进行安全管控。

危险源控制要突出作业和操作的全过程，特别要强化现场执行和监督的落实，使危险预控措施得以确认，使现场每个人清楚危险点的所在和应采取的预控措施，并有切实可行的制度和责任制保证执行和监督到位。

7.2.4 质量监督控制

随着电力建设规模的扩大，质量安全问题越来越突出，例如：安全质量管理人员的数量、质量不能完全满足管理需求；企业对安全质量管理制度和流程执行的监督力度不够，出现管理责任不明确或检查监督机制未有效运转，增大安全质量风险；现场安全质量管理及施工人员的意识薄弱，专业技能不强，培训教育程度不够，影响管理制度的执行效果等。电力工程是重要的基础设施项目，工程建设质量直接关系工程安全和人民生命财产安全。在电力工程建设过程中，不同程度地存在不顾客观条件赶进度和压工期、重大设计变更不规范、工程质量管理不严等问题，给工程安全带来隐患，甚至发生质量事故，引发地质灾害。质量是工程安全的基础和保障，是工程产生经济社会效益的前提。电力工程建设是综合性的实施过程，要搞好质量安全工作，应建立“业主、设计、施工、监理”四位一体的管理模式，认真落实建设质量管理主体责任。各单位要充分认清自身的责任，严格遵守国家有关工程建设的法律法规，按照国家发展和改革委员会等七部委联合颁布的《关于加强重大工程安全质量保障措施的通知》（发改投资〔2009〕3183号），以及国家能源局《关于加强水电建设管理的通知》（国能新能〔2011〕156号）、《关于促进水电健康有序发展有关要求的通知》（国能新能〔2013〕155号）等要求，认真履行各自质量管理职责，进一步规范建设过程工程质量管理行为。

国家能源局《关于加强水电工程建设质量管理的通知》（国能新能〔2014〕145号）指出，工程建设质量是工程安全的基础和保障，是工程发挥效益的前提，一旦发生重大工程质量安全事故将造成难以估量的生命财产损失，也将影响电力行业的持续健康发展。当前，我国电力建设正向西部高海拔地区转移，水文气象、地震、地质、交通运输等建设条件日趋复杂，不确定因素增加，安全风险加大。百年大计，质量第一，质量是工程之本，工程参建单位要充分认识电力建设面临的复杂形势和电力建设工程质量的重要性，更加严谨、务实地做好工程建设质量管理各项工作。

上级主管和质量监督部门应根据国家能源局《关于加强电力工程质量监督工作的通知》（国能安全〔2014〕206号）及《水电工程质量监督管理规定》（国能新能〔2013〕104号）的相关要求，严格执行电力工程质量监督管理的规范要求，按照“独立、规范、公正、公开”的原则，依法依规监督电力工程质量。质监机构要强化监督执法，提高服务意识，确保监督范围内申请的电力工程项目质量监督百分之百全覆盖；各电力企业要进一步提高工作自觉性，国家核准的电力工程项目，要同步申请质量监督并主动做好相关配合工作，确保质量监督百分之百全覆盖。同时，依据有关法律法规和工程建设强制性标准，对工程实体质量和工程建设、勘察、设计、施工、监理单位（以下简称“工程质量责任主体”）和质量检测等单位的工程质量行为实施监督，加强主体工程及其附属工程日常质量及阶段性和专项质量监督检查，组织开展工程安全鉴定（包括蓄水安全鉴定、枢纽工程竣工安全鉴定和专项安全鉴定）工作；设计单位要强化勘察设计质量责任，认真落实《建设工程勘察质量管理办法》（建设部令第163号），做好工程建设全生命周期的设计服务，不盲目优化设计，保证工程勘察设计的深度和质量能满足工程建设的需要；施工单位切实加强组织管理，保证施工质量；建设单位要认真落实《建设工程质量管理条例》（国务院令第279号）的要求及工程安全鉴定和验收意见，发挥好建设监理的作用，要加强工程建设全过程的安全质量管理，尤其是对施工的管理。同时要严格落实安全质量责任，降低工程风险，减少质量安全隐患。

7.2.5 监测预警控制

各类地质灾害的发生直接影响着电力系统的安全运行，严重的会导致电网崩溃和大面积停电事故，甚至将威胁到人民的生命财产安全和社会的稳定。加强地质灾害危险源的安全监测控制，及时采取应对措施，减轻和防止其灾变影响，对电力系统的安全、稳定运行起着积极的作用，有利于降低地质灾害的风险和危害。因此，对于地质灾害危险源加强监测预警及防控体系的建设，具有重要意义。

电力企业和电力建设单位应当加强与地方政府国土、气象、水利等部门的联系沟通，明确地质灾害监测预警工作程序，落实责任单位和人员，畅通监测预警渠道，及时接收、传递地方政府有关部门发布的监测预警信息，并按照要求上传有关监测信息。电力建设单位应当针对施工队伍人员流动性大的特点，及时掌握施工人员变动情况，并督促参建方将预警信息及时传递到相关人员。

监测是防灾的基础。监测预报是有效预防地质灾害的重要手段。各单位应当结合地质灾害危险源（隐患点）的分布情况，综合分析诱发因素，科学开展地质灾害监测工作。对于已经发现的地质灾害隐患点，应当按照国家地质灾害防治监测规定，合理布设地质灾害监测点，安排专业单位或专业人员定期进行监测，并及时汇总、分析、上报监测信息。采取先进监测手段与“拉线法、木桩法、刷漆法、贴纸法、旧裂缝填土陷落目测法”等传统方法相结合的方式，针对地表破坏、冲沟发育、山体蠕变、地面沉降等情况开展日常监测工作，分析、研判地质灾害隐患的发展趋势。

地质灾害预警一般分为区域性地质灾害气象预警（指一定区域地质背景条件下气象因素致灾可能性大小的预警）和单体地质灾害预警（指通过专业监测和群测群防对已发现隐患点开展的监测预警工作）。电力工程建设涉及面广，影响范围大，区域性地质灾害气象预警和单体地质灾害预警同等重要。

各单位应当在充分分析本地区诱发地质灾害气象条件的基础上，重点强化汛期、强降雨和强降雪期间以及其他恶劣天气发生期间的监测预警工作，增大监测频次，及时发现新的地质灾害隐患点，划定危险区域，设置警示标志；应当安排专人值守，加强巡视检查，重点加强生产区、施工区、生活办公营地及周边的监测预警，观测降雨强度和雨量，监测地面土体开裂、坡体蠕动、树干倾斜、山洪暴涨等灾害前兆，及时发现和排除险情。

电力建设工程地质灾害的监测与预防工作应在建设单位的领导和统一部署下开展，参建各方按照各自的职责，认真履行对工程区域内地质灾害隐患点的监测和预防工作。对威胁电力建设工程设施的地质灾害危险源（隐患点），应采取巡视检查与长期监测相结合的预防措施。对主体工程区的危险源，除施工期要加强监测外，运行期应视具体情况进行长期监测。通过运行期监测，及时发现问题，并采取措施。众多电力工程建设工程，均因为及时建立了监测系统，进行了成功的监测预报，避免了人员伤亡，并确保了工程安全。对于水库工程，按照“检测预报、群测群防、搬迁避让”的原则，对潜在的失稳区库岸边坡加强监测，对边坡稳定性进行预测预报；对可能产生水库诱发地震的水电工程，应设立地震监测网站，适时监控蓄水后的地震情况。三峡工程蓄水后，库区设立了地质灾害预警监测网络，成功预报了地质灾害数百起，成为一张及时、可靠的“安全网”。

电力建设工程管理、施工、运行等单位，一方面要根据国家和地方有关应急预案的总体要求，认真制订、完善地质灾害应急救援预案，规范地质灾害预报预警工作程序，建立地质灾害预报预警信息反馈机制，提高应对突发事故的处置能力；另一方面要充分利用国土资源、气象、水利、测绘等多部门联合构建的地质灾害监测预警、雨情、水情、汛情、基础地理等信息共享平台，整合监测网络体系，建立电力建设工程区域预报会商和预警联动机制，与地方政府密切配合，成立专职负责接警研判、预警发布、联动响应、信息反馈等事务的自然灾害预警发布中心，承担应急值守、会商、信息发布和解除等职能；要进一步提高地质灾害气象预报精度，提高面上预报预警信息的时效性和局地预报预警信息的准确性，建立健全专群结合的群测群防和监测预警体系。

西部地区地质环境条件复杂，特别是西南地区（斜坡高陡、河谷深切、地形起伏、高低悬殊）特殊的地理环境使得地质灾害频发。相对于其他地域，研究西部电力建设工程的地质环境脆弱性及监测预警应急管理控制体系，能达到特殊性和一般性的统一。对西部地区地质灾害问题突出的重大电力建设工程，可开发融地质环境三维可视化、监测信息数据库、灾害预警决策、预警信息实时发布为一体的多任务、多目标危险源信息管理与灾害预警系统和地质灾害远程监测系统，进行信息化系统控制。完善应急信息管理与指挥系统，形成集地质灾害应急值守、信息报送、分析评估、视频会商、指挥协调、应急处置等内容为一体的应急响应网络体系。

大型水电工程由于地质灾害发生的特殊性、监测预警的复杂性和保护对象的重要性，在实施过程中应加大监测力度，加强数据采集，慎重选择预警阈值，以大数据分析为基础来完善预测模型，建立适合工程区地质条件的监测预警系统，同时密切与当地政府部门的联系，形成协同统一、数据共享的联动系统。例如：金沙江乌东德水电站工程枢纽区，建立了地质灾害综合监测预警系统，不仅有效降低了地质灾害风险，还完善了地质灾害风险管理体系，提高了应急管理水平；澜沧江小湾水电站开展了库岸稳定性蓄水响应及失稳预测专题研究，根据蓄水初期塌岸变形情况，分析水库水位进一步抬升后可能产生的变形趋势，对重点岸坡稳定性及塌岸范围进行分析预测，建立了水库库岸失稳信息管理与监测预警系统。

对于输电线路工程，应搭建一个全景地理信息平台，建设输电线路防灾减灾预警分析系统，以便对输电线路各种运行状态信息及气象信息进行收集、整理和分析，并由相应模块进行诊断，及时地处理各种安全隐患，对自然灾害进行提前预警，提高输电线路运行的安全性和可靠性。如国网陕西省电力公司建设基于北斗卫星的输电线路地质灾害监测预警系统，根据高风险塔位的监测需要，选定高地质灾害风险杆塔作为试点，以毫米级地表形变监测精度对倾斜、滑坡、塌陷等地质灾害进行监测，提高了地质灾害隐患排查治理的效率和效益，为灾害预警和应急处置提供了可靠的科学依据，提升了输电线路地质灾害风险管控能力。

7.2.6 环境保护控制

据估计，在我国灾害及其所导致的环境问题中，地质灾害造成的损失约占整个灾害损失的35%，而其中，崩塌、滑坡、泥石流及人类工程活动诱发的浅表生地质灾害所造成的损失约占55%。地质灾害的产生绝大多数是与各种形式的人类活动相关的，是对地质环境缺乏科学的管理，导致不合理的开发，从而引起人-地关系失调的结果。电力系统大多直接暴露在自然条件下，受环境因素影响较大，电力建设工程应对地质环境进行科学的管理和合理的开发与利用，规范工程活动行为，保护地质环境，减轻地质灾害，保持电力建设可持续发展。

电力建设单位应当按照国家有关规定，做好电力设施与电力建设工程及周边地区环境保护和水土保持工作，实现地质灾害的综合防治。水电厂（站）应当加强水库周边地区的环境保护工作，做好病险大坝的除险加固，防止因漫坝、溃坝造成山洪、泥石流灾害；火电厂应当通过实施节能技术改造，尽量避免所在地区地下水过度抽采而出现地面塌陷；电网企业应当优化铁塔结构和基础形式，减少因塔基施工开挖影响环境并引发地质灾害；电力建设单位及参建方应当推广采用科学合理、先进适用的施工方案，同时做好施工区域的植被恢复工作，防止和减少建设工程项目造成地表环境变化带来地质灾害风险。

电力建设工程是系统工程，涉及工程建设区和影响区的地质环境、生态环境及人文环境等问题。依据国家的法律法规及相关规程规范，电力建设工程均要进行专门的评价和论证，并需要经过有关部门的审查和批准。其中，生态环境是地质环境的“屏障”，对地质环境起着巨大的保护作用，而地质环境是生态环境及人文环境的“载体”，也是地质灾害产生的物质基础。电力工程建设涉及面广、影响范围大，要获得持续、健康、稳定的发展，实现工程建设与自然环境的和谐，必须更加重视地质环境保护，做好地质环境影响评价工作。

7.3 工程控制

危险源控制主要通过工程技术手段来实现。危险源控制技术包括防止灾害发生的安全技术和减少或避免灾害损失的安全技术。显然，在采取危险源控制措施时，应以预防为主，防患于未然。应做好充分准备，一旦发生灾害时防止灾害扩大或引起其他次生灾害，把灾害造成的损失尽可能控制在小的范围内。同时，要重视并加强重要电力设施周边地质灾害危险源的辨识和防治，对重大地质灾害隐患进行排查，及时采取防治措施，确保安全。电力建设工程需经地质灾害危险性评估论证，明确需采取地质灾害防治措施的工程项目。建设单位必须在主体工程建设的同时实施地质灾害防护工程，做到防护工程与主体工程“三同时”。各施工企业要加强对工地周边地质灾害隐患的监测预警，制定防灾预案，落实工程治理和主动预防避让等措施，切实保证在建工程和施工人员的安全。

7.3.1 常见地质灾害危险源控制

在总结相关工程经验的基础上，按照预防为主、治理为辅的思路，对常见地质灾害危险源采取有针对性的控制措施。

7.3.1.1 崩塌

（1）加强对建设工程区域边坡可能出现崩塌地质灾害的评估和排查，对潜在可能发生灾害的区域，应在汛期之前积极构建如拦挡墙、预应力锚索为主的强支护、防护网、截排水系统等防治与治理措施，对已经破坏或者即将可能破坏的要及时进行修复，确保这些设施真正发挥其防灾效用。

（2）加强对现有或即将开挖边坡支护的实时位移监测，如出现膨胀变形或开裂发展成崩塌趋势，即实施加强支护，或消减危岩体进行梯形支护，然后嵌入锚筋或锚索或挂上钢筋网进行喷混凝土。

（3）针对不良地质区域因为不合理开挖或者切脚引发的崩塌，主要是采取措施清除原有滑崩体，同时消减潜在性的危岩体或安装防护网，嵌入预应力锚筋或锚索，然后进行喷混凝土。

7.3.1.2 滑坡

（1）施工前加强对不良地质区域边坡、倾倒蠕变岩体、倾倒体和堆积体的地质勘探、评估与分析，同时加强施工过程岩土体稳定性的监测，确保施工安全。

（2）建立滑坡区域的排水系统，尽量不让地表水渗入滑坡区域的岩土体中。通过设置地表排水沟、设置排水孔等降低滑坡区域的地下水位。

（3）计算滑坡体整体下滑力，寻找出滑动面的几何图形和滑动面的物理力学参数，考虑设计抗滑桩与预应力锚索治理。

（4）对即将开挖或者已开挖的滑坡体采取开挖上部岩体来减载，或者采取压脚等措施增强滑坡的稳定性。

（5）对已经开挖的滑坡体上未支护或者挂网喷混凝土的裸露边坡，应及时支护衬砌，遇降雨天气时，应使用防雨膜等覆盖裸露地方，避免地表水渗入造成滑坡失稳。

（6）加强生态系统的保护，加大对工程建设的监控力度，确保工程弃渣及废料场设置科学合理，避免区域地质环境稳定性破坏而引发滑坡等。

7.3.1.3 泥石流

（1）建立健全泥石流的防治管理体系。坚持“以人为本、预防为主”与“主动避让、提前避让和预防避让”的原则，加强对建设工程区域泥石流地质灾害的评估和排查，对潜在可能发生的区域，应在汛期之前积极构建如拦挡坝、排洪洞、防护网、截排水系统等防治与治理措施；对已经破坏或者即将可能破坏的设施要及时进行修复与加强，确保这些设施真正发挥防灾效用；员工住宿等营地房屋工程建设结构强度以及营地选址需满足安全需要，在灾害发生时能提供有利的防护和场地空间。

（2）加强生态系统的保护。加大对工程建设的监控力度，将工程对环境的破坏控制在最低程度，防止工程施工造成山体滑坡、随意弃渣、挤占河道等，以减少地质灾害发生的频率和规模，使地质灾害造成的危害与损失降到最小，同时对可能发生泥石流区域的边坡等实施相应的治理。

（3）建立健全地质灾害预报预警机制。加强与地方政府相关部门联系沟通，确保预报预警传递、接收渠道畅通，做好相关预警信息发布与记录。强化巡视检查与监测预警工作，及时将潜在的泥石流区域信息告知区域人民群众，并做好相应的预防措施。

（4）建立健全应急预案机制与救灾指挥体系。进一步改进和完善应急预案管理体系，加强建立由建设单位、设计单位、监理单位、业主与政府部门共同参与的联动机制，成立科学、高效、合理、常态化的联合应急指挥部，制订科学有效的应急预案，明确责任主体，确保在灾害发生时，能采取积极有效的措施，确保人民群众生命财产安全，使灾害带来的损失与危害得到有效控制并降到最低。同时，加大应急设施建设和物资储备力度，加强对应急物资、救灾设备、人力等管理，遇到灾害时能够做到快速投入，有效解决灾区群众生活要素问题，从而保证救灾抢险的工作有效顺利进行。

（5）加强泥石流灾害防治宣传教育，做好泥石流灾害防治的群测群防工作。通过宣传教育，帮助从业人员识别发生泥石流的地质特征及发生条件，掌握灾害区域，提高防灾救灾意识和自救、互救能力。

7.3.1.4 洞室坍塌

（1）针对不良围岩地质区域，进行超前勘探、地质分析，设计合理的施工技术方案，包括超前支护与及时跟进衬砌、短进尺开挖及时支护、分层开挖、弱爆破等技术方案。

（2）针对厂房洞室、导流洞等开挖过程中遇到的断层、裂隙发育地带等问题，主要采取超前预锚预灌浆处理，延长自稳时间，每一循环支护工序完成后，方可进行下一循环开挖，同时必须强调支护质量的可靠性是防止塌方的重要条件。

（3）针对围岩大变形、拱脚开裂、边墙支护开裂、锚杆严重变形等情况，主要采取加强支护、增加与优化锚杆和锚筋等支护手段，或者清理坍塌部分、重新进行多次喷混凝土等，防治围岩、边墙等进一步扩展失稳。

（4）针对洞室掉块或者拱顶的喷混凝土开裂掉落等情况，采取重新喷混凝土的工程措施，如果该措施不能达到效果，应重新布置钢筋网片，再喷混凝土，充分利用围岩自身条件增强稳定性，有效避免其扩展成围岩坍塌等较大的灾害。

7.3.1.5 岩土体大变形

（1）在边坡开挖方面，采取边挖边及时支护、确定合理支护参数和类型等综合防治方案。主要包括：针对不良地质区域因为不合理开挖或者切脚引发的岩土大变形，一般采取填补反压，或者消减部分岩体，嵌入预应力锚筋或锚索，然后进行喷混凝土的方法；同时加强对现有或即将开挖的边坡支护实施实时的位移监测，如出现膨胀变形或开裂发展，即采取加强支护，或梯形支护，或修建拦挡墙等措施。

（2）在路基大变形方面，主要通过填补反压，或加上修建路基边缘拦挡墙等方法，控制路基变形进一步扩展。

（3）施工前加强对不良地质区域（如边坡、围岩洞室、建立在堆积体和冲积层与崩积层等上的路基）的地质勘探、评估与分析，有效利用岩土自我稳定性，制定因地制宜的施工方案及防护方案；同时，加强对施工过程岩土体稳定性的实时监测，确保施工安全。

7.3.1.6 地下水灾害

（1）针对地下水丰富的岩溶地段，探清地下水源头，根据地下水来源确定防治方案。

（2）对排不干净的地下水，采取以堵为主的措施，采用全断面的灌浆法。

（3）对于能衰减流量和小流量的地下水，主要采取以排为重、集中引排的措施。

（4）针对地下工程如引水洞等施工过程出现的涌水或者碰见暗河情况，主要采用超前勘探与显影成像技术及超前预报系统，勘探涌水通道的所在地，其封堵采取“钢管引流、全断面封堵、闸阀闭水”的处理措施，部分情况下采用灌浆帷幕办法，增大可能透水围岩的强度。对某些渗水较强的地表采取地表防渗处理，完善相应排水系统，减弱地下水和地表水对围岩地质的渗透和软化作用。

（5）针对水库蓄水后出现的击穿涌水，主要采取“防、堵、截、排”的治理思路，对于小流量涌水，通常采取建临时堵头、投碎石堵填的措施，然后灌浆固结处理。但对于大流量的涌水，上述措施效用不大，而采取永久堵头的措施，然后实行碎石充填和灌浆固结。

7.3.1.7 地应力灾害

（1）根据地质勘查材料，对岩爆可能发生区域进行评估，并采取相应的预防措施。如采取超前打小导洞的措施，让其应力释放，确保施工人员和设备的安全。

（2）对发生岩爆部位已剥落和开裂的围岩进行清理，确保无松动的围岩，同时对岩爆段喷射纳米仿钢纤维混凝土封闭，根据围岩应力情况增加一定强度的全断面施作涨壳式预应力中空锚杆，待上述工作完毕后实施系统挂网锚喷，并布置合适的钢筋拱肋或型钢拱架。

（3）加强对后续高应力围岩开挖施工的管理，每循环进行应力解除爆破，开挖结束后立即对开挖面和掌子面进行喷混凝土封闭，进行系统支护；同时，根据岩爆程度，每隔一段距离进行一次实时微震监测，监测并掌握掌子面应力分布情况，出现异常情况时及时处理。

7.3.1.8 潜在不稳定斜坡

（1）建立健全地质灾害排查及防护设施管理体系。坚持“预防为主”的原则，进一步完善地质灾害隐患排查制度，实施常态化管理，采取经常性检查、汛前检查、汛期检查、雨后检查等综合巡查手段，确保不遗漏存在隐患的地方，并进行及时治理，防止灾害的发生与蔓延。同时，加强对地质灾害防护设施（如防滑桩、护坡、挡渣墙、防护网、截排水系统等）的管理，对已经破坏或者即将可能破坏的设施及时进行修复与加强，确保这些设施真正发挥防灾效用。

（2）针对弃渣场，汛前应加强对排水系统、拦渣坝系统的排查，如有堵塞或者淤积，应及时清理。对于临时堆渣，应按确定的处理方案进行治理。同时，雨季应加强对弃渣场的监测和常态化巡查，制订应急预案，做好及时预警，确保安全。

7.3.1.9 有害气体

地下工程通过煤系、含油、含碳或沥青的地层时，可能遇到有害气体（如甲烷、二氧化碳、氮气、氢气、一氧化碳、硫化氢和二氧化硫混合气体等）的危害，应坚持“加强通风、勤检瓦斯、严禁火源”三条基本原则，并采取以下措施：

（1）加强地质超前预测预报，及时了解前方地质情况。

（2）提前进行有害气体浓度或瓦斯浓度监测。

（3）施工过程中应加强通风，通风管路应尽量安装至离工作面最近的安全距离处，并保持经常性的通风和喷水除尘；开挖程序结束后立即采取喷混凝土全断面封闭（包括掌子面），之后方可进入下道支护程序。

（4）施工过程中严禁抽烟等使用明火现象发生。

（5）制定瓦斯危害处置预案。

根据地质灾害危险源辨识、危险性评价结果，按风险等级对地质灾害进行分级防治。对位于地质灾害危险性大、风险高的地段，应尽快实施治理；已处于地质灾害临发状态的灾害点，须采取应急治理方案。地质灾害防治技术措施包括避让与搬迁、工程措施、生物措施及监测。不同类型的地质灾害防治措施见表7.2。

表7.2 不同类型的地质灾害防治措施

地质灾害类型	防治措施
滑坡及大变形	工程防护：①削坡减载；②边坡人工加固。在危害性大、危害性中等的工程高边坡段，采用设台阶及适当放缓边坡坡度、全断面边坡防护，或采用下挡上护的措施，必要和有条件时可采用预应力锚索加固手段；在危害性低的低边坡段，可采用坡面防护，下设挡墙、脚墙的防护措施；同时应做好防水、排水工程，避免地表水渗入岩土体内。对于斜坡地带，在坡积层上填方加载时，可能会导致坡积层沿下伏基岩面滑动，可采取路堤挡土墙、路肩墙进行防治，挡墙基础宜置于基岩中一定深度。对边坡有危岩、危石分布的隧道进、出口地段，应视情况采取预先清除、支护、加固、锚固、网固和拦、挡等措施。对于路线通过的滑坡地段，首先应消除和减轻水对滑坡的危害，采取拦截或引排措施将影响斜坡稳定性的地表水、地下水引排出滑坡体外，必要时采取支撑渗沟和排水隧洞引排埋藏较深的地下水。在必要时采取支与挡、减载与反压等措施改善滑坡体力学平衡条件，减小下滑力，增大抗滑力，确保滑坡稳定而不危害工程。施工过程中，严格按照施工程序施工。 植物防护：一般采用铺草皮、种草和植灌木（树木）形式，利用植被对边坡的覆盖作用以及植物根系对边坡的加固作用，保护路基边坡免受大气降水和地表径流的冲刷。 监测措施：①安排专门人员分区域进行巡视检查，查看地表变形状况；建立地表变形观测点，实施定期观测；②建立深部位移变形监测，对深部岩土体变形动态的观测；③安排专门人员分区域进行巡视，查看地表和建筑物变形情况

续表

地质灾害类型	防 治 措 施
泥石流	避让方案：首先是建筑物不应建在有发生泥石流灾害可能的沟口和沟道上，不能把冲沟当作垃圾排放场；其次是保护和改善山区生态环境，采用封山、育林与合理耕收相结合的方法，通过控制地表径流，防止坡面侵蚀，达到根除泥石流灾害的目的；第三是雨季不要在沟谷中长时间停留。 治理措施：①拦挡工程，在上游形成区的后缘，进行固稳、挡储，其作用主要是拦泥滞流和护床固坡；②排导工程，在下游的洪积扇上进行排导、疏流等，防止泥石流漫流改道；③水土保持是泥石流的治本措施，其措施包括平整山坡、植树造林，保护植被等，维持较优化的生态平衡。 监测措施：①降雨量、单点降雨强度、水位及流量变化监测；②物源区及流通区变化巡视、监测
崩塌、危岩、落石	工程措施：护墙或护坡，防止斜坡岩土剥落；镶补、填堵坡体岩石缝洞；削坡，人工消除小型危岩体或减缓陡峭高坡；锚固，加固危岩体，提高其稳定程度，防止崩落；排水，疏通地表水和地下水，减缓对危岩陡坡的冲刷和潜蚀；拦截，修筑挡石墙、落石平台、拦石栅栏等，阻止崩塌物对工程设施的破坏；建造明洞、棚洞等防护铁路、房屋的建筑设施。 监测措施：①建立地表变形观测点，实施定期观测；②安排专门人员分区域进行巡视检查，查看地表变形状况
地裂缝、地面塌陷	防治措施：查明地下岩溶、土洞发育情况，采取回填夯实、建筑物地基加固、控制地下水抽排等。 监测措施：①建立地表变形观测点，实施定期观测；②安排专门人员分区域进行巡视检查，查看地表变形状况
库岸失稳	失稳岸坡应按滑坡或崩塌防治措施，采取可靠的方案。对有居民和农田分布的地段，居民应后撤至失稳区及影响区以外；除采取工程措施外，宜采取生物措施，同时禁止一切破坏岸坡的人类工程活动
洞室塌方	查明隧洞围岩地质条件，进行超前预测预报，控制爆破，及时支护，加强围岩变形监测，必要时加强支护，并采取合适的施工方法和程序。小塌方一旦发生，要及时处理，避免扩大
地下水灾害	对可能突泥段做好超前预测预报，进行超前支护，必要时采取管棚法施工或进行混凝土衬砌。对可能发生涌沙的洞段，采取超前排水、超前固结灌浆、短进尺、弱爆破、强支护（钢支撑、大管棚）等措施。对可能突水涌水洞段，应做好超前预测预报，预测含水岩体或导水通道突（涌）水量大小，并评价其对施工的影响，主动采取预防措施，如超前高压封闭灌浆、注浆堵水加固、集中强排、或堵排结合等
有毒气体	主要发生在施工期，煤系、含油、沥青、碳酸岩等地层易发有害气体（包括硫化氢、一氧化碳、二氧化碳、二氧化硫、沼气等）。应查明和预测地下工程建设区域有害气体种类、浓度与分布特点，并对有害气体进行测试、监测，加强通风、防火
地应力灾害	塑性变形防治：在开挖时宜预留变形空间、开挖后及时加强支护、二次衬砌设置足够强度的仰拱、加强围岩变形监测等。对可能岩爆的洞室，分析判别岩爆等级，采取短进尺开挖、超前钻孔应力释放、高压注水和岩面洒水、暂停回避等措施
高地温灾害	对可能出现高地温地段进行预测预报，采取通风、降温等措施

7.3.2 重大地质灾害危险源控制

工程建设项目参建各方（主要指建设、设计、监理、施工等单位）按职责分工和合同约定，对辨识出的地质灾害重大危险源实施监控，制定监控预防措施，及时登记建档，按规定向主管部门备案，并采取消除或降低危害发生的工程技术措施。对于一般及重要的地质灾害危险源，相关责任单位应当立即进行治理；对于重大地质灾害危险源，应当严格按照地质灾害风险分析评估报告提出的治理方案进行治理。对短期内难以治理的重大地质灾害危险源，应当采取加强监测预警、制订专项应急预案或者搬迁避让等措施，确保人身和设备安全。对非防范工作责任范围内且对电力设施和建设工程项目构成威胁的地质灾害危险源，应及时向地方政府报告隐患情况，并配合地方政府开展治理工作。经评估和辨识认为可能引发地质灾害或者可能遭受地质灾害危害的建设工程，应配套建设地质灾害治理工程。重大地质灾害危险源治理工程的设计、施工和验收应与主体工程的设计、施工、验收同时进行。例如，锦屏二级水电站辅助洞重大地质灾害危险源（高压水涌水）控制。锦屏二级水电站工程区域地形复杂，且赋存有丰富的地下水，在已揭露的长探洞中已碰到突水点最大瞬时涌水量达4.91m^3/s，具有高压、突发性、稳定流量大的特点。根据该工程的特点、水文地质条件及施工工艺情况，通过对危险源和环境因素的识别和评价，认为在辅助洞施工过程中必然会遇到高压力、大流量的地下水，水压力达10MPa以上。通过以上分析，并充分考虑到施工技术难度和困难、不利条件等，经多方讨论，确定该项目的突发事件、风险或紧急情况为高压水涌水。为保证工程建设的顺利进行，确保施工人员和设备的安全，参建各方制订了相应的应急预案，包括发生紧急情况或事故的应急措施，并开展应急知识教育和应急演练，提高现场操作人员的应急能力，减少突发事件造成的损害和不良环境影响。采取的针对高压涌水灾害风险预防措施包括以下几个方面：

（1）加大科研力度和资金投入，组织国内外高压水处理专家研究防治方案，建立超前地质预报系统。

（2）施工前期和施工过程中详细了解工程的地形地质和水文地质情况，并密切注意地质条件的变化及地下水出水的迹象，发现异常情况及时采取措施。

（3）加强超前地质探测和围岩监测，根据开挖面揭露的地质条件及对地下水的观察情况，对开挖面前方地下水的赋存情况做出详细准确的超前地下水预报，并根据超前预报资料制定高压水防治方案。

（4）在洞内富水构造被揭穿而发生大的突水后，待其水量减少或消退、水压降低后再进行注浆处理。若水流很大、水压很高、且无减弱趋势，采用以下方式处理：①在地下水补给区与辅助洞涌水点之间布置泄流钻孔分流泄压，降低引水隧洞涌水点的涌水量和流速；②采用迂回导洞在出水的上游揭穿水道，排水减压，为辅助洞掌子面处理创造条件；③直接在迂回导洞（不揭穿水道）内进行超前注浆处理，阻断水流，再在辅助洞掌子面进行补充注浆处理；④对可能产生涌水突泥段采用全断面帷幕注浆加固、超前小导管支护、短台阶开挖的方案。

7.3.3 其他地质灾害危险源控制

其他地质灾害控制包括远程地质灾害、洪水地质灾害及地震地质灾害危险源的控制。

7.3.3.1 远程地质灾害

远程地质灾害包括远距离的滑坡、碎屑流、泥石流等灾害，远程滑坡、泥石流灾害危险性大，大多数为岩质深层滑坡，复杂、隐蔽、危害性大等特点突出，一旦发生地质灾害，对枢纽工程及移民工程的危害极大。应加强对这种类型地质灾害的专业调查、专业巡查和排查，充分利用3S技术，扩大范围进行专门调查，并采取必要的防范措施，如选址应远离沟口，选择距河床较高的位置，避开流通区；对存在重大地质灾害隐患的小流域结合群测群防系统，布置自动雨量具、地质灾害现场位移监测仪，进行实时监测预报。针对目前60%～70%的地质灾害不在隐患点内的现象，应加强对高速远程滑坡的防范，提高区域内所有人员对灾害的敏感度，注意水位升降地质灾害防范。

近年来，随着极端强降雨等灾害性天气的重现期缩短，山区河谷因高速远程滑坡造成的群死群伤特大灾害逐渐增加，必须加强对这种灾害类型的调查与防范。例如，瀑布沟水电站水库移民集中安置点万工新址位于大渡河左岸，2010年7月27日，受暴雨的影响，新址后部二蛮山突发大型覆盖层滑坡，滑坡顺山谷而下，运动过程中转化为碎屑流，沿沟堆积长约1720m，滑坡堆积体前缘高程为953m，后缘高程为1635m，高差为682m，造成万工集镇重大人员伤亡及财产损失。前期评估时认识到了泥石流的影响，但对远程滑坡、泥石流地质灾害估计不足。

由于移民点地质灾害（特别是远程地质灾害）的发生、发展，有一个从量变到质变的变化过程，只有进一步健全完善地质灾害监测预警体系，提高群测群防工作的技术水平，才能有效地降低或规避远程地质灾害的危害。

7.3.3.2 洪水地质灾害

洪水是诱发地质灾害的重要因素，特别是山洪引发的滑坡、泥石流灾害、泄洪雾化及河道冲刷塌岸等，对电力建设工程（尤其是水电工程）的建设及正常运行危害较大，汛期是洪水高发期，对洪水地质灾害必须采取有效的控制措施。

（1）建设单位应按《山洪灾害防御预案编制导则》（SL 666—2014）的要求编制山洪灾害防御预案，报上级主管部门备案，并组织现场演练。设计单位应编制《防洪度汛设计专题报告》，明确工程防洪度汛要求。

（2）汛前，由业主牵头组织防洪度汛领导小组所有成员对工程危险区进行详细检查，进一步掌握危险区的处理措施及施工情况，全面了解汛期的雨情、水情、险情、灾情等，并做好相应预报。对重大危险源应设置警示标志。

（3）对工程区泥石流沟应采取拦挡工程、导排工程、防护工程及减少物源区水土流失工作等措施。

（4）汛期需对高陡边坡、活动性冲沟、松散堆积体、危险岩体等潜在危险源进行监测，并对其进行定期巡视检查，发现险情及时预警。

（5）汛期加大对各工程边坡的监测力度和频次，并进行定期巡视检查，对坡体稳定情况及坡体排水沟、排水孔运行状况做到及时了解，发现问题及时解决。

（6）汛期加强对各灾害点的日常检查，建立专门的通信设备并保障各防汛人员通信设备24小时畅通。配备足够的人员、设备和材料，以应付突发紧急情况。

（7）雨季应密切注意工程期水情、河水位上涨情况，发现异常情况立即向防洪度汛领导小组报告。强降雨山区要重点关注潜在重大危害的滑坡和泥石流隐患点，加强监测，为地质灾害的预测、预报和警报提供依据。

（8）对地下工程应加强超前地质预测预报，尽量避免因汛期地下水位抬高导致塌方、涌水突泥、围岩大变形等地质灾害的发生。

（9）在防洪度汛期间，尤其是抢险期间，要有专人对电源、水源、炸药库、油库等重要部位实施防范与监护。

7.3.3.3 地震地质灾害

我国是地震活动频度高、强度大、震源浅、分布广的国家。电力建设工程多处于地震多发区，地震灾害除会造成受灾单位生产、生活基础设施和设备严重破坏外，还会造成人员重大伤亡和财产损失，影响企业稳定。

地震地质灾害是不以人们的意志为转移的自然灾害，但通过人们的主观努力，采取有针对性地预防措施，可以把地震造成的损失降低到最低程度。

（1）做好规划选址。电力建设工程在起步阶段就非常重视对区域构造稳定和地震的研究，尤其是核电工程，在国家和地方要求基础上，从前期勘察设计的不同阶段均有明确任务及深度要求。各省（自治区、直辖市）也根据《中华人民共和国防震减灾法》的要求颁布了地方的防震减灾条例，进一步规范、明确了对工程建设中区域构造稳定和地震安全性评价的要求。

根据电力建设工程前期勘察得到的研究成果，在场地区域构造稳定评价的基础上，对工程区电力开发提出相应的建议。其中，工程场址宜选在有利地段，避开不利地段和危险地段；水电工程坝址不宜选在震级为6.75级及以上的震中区或地震基本烈度为Ⅸ度以上的强震区；大坝等主体工程不宜建在已知的活动断层上，对确实涉及活断层的建筑物，应该进行专门论证。

（2）制订应急预案。对于地震地质灾害，应依据国家有关法律法规和地方突发公共事件总体应急预案及地震应急预案要求，结合工程实际，制订应急预案。认真遵循“安全第一，常备不懈，以防为主，全力抢险”的工作方针，实行全面部署，保证重点，统一指挥，统一调度，服从大局；做好抢大险、抗大灾的思想准备。工程管理单位应设置抗震救灾应急办公室，由第一责任者直接负责，在上级部门的统一领导、指挥和协调下进行本工程的地震应急、抗震救灾和恢复重建工作。根据临震预报可能发生地震灾害事件的趋势，决定运行管理人员疏散避震的时间和范围，启用地震应急避难场所，组织相关人员疏散安置；调集应急救援队伍、相关人员进入待命状态，对挡水大坝的地震灾害检查责任到人，动员地震应急救援后备人员做好参加应急救援和处置工作的准备；调集应急救援所需物资、设备、设施、工具，准备地震应急避难场所所需的食品、饮用水、帐篷等基本生活必需品，确保其处于良好状况、随时可以投入正常使用；强化地震应急和防震减灾知识宣传教育；密切加强地震震情信息收集，根据震情变化，采取相应措施。在制订应急预案的基础上，建立地震四级应急响应机制。

（3）建立防灾体系。建立健全防震减灾工作体系及法律体系，加强地震监测预报和快速反应能力，做好以地震安全性评价为基础的抗震设防工作，做好震害预测和震灾快速评估工作，做好地震应急对策和应急预案的工作，增强震后救灾与恢复重建的能力，提高民众的防震减灾意识。地震灾害应急和抗震救灾工作坚持“统一领导、分级负责、属地为主、资源共享、快速反应”的工作原则。地震灾害发生后，各单位应立即按照职责分工和相关预案开展应急处置工作。各单位是应对本单位区域或管理范围内地震灾害的责任主体，上级主管部门根据地震灾害情况给予指导、协调和支持。各单位或项目部接到当地政府关于地震灾害的预警信息或发生地震灾害后，按级别启动应急响应机制，布置灾害应对和抗震救灾工作，同时将预警、灾害信息及响应情况及时上报。

(4) 重视次生灾害防治。2008 年的汶川地震诱发大量次生地质灾害，本身稳定的公路边坡上产生高位滑坡、崩塌、落石及残坡积物流动等，这些地质灾害造成了巨大损失。同时，灾区建成的 26 座大中型水电站，其工程边坡基本稳定，却因“开口线”以上自然边坡发生滑坡、落石等灾害造成建（构）筑物严重损坏，水电站停运。在实际工程中，受风化、卸荷等的影响，自然边坡表部任一小型局部块体在诱发因素（降雨、地震、工程振动等）作用下失稳均会对其下方的建筑物和人员安全造成严重影响。另外地震滑坡导致堵江事件对电力工程安全也构成严重威胁。杨勇对收集到的 147 起滑坡堵江事件按斜坡破坏机制、滑坡物质组成、滑坡体的体积等进行了分类，分析出地震活动导致堵江的滑坡占 70.0%、崩塌占 17.1%、泥石流占 12.9%。因此，必须加强工程区自然边坡的地质调查，重视地震对自然边坡危险源的致灾影响及滑坡堵江的分析研究，加强次生地质灾害的防治。

7.3.4 分项工程地质灾害危险源控制

7.3.4.1 水库工程

水库蓄水后一般会有一个地质灾害的集中释放期。在这一时期，应该高度重视地质灾害防治，采取一切可能的措施，尽可能地保障人民生命财产安全。

(1) 进行危险源辨识。水库工程地质灾害危险源包括水库蓄水初期及运行期间易引发相关地质灾害问题的不良地质条件和建设环境。其中，滑坡涌浪、重要地段库岸再造、塌陷及诱发较大水库地震（大于 4 级）的危险源为重大危险源，应按照相关规程规范的要求，在做好水库工程地质勘察的基础上，进行危险源辨识。对于交通不便、环境复杂的深山峡谷型水库，应充分利用 3S 集成技术，辅以地表调查，查明库区地质灾害类型、规模、活动特征与空间分布规律，建立实用的库区工程地质信息系统。在研究水库区库岸稳定性，崩塌、滑坡、泥石流及其他堆积体的分布、成因，以及蓄水后的复活机理、复活条件等的基础上，对水库库岸进行稳定性分段与评价，预测潜在失稳区地段对居民点、农田的影响与危害，并对灾害的防治提出合理的建议。蓄水期对库岸稳定进行复核，并对重大危险源进行重点排查。

(2) 加强变形监测。在蓄水过程中，对重点失稳岩土体（经稳定复核及隐患排查后认为存在较大安全隐患的岩土体）及列为待观区暂时不搬迁的居民点分布地段，进行定期观察和监测；及时进行库岸巡视、分析、评价，并做好相应的预测预报工作；对出现失稳变形迹象的进行加密观察，并提出警示或提出处理方案。三峡工程开工后对需要实施工程防护的库岸进行了严格的防治和处理。自 2003 年 6 月三峡工程蓄水以来，三峡库区已建立了专业监测点 100 多个，群测群防点 1600 多个，库区地质灾害监测预警网络已基本形成。地质灾害监测预警系统以其准确、可靠的预警预报为三峡库区撑起了一张“安全网”，最大限度地减少了库区群众生命财产损失。

(3) 做好水库运行管理工作。水库库岸稳定主要表现为滑坡塌岸，而且主要发生在蓄水初期。随着水库的稳定运行，地质灾害会逐步减少。因此，运行期应以管理控制为主（包括安全监测、环境保护等），特别是应做好水库运行管理工作，做好水位控制与科学调度、库岸绿化与水土保持等工作，尽可能避免库水位较大幅度的骤降。三峡库区处于我国地势第二级阶梯的东缘，是典型的峡谷地理形态，其自然地质条件复杂，生态环境脆弱，暴雨洪水频繁，历来是地质灾害多发区，地质灾害防治工作的有序推进，确保了三峡水库的安全运行。

7.3.4.2 边坡工程

（1）进行危险源辨识。边坡工程地质灾害危险源包括施工与运行期间易引发相关地质灾害的地质环境条件和诱发因素。所有与边坡地质灾害相关的危险源均为重大危险源。各参建方应按照相关规程规范的要求，在做好边坡的地质勘察与设计工作的基础上，进行危险源辨识；对不良地质发育地带或边坡工程地质灾害易发区域，在工程布置上能避让的应尽量避让，不能避让的要重点查明，以便采取有针对性的预防措施。

（2）加强工程边坡治理。在2008年汶川大地震中，经过人工处理的边坡稳定性也接受了考验。据水电站震损调查，所有处理过的边坡没有一处发生滑坡等次生灾害。不仅水电工程是这样，在北川县城原来认为非常危险、经过加固处理的边坡，也同样在地震中没有破坏。而一些原来认为比较稳定而没有处理的边坡发生滑坡，反倒造成了巨大的伤亡。可见对边坡进行及时的支护处理，可以对危险源实施有效的控制，从而预防和减轻地质灾害的危害。因此，在做好边坡勘察设计工作的基础上，施工单位应严格按照相关规程规范及设计要求，实施开挖、爆破、支护与监测。

（3）重视自然边坡危险源的防治。随着电力建设工程规模越来越大，不少工程均遇到自然边坡危险源问题。目前，工程技术人员工程边坡危险源的认识和研究比较深入，但对自然边坡危险源，则缺乏应有的足够重视。电力建设工程自然边坡危险源是指在自然营力或工程活动等的作用下，自然边坡可能发生崩塌、滑坡、泥石流等地质灾害，进而造成人员伤亡及财产损失的风化卸荷岩体、危石、松散堆积物等。自然边坡危险源直接威胁施工及运营期间的人员设备及建（构）筑物安全，有必要对其进行辨识，并针对其可能的灾害程度采取有效的防治措施，减小或解除对工程建设的威胁。建设期间，在保证人员、设备安全的前提下，可适当降低治理强度，但要加强巡检、预警、调度控制方面的投入。在对危险源的治理过程中，按照“分区对待、分级治理”的原则，先对等级高的危险源进行治理，确保危险源在施工期间和运营期间不发生地质灾害。

自然边坡危险源的防治应贯彻“安全第一，以人为本，以防为主，分期防治”的原则，尽量避免采用开挖爆破等工程措施扰动天然边坡的自然稳定状态，避免破坏天然植被，并结合工程实际情况，采取相应的锚固、支挡、疏导、拦截、避让等工程防治措施；着力加强水土保持，同时有效做好危险源周边引排水防护系统的完善措施。如澜沧江小湾水电站针对枢纽区域的危险源分布特征、防护对象和工作条件，将防治标准划分为三类：一类为永久性防治标准；二类为施工期防治标准；三类为临时防治标准。分析评价方法为工程地质类比和简易力学分析。

工区危险源的清理主要在工程建设过程中逐个进行。当危险源不具备大规模清理和解爆的条件时，主要是在适当位置采取挡墙加被动防护网等挡护措施，并用随机锚杆对危石进行锚固，在适当位置用混凝土对危石进行有效支撑，用水泥砂浆对裂缝进行封堵，同时保护好已有植被。

(4) 采取有针对性的工程控制措施。针对边坡工程地质灾害危险源特征及可能产生的地质灾害风险，采取有针对性的预防措施，边坡工程地质灾害危险源控制措施见表7.3。

表7.3 边坡工程地质灾害危险源控制措施

地质灾害危险源	辨识特征	风险分析评价	控制措施
崩塌	人工开挖边坡过陡或支护不及时，或受大爆破震动影响易产生土体崩塌或岩块坠落。崩塌明显受断层面或结构面控制，具有突发性特点	危害工程安全，并对施工人员、设备造成危害	避免不合理开挖及强烈的机械振动或大爆破，及时支护，必要时采取防护措施
滑坡	具有分布面广、产生条件复杂、作用因素众多、运动机理多变、预测困难、治理昂贵，以及建设期间多发，而且在运行期间也时有发生，突发性强、危害性大的特点	影响工程安全，并对施工人员、设备造成危害，滑坡一旦发生，既要增加处理投资，又耽误工期	查明产生滑坡边界条件，并进行稳定分析评价，合理开挖，及时支护，加强监测
岩土体大变形	主要发生在施工期间，软质岩边坡、堆积体边坡、风化卸荷岩体边坡易发，包括边坡下部隆起或溃屈、侧面剪切滑移、上部坐落错位、后缘或侧向张开拉裂、岩体弯曲倾倒、边坡支护体开裂、混凝土挡墙破裂、锚索失效等	变形不等于破坏，但变形是破坏的前奏，不进行及时有效的处理，必然带来更大的灾害，危害工程安全，一旦大变形发生，既要增加投资，又耽误工期	查明边坡地质条件，合理开挖，及时支护，系统排水，加强监测。大变形一旦发生，必须进行及时有效的处理
危岩体	受地震、爆破震动或大风降雨、水库蓄水等影响易产生崩塌或滑动破坏	对施工人员、设备造成危害，并影响工程安全	进行清理或采取主动与被动的防护措施
坡面泥石流	主要发生在雨季，常在边坡上冲刷形成沟槽，并在边坡下部形成泥石流堆积	坡面泥石流常破坏坡面的完整性，堵塞排水沟，并对施工人员、设备造成危害	做好地表水引排，及时对坡面进行保护

7.3.4.3 地下工程

(1) 进行危险源辨识。地下工程地质灾害危险源包括施工与运行期间引发相关地质灾害的地质环境条件和诱发因素。其中，引发坍塌、地面塌陷、岩爆、涌水、突泥及有害气体灾害的危险源均为重大危险源，应按照相关规程规范的要求，在做好不同阶段地下工程的地质勘察工作的基础上，进行地质灾害危险源辨识。对不良地质发育地带或地下工程地质灾害易发区域，在线路选择或工程布置上能避让的应尽量避让，不能避让的要重点查明，以便采取有针对性的预防措施。

(2) 开展超前预测预报及围岩变形监测。在大型地下工程特别是长大深埋隧洞的建设中，由于埋深大、洞线长、地质背景复杂，前期的地质勘察工难以全面准确查清隧洞沿线的工程地质和水文地质条件，这给隧洞施工留下了地质灾害隐患，危险源相对较多。对于地质条件较复杂的地下工程，进行地质超前预报、开展围岩变形监测是预防地质灾害发生、避免或减轻地质灾害影响最有效的手段。超前预测预报及变形监测成果为施工方案优化、支护参数调整、安全风险评估管理以及排水、堵水、抗水压衬砌设计和应对涌水、突泥引起的环境地质问题等提供依据。

为便于施工计划和管理，应根据需要采取长距离与短距离相结合的方式进行预报。对地下工程中通常遇到的地质灾害危险源，如涌水、突泥（流沙）、岩爆、塌方、软岩大变形等，其预报内容主要对一些可能产生地质灾害的不良地质洞段（如断层、岩溶、高地应力、高压地下水、软弱破碎岩石等）进行超前预测，坚持常规预报与成灾预报相结合、定性预报与定量预报相结合，超前采取有针对性的预防和处理措施，避免或减轻地质灾害影响；对特殊地质灾害（如岩爆、地温、有害气体、放射性等），应进行专门预报，并对施工提出特殊要求。

国内外的地质预报实践经验表明，施工过程中的地质超前预报可采用多种预报方法相结合的综合预报方法，即建立宏观超前预报、长距离超前预报、短距离超前预报三级预报预警机制和地质综合预报体系。

（3）加强施工管理。地下工程地质灾害除受地质因素影响外，与施工有很大关系，监理单位应督促施工单位严格按照相关规程规范及设计要求进行施工作业。尤其是不良地质洞段和有特殊地质灾害危险源洞段，在做好超前预测预报前提下，施工单位应采取有针对性的预防和处理措施。存在岩溶涌水灾害的地下工程，既要考虑对周围环境及居民生产、生活的影响，又要确保隧洞施工和运营安全。岩溶隧洞开挖中涌（突）水的防治应遵循“临界距离、旱季施工、信息化施工”等原则，从环境保护角度出发，本着“排堵结合，以堵为主”的原则，从根本上消除隧洞涌水对隧洞结构以及周边环境带来的不利影响。

根据《隧道施工安全九条规定》（安监总管二〔2014〕104号），涉及隧道施工的电力建设企业应切实做到“铁规定、刚执行、全覆盖、真落实、见实效”，有效防范地下工程地质灾害。

（4）采取有针对性的控制措施。针对地下工程地质灾害危险源特征及可能产生的地质灾害风险，采取有针对性的控制措施，地下工程地质灾害危险源控制措施见表7.4。

表7.4　地下工程地质灾害危险源控制措施

地质灾害危险源	辨识特征	风险分析评价	控制措施
塌方	主要发生在施工期，包括块体塌落、松散岩土体塌落和复合型失稳；塌方多发生在构造带、不利结构面组合发育带及软弱岩带等不良地质洞段	影响工程安全，并对施工人员、设备造成危害，既要增加处理投资，又耽误工期	查明隧洞围岩地质条件，进行超前预测预报，控制爆破，及时支护，加强围岩变形监测，必要时进行超前支护（如超前灌浆、管棚施工等）。小塌方一旦发生，要及时处理，避免塌方扩大
围岩大变形	施工期多发，运行期也有发生，软弱松散地层、断裂带、高应力软岩及膨胀岩中易发。表现为边墙内鼓、底板隆起、顶板下沉、岩体流变、围岩松弛、支护体开裂、混凝土衬砌破裂等	影响工程安全，并对施工人员、设备造成危害，围岩大变形一旦发生，既要增加处理投资，又耽误工期	查明隧洞围岩地质条件，做好超前预测预报，采取预防措施：开挖时预留变形空间、开挖后及时加强支护、二次衬砌设置足够强度的仰拱、加强围岩变形监测等
地面塌陷	主要发生在施工期，隧洞进出口段、浅埋洞段、采空区和大的断裂带分布洞段易发，常与洞内塌方或岩土体大变形相伴而生	影响工程安全，对施工人员、设备造成危害，同时对地面建筑物和生态环境造成影响。塌陷一旦发生，既增加处理投资，又耽误工期	查明隧洞围岩地质条件，做好超前预测预报，预报掌子面前方的围岩类别，判断其稳定性，及时进行支护；同时，加强围岩变形监测，必要时加强支护

续表

地质灾害危险源	辨识特征	风险分析评价	控制措施
突泥（地下泥石流）	主要发生在施工期，富水的砂砾石层、断层破碎带、风化破碎的岩脉、充填泥沙的岩溶洞穴和管道及地下暗河及松散饱水岩土体易发	影响施工安全，并对施工人员、设备造成危害，常引发严重事故，影响正常施工；对其处理十分困难，既增加处理投资，又耽误工期	查明隧洞围岩地质条件，做好超前预测预报，进行超前支护，必要时采取管棚法施工或进行混凝土衬砌
流沙	主要发生在施工期，饱水砂土层、硬脆碎地层（如白云岩）断层破碎带及挤压带易发，与地下水活动相关	影响工程安全，并对施工人员、设备造成危害	查明隧洞围岩地质条件，对可能发生流沙的洞段，采取超前排水、固结灌浆、短进尺、弱爆破、强支护（钢支撑、大管棚）等手段
大流量涌水	主要发生在施工期，岩溶发育区、富水地层易发。一般无法准确预测涌水位置及涌水量。由于突发性强，危害较大	对工程或施工设备与人员造成危害，涌水还降低围岩稳定性，大量高压涌水，常常酿成重大事故。过量排放又会引起地表塌陷、地表水源枯竭等环境地质问题，给居民的生产和生活造成不利影响	查明隧洞围岩水文地质条件，做好超前预测预报，预测含水岩体或导水通道及涌（突）水量大小，并评价其对施工的影响，主动采取预防措施：如超前高压封闭灌浆注浆堵水加固、集中强排或堵排集合、顺坡逆向掘进等
地下水侵蚀	主要发生在运行期，含石膏地层或黄铁矿富集地层易产生地下水侵蚀问题	地下水侵蚀灾害主要对帷幕、混凝土产生腐蚀与破坏。某些高地温热水对金属还具有潜蚀性腐蚀作用	查明和预测地下工程建设区域地下水水质特征，预先采取特殊保护措施，如特殊水泥灌浆或改善混凝土结构等
岩爆	主要发生在施工期，高应力条件下完整脆性硬质岩石易发。岩爆具有滞后性、延续性、衰减性、突发性、猛烈性、危害性等特点。中等（Ⅱ级）以上岩爆常引发灾害	影响工程安全，并对施工人员、设备造成危害。极强烈岩爆可能摧毁工程	查明和预测地下工程建设区域地应力状况，超前预测预报，分析判别岩爆等级，采取预防护措施，如短进尺开挖、超前钻孔应力释放、高压注水、光面爆破或应力解除爆破、加强支护刚度和暂停回避等
有害气体及放射性	主要发生在施工期，煤系、含油、含碳或沥青地层易发有害气体（包括硫化氢、一氧化碳、二氧化碳、二氧化硫、沼气等）；酸性岩浆岩体、伟晶岩脉、煤层与砂岩接触带等通常富集放射性物源	有害气体浓度、瓦斯含量或放射性物质超标，会对人身产生伤害，影响正常施工。若发生瓦斯爆炸，对人员、设备、工程均有危害	查明和预测地下工程建设区域有害气体种类、浓度与分布特点，氡气和γ射线等放射性的辐射量；并对有害气体进行测试和监测，对洞室进行放射性影响评价。采取预防措施，如超前探测、加强通风、除尘、防火等
高地温	主要发生在施工期，在地温梯度异常区、地热异常区、活动断裂带或深埋隧洞易发	恶化作业环境、降低劳动生产效率，严重威胁施工人员安全，影响施工材料运用并危及工程安全，导致设备不能正常使用等	查明和预测地下工程建设区域的水文地质条件、活断裂特征、地温特点（包括地温梯度、地温场和分布特征），预先采取防护措施，如喷水降温、加强通风等

7.3.4.4 地基工程

电力建设工程地基地质灾害主要发生在运行期，但与前期的勘察设计工作和地基施工处理质量密切相关。一般存在特殊地质问题（或地质缺陷）的地基或基础，如深厚覆盖层及强烈岩溶化地基，易产生地质灾害，包括岩土体大变形、岩溶塌陷、大流量渗漏和基坑涌水、软土震陷、砂基液化及渗透破坏等。由于地基地质灾害局限于建筑物的基础范围，只要勘察清楚，处理到位，地基地质灾害是完全可以预防或避免的。

（1）进行危险源辨识。地基工程危险源包括施工与运行期间引发相关地质灾害的地质环境条件和诱发因素。与地基地质灾害相关的危险源均为重大危险源，应按照相关规程规范要求，在做好地基地质勘察工作的基础上，对地基地质灾害危险源进行辨识。对不良地质发育地带或地基工程地质灾害易发区域，在方案选择或工程布置上，能避让的应尽量避让，不能避让的要重点查明，以便采取有针对性的预防措施。

（2）认真做好基础处理。在开展勘察设计工作的基础上，施工单位应严格按照相关规程规范要求，实施开挖，控制爆破，认真处理地质缺陷，进行基础检查处理与验收，不留隐患。

（3）加强地基的监测。通过监测了解地基变形、渗流、地下水运行和周期性变化规律及其影响因素，以便及时采取措施，防治灾害发生。

（4）采取有针对性的控制措施。针对地基工程地质灾害危险源特征及可能产生的地质灾害风险，采取有针对性的控制措施，地基工程地质灾害危险源控制措施见表7.5。

表7.5　地基工程地质灾害危险源控制措施

地质灾害危险源	辨识特征	风险分析评价	控制措施
岩土体大变形	主要发生在运行期，特别是运行初期。一般软弱、松散、破碎岩基、软弱泥化及石膏夹层地基、深厚覆盖层地基易发。主要表现为地基滑动变形、不均匀沉降变形及渗透变形	灾害形式多样，危害程度有所不同，地基岩土体大变形导致上部建筑物的基础和结构变形，直接影响地面建筑物工程（如大坝、围堰、塔基及其他临建工程）的安全	查明地基地质条件，认真做好基础处理，加强地基变形监测
地基失效	主要发生在运行期，砂土、砂壤土或软土地基易发，特别是河流一级阶地和河漫滩地带易发。砂基液化的危害性主要表现为地面下沉、地表塌陷、地基土承载力丧失、地面流滑等	砂土液化、淤泥触变或软土震陷等均可能导致地基失效，产生溃坝，影响工程安全，并对下游人员、设备及财产造成危害	查明地基地质条件，必要时开展场地地震安全评价工作，认真做好基础处理，加强地基变形监测
地基塌陷	施工期及运行期均可能产生，主要发生在喀斯特溶洞或土洞发育地区或采空区。地基塌陷常与地基渗漏相伴而生，岩溶塌陷不仅会导致水库产生严重渗漏，还会形成塌陷地震	影响工程安全，对施工人员、设备造成危害，若坝基或建筑物部位塌陷，将直接威胁建筑物稳定安全，有的会造成建筑物失事。塌陷一旦发生，既增加处理投资，又耽误工期	查明地基地质条件，认真做好基础处理，加强地基变形监测
大流量渗漏	主要发生在运行期，包括水库渗漏、坝基或绕坝渗漏。岩溶地区及松散土体坝基易发，以管道渗漏为主	渗漏量过大，影响水库效益，也造成地基扬压力超标，对坝体稳定构成威胁，而且还可能导致地基松散岩土层产生机械潜蚀，甚至对当地居民的生产生活构成严重威胁	查明坝基及水库水文地质条件，做好防渗帷幕，加强渗流监测，控制渗漏量，避免产生渗透变形，以保安全
大流量涌水	主要发生在施工期，特别是大坝和厂房基坑开挖期间。岩溶地基及松散饱水岩土地基易发	影响基础开挖正常施工和基坑边坡稳定。大流量涌水会淹设备，并对施工人员造成危害	做好基坑防渗，加大抽、排水力度

7.3.4.5 临建工程

近年来，临建工程地质灾害频发，常造成建筑物倒塌、设备损坏、人员伤亡等事故，因此对危险源必须采取有效的控制措施，以较少或避免地质灾害的发生。其中，滑坡、泥石流、河岸冲刷是汛期多发的地质灾害，也是对临建工程危害最大的灾害，具有隐蔽性和突发性、持续时间短、成灾快、破坏性强且危害大的特点，须重点辨识，并采取有针对性的防治措施。

（1）施工营地。

1）应合理规划选址。在充分调查的基础上，选择地质灾害风险较小的场址。营地选择应尽量避开滑坡体、松散堆积物和有滚石的山坡下方，不要选在山谷、河道的底部以及冲沟口。对可能存在重大地质灾害（特别是泥石流）危险源又无法或难以避让的场址，使用前需进行必要的治理，如排导、拦挡、防护等，尽可能通过工程措施减少地质灾害风险。

2）应建立完善的预测、预警机制。地质灾害的不确定性很大，需要在建立完善的预警机制基础上，进行系统的演练及广泛的宣传和教育，使每个现场工作人员具有强烈的防灾意识和识别灾害的知识水平，提高防灾减灾的能力。

（2）料场。要充分重视料场边坡稳定的勘察与评价，加强开挖边坡及环境边坡危险源的辨识，对重大危险源采取必要的支护加固与防护处理措施；对料场高边坡加强监测；对料场弃渣加强管理，集中堆存，避免次生灾害发生。

（3）渣场。渣场常选在河岸、平缓斜坡及沟谷地带，除自身稳定问题较为突出外，还易受暴雨、洪水的影响，最常见的是引发滑坡、泥石流灾害，对下游的建筑设施造成严重危害。渣场本身就是产生地质灾害的危险源，应采取支挡、系统排水、坡面保护等措施进行防护；对存在地质灾害隐患、可能造成重大危害的大型渣场，还应采取监测预警措施。

（4）施工道路。对于路线通过的滑坡地段，首先应消除和减轻水对滑坡的危害，即采取拦截或引排措施将影响斜坡稳定性的地表水、地下水引排出滑坡体外，必要时采取支撑渗沟和排水隧洞引排埋藏较深的地下水；其次是在必要时采取支与挡、减载与反压等措施改善滑坡体力学平衡条件，减小下滑力，增大抗滑力，确保滑坡稳定而不危害工程。对工程区内崩塌、危岩、落石危害性大的路段，公路建设中应采取绕避或以隧道方式通过的措施，避开崩塌、危岩、落石主要分布地段，降低基岩陡坡地带危岩掉落、崩塌的危害程度。在设计中，应采取刷坡清除、镶补勾缝、加固支挡、修筑拦石墙和排水等措施；在施工过程中，应严格控制爆破用药量，分级开挖、及时支护，发现危石及时清除或支撑加固，对影响斜坡稳定性的岩体空洞、裂隙及时进行镶补勾缝，拦截疏导斜坡地表水和地下水。严格按照施工程序施工，同时，对现状稳定性一般或较差的边坡及开挖边坡设置必要的变形监测点，以便对边坡的变化趋势作出准确的判断。

7.3.4.6 输电线路工程

输电线路工程地质灾害危险源辨识及预控就是应用科学的方法和手段，对输电线路工程建设中存在的人的不安全行为、物的不安全状态以及环境危险因素进行全面识别和评价，确定危险源，并提出相应的危险源控制措施或手段，超前防范地质灾害。

（1）合理选择线路。输电线路的建设和运行与线路区内地形、地貌、地质构造、地层岩性和地质灾害发育分布特征等紧密相关，可采用遥感和地理信息系统技术调查线路工程地质环境，判别地质灾害体的基本特征，综合评价输电线路选线的合理性以及输电线路施工服务的便利性，为输电线路工程地质灾害防治提供基础资料和决策支持。输电线路选线尽量避开松散物质集中分布区及现有地质灾害体，当确实无法躲避的时候，必须建立监测预警措施，及时防止地质灾害的发生，尽最大努力减轻地质灾害对输电线路的威胁。

（2）重视勘察设计。进行输电线路建设之前，要做好工程勘测设计工作，全面掌握输电线路工程地质环境条件；对存在重大危险源的塔基或线路通过地段，应开展场地稳定性专项勘查工作，并对现状危险源进行有效治理，消除灾害隐患；对潜在危险源采取监测预警措施，防患于未然；施工期加强现场设计代表服务（以下简称“设代”），及时处理和解决工程地质问题，避免引发新的地质灾害。

（3）加强建设管理。工程施工阶段，严格把握质量关及提高监管力度，积极引导施工单位进行科学合理的施工，坚持不破坏周围环境的原则，杜绝一切可能引发地质灾害的人为因素；工程竣工阶段，对可能引发地质灾害的隐患进行全面仔细的排查，一旦发现问题及时处理，避免因竣工遗留问题造成地质灾害；工程运行阶段，加强对输电线路的运行维护管理，建立专门的地质灾害档案，加强对输电线路的巡视检查，及时发现线路周围地质情况的变化，采取相应措施进行地质灾害防范。

如某电力建设工程线路部分地段存在崩滑流、岩溶塌陷和采空区等不良地质作用及地质灾害，对于大型滑坡区、沟谷地段及排洪泄水通道，通过调整路径，采取避让的措施；对于无法避让的小型崩塌采取清除方法；对无法避让小型的溶洞、落水洞采取充填碎石、毛石灌浆等措施；对于采空区，基础设计时坚持“预防为主、综合防治”的方针，并考虑方案实施的经济性。

7.3.4.7 移民工程

电力建设工程移民大多向山区后靠或就近安置，山区较之坝区更容易遭受地质灾害的威胁和危害，地质灾害危险源更多，做好移民安置全过程中的地质灾害防治工作对确保电力建设工程顺利开展，确保人民群众生命财产安全具有十分重要的意义。移民工程是电力建设工程的重要组成部分，移民工程地质灾害与移民安置规划及安置区地质环境密切相关，为有效预防地质灾害，应做好以下几个方面工作。

（1）科学规划选址。选址的原则包括：在节约用地、不占或少占耕地的前提下，选择地理位置和地形地质条件适宜、交通方便、水源充足、水质良好、便于排水的地段；避开山洪、滑坡、泥石流等自然灾害影响的地段；避让古（老）滑坡体、松散堆积体、采空区、库岸再造影响区、潜在不稳定岩土体分布区，实在避让不开，则应采取妥善的处理措施，避免引发地质灾害或造成二次搬迁；选址应注意协调与国家重要设施布局的关系，并为远期发展用地留有余地。充分考虑移民安置点开发利用过程中可能出现的地质灾害问题，尽最大努力避免出现因规划选址不当、布局不合理而导致拟选安置点无法利用或处置地质灾害成本较大等情况。

（2）做好场地勘察。选定的移民安置点，尤其是移民集中安置区及重要的专项复建工程，应严格按照相关规程规范要求开展地质勘察工作，并对不良地质条件和环境工程地质问题进行调查和评价。在工程地质勘察中应重点解决移民城镇选址与地质环境的关系，预测新城镇建设与运行中可能出现的环境地质问题（包括地质灾害问题）。对不良地质发育地带或地质灾害易发区域，在移民工程具体方案布置上能避让的应尽量避让，不能避让的要重点查明，以便采取有针对性的预防措施。

(3) 开展地质灾害危险性评估。根据《地质灾害防治条例》的规定，移民集中安置点，特别是移民城镇规划区，应严格执行地质灾害危险性评估制度，认真执行评估结论意见及专家审查意见，对可能产生的地质灾害实施有效的防治措施。

(4) 加强移民设代监理工作。移民工程是一项专业涉及面广、关系错综复杂的工程，包括移民安置所涉及的搬迁安置对象原居住地、移民安置区、相关配套项目涉及区及专业项目建设区等。加强移民设代及移民监理工作，落实地质灾害防治措施，对移民工程防灾减灾发挥指导与监督作用。

7.3.4.8 滨海火力发电工程

滨海火力发电工程主要包括厂区建筑、码头、管道、取排水、填海和贮灰场等，工程主要面临着海岸带构造运动、断裂及地震活动、港湾淤积、海底坡、软土地基、海底活动地貌、基岩不均匀风化以及人类工程活动等主要的灾害性地质因素。通过对这些因素潜在的致灾特点分析，滨海火力发电工程地质灾害风险控制应包括选址阶段地质灾害风险回避、设计施工阶段地质灾害风险处理及运行阶段地质灾害风险监控等。地质灾害风险评估是滨海火力发电工程地质灾害风险控制的首要任务。

(1) 选址阶段地质灾害风险的回避。根据滨海区域稳定性的特点，火力发电工程厂址应选择在构造运动相对均衡、厂址范围内无活动性断裂、周边断裂的发震概率低以及距离主干活动断裂较远的相对稳定区域。同时，也应尽可能回避巨厚淤泥层等工程地质条件差的地段以及淤积比较严重、水交换能力差的区域。此阶段地质灾害风险评估的主要内容是区域构造运动特征及稳定性评价。

(2) 设计施工阶段地质灾害风险的处理。该阶段地质灾害风险的处理主要是对已选定的相对稳定厂址存在的其他灾害地质因素、致灾风险进行充分评估，针对可能的致灾因素，采取科学的工程措施，使致灾因素不会产生危害；当地质灾害无法完全避免时，应将可能产生的危害降低到可以接受的程度。地质灾害防治措施包括工程抗震措施、抗滑坡措施、抗差异沉降措施、抗冲刷措施以及港池和取水口的水深维护措施等。

(3) 运行阶段地质灾害风险的监控。电厂运行阶段地质灾害风险的监控主要是对护岸工程、回填工程、码头及引堤工程进行定期沉降与位移监测，以掌握建筑物基础的稳定性，同时应与区域地震台网加强联系，对区域断裂及地震活动进行监测，确保电厂的安全生产；对于港池及取水口水深进行定期检测，作为水深维护依据，确保港池和取水口的正常使用。同时，应将不利地质因素的监控纳入火电厂安全生产管理信息系统，并制订完整的应对潜在灾害地质因素致灾时（如地震、滑坡、不均匀沉降等）的应急计划，加强地质环境的安全管理。

7.4 系统控制

电力建设工程属系统工程，涉及面广，地质灾害种类多。随着计算机技术、网络技术及三维3S技术的迅猛发展，电力工程建设进入信息化时代。地质灾害危险源风险的系统控制是指将地质灾害危险源辨识、监测系统、风险预测分析和评估、风险控制决策和管理等几个方面进行集成化、系统化，构建一个多维的地质灾害风险控制综合管理系统平台，通过综合系统平台，寻找适合对应项目的最佳风险控制管理解决方案。

7.4.1 地质灾害危险源风险控制系统构成

（1）风险辨识。在明确灾害风险管理对象和目标的基础上，利用3S技术并结合室内遥感解译技术和野外实地勘察来鉴别形成风险的来源、范围、特性及与其行为或现象相关的不确定性，收集相关基础资料和数据，建立灾害管理数据库并确定相关的方法理论和标准。这是风险管理的起点，在很大程度上界定了风险的本质特征。

（2）风险监测。以监测地质灾害时空域演变信息、诱发因素等为主要任务，最大限度地获取连续的空间变形数据，应用于地质灾害的稳定性评价、预测预报和防治工程效果评估。地质灾害监测是集地质灾害形成机理、监测仪器、时空技术和预测预报技术为一体的综合技术。目前地质灾害的监测技术方法研究与应用主要围绕崩塌、滑坡、泥石流等突发性地质灾害进行，监测技术主要包括位移监测法、环境监测法以及多维地质灾害监测系统。

（3）风险分析。利用主观或客观的概率，评估产生错误的可能性；模拟风险源与其可能产生的影响之间的关系；评估出各种可供选择的风险概率值，主要包括致灾因子分析、暴露要素分析、脆弱性分析、建立灾损曲线以及风险的建模，其目的是实现地质灾害预测预警。随着目前计算机技术、3S技术、高精度动态监测技术和信息技术的快速发展，突发地质灾害的预测预报理论基础和预测模型研究方面取得了明显进展。无论是地质灾害空间预测、时间预测，还是时空预测，均已进入半定量-定量预测模型共存及确定性模型、统计模型、灰色模型和信息模型共同发展的阶段，快速发展的人工智能预测预报模型、非线性预测预报模型和基于GIS技术的信息模型，是地质灾害预测预警研究未来发展趋势。

（4）风险评估。风险评估是风险分析过程和风险管理之间的衔接步骤，之前着眼于分析灾害本身，之后便转移到了灾害对人类社会危害的可能性上。地质灾害风险评估是一个多因子、多层次、多标度的动态和非线性系统，主要是开展致灾因子评估、脆弱性评估、抗灾能力和灾后恢复能力的评估。目前地质灾害风险评估的主要方法有模糊综合评判法、人工神经网络法、GIS技术、信息量模型、层次分析法等。单独使用一种方法进行地质灾害风险评价有时会存在很多缺点。在现实工作中，往往采用多种方法的组合，如层次分析模糊评判法、信息模糊评判法、基于GIS的人工神经网络法和基于GIS的信息量叠加法等。

（5）风险接受、减缓和规避。根据风险评估的结果，选择并制定风险接受和规避的决策和措施，并对决策的可行性、科学性等进行评估，在确定决策的合理性后进行决策的开展与实施，同时对决策实施过程进行监控和信息反馈。针对每一种决策，对所有的成本、效益和风险进行评估，包括各种不同决策之间的成本核算，可能导致的社会经济、环境或政治问题，以及目前的决策对今后的选择可能产生的影响，得出风险的可接受程度，相应也可得出风险的不可接受程度。

（6）风险管理。风险管理代表在风险接受和规避基础上的“执行”的过程。简而言之，就是一套用来处理风险的方法。具体地讲，风险管理就是：当认定风险可接受时，就保持该状态，并力图获得最大效益；当认定风险不可接受时，则采取相应措施降低风险，例如规避、满足效益优先原则前提下的治理、系统功能转化等，并跟踪监控措施对于降低风险的效果，反馈信息到风险评价和风险管理系统，实现动态的风险控制。

7.4.2 地质灾害危险源风险控制系统流程

（1）基础数据库建设。基于 ENVI/IDL、ArcGIS、MapGIS 等 GIS 软件获取和整理数据，建立电力建设工程地质灾害危险源诊断数据库，其中包括工程建设项目工作区的隐蔽崩滑体早期辨识数据库，自然灾害（崩塌、滑坡、泥石流、地面塌陷等）、综合地质灾害以及灾害链辨识数据库。

（2）监测系统建设。根据不同种类地质灾害和不同类型地质灾害的物质组成等因素，研究选取工程区适当的监测方法，建立典型地质灾害监测的优化集成方案。该集成监测方案的结构具有一定的数字化、自动化和网络实时动态化特点，即将灾害发生前的特征信息通过传感器转化为数字化信息，自动采集或汇集，数字化传输，数据库存储并提供使用，在全国范围内通过互联网实现前兆数据的分布式共享；具有三维空间和不同的时间尺度，可分为大时间尺度的面上扫描和小时间尺度的单体突发性地质灾害的实时监测，如基于综合物探、三维3S、物联网、智能传感器、非接触式监测及分级预警等技术的集成与综合应用，创建地质灾害的综合勘察、移动式监测、综合监测及评判技术、安全评价及分级预警体系。

（3）三维建模。区域及工程区的孕灾环境和地质灾害危险源的三维场景和三维模型。其中，三维地质模型通过 GeoBIM 软件来实现，GeoBIM 软件框架及建模流程见图 7.1。

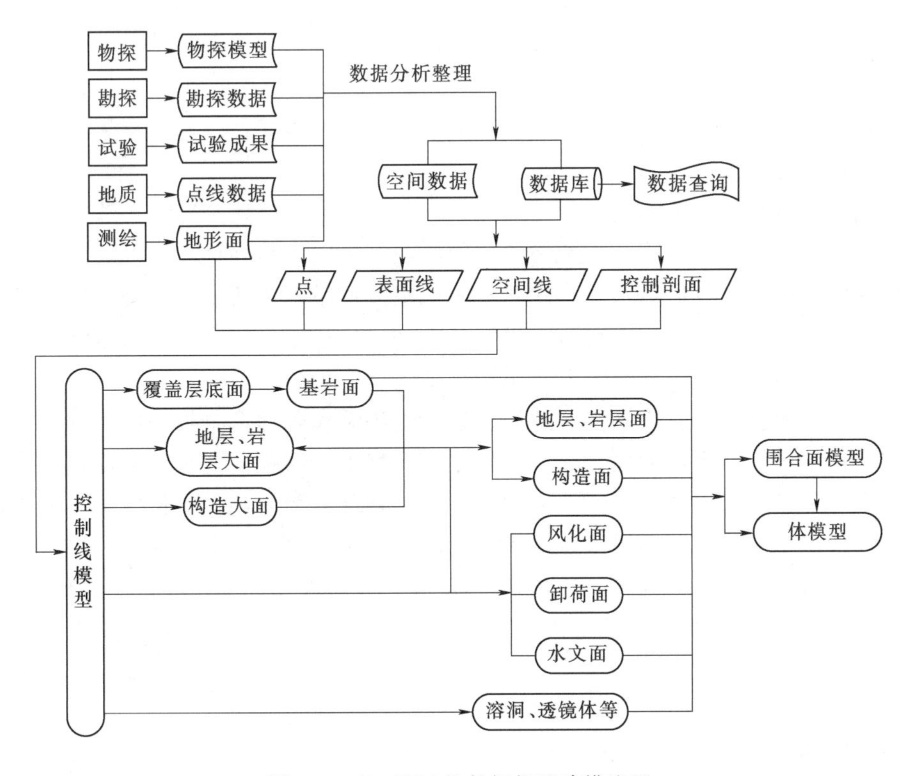

图 7.1　GeoBIM 软件框架及建模流程

三维可视化场景是基于三维GIS软件（Skyline或ArcGIS）二次开发来实现的。Skyline可实现地理地质环境的三维信息浏览，具有很强的信息汇集平台和应用支撑平台。

（4）GIS云服务和企业云平台。诊断数据库是基于ArcGIS软件平台建立的，数据类型主要包括文档表格、图像视频以及网络链接数据。在建立数据的同时，并行将数据库链接、储存并和各类云服务功能发布至GIS云服务和企业云平台。在企业云平台管理中，不同行业、部门获得的编辑授权范围和级别有所区别，以防止数据库被改动和外泄。

（5）创建协同者信息交流平台。在企业云平台上，嵌入协同者交流渠道和平台：如微信、QQ、企业安全网络硬盘系统等。这样在必要的情况下，项目参与者能在及时沟通、协商后再进行添加、删除等操作。

（6）创建电力建设工程风险性评估功能。该功能主要包括以下两个模块：

1）地质灾害危险性评估模块。核心内容包括地质灾害危险源分布位置、体积（或面积）、发生时间概率、诱发条件（强降雨、地震和人类工程活动）、可能的扩展范围、运动速度和距离及其影响范围和强度；评价因素和指标包括分布密度、运动速度和位移距离及其影响范围、强降雨及地震诱发概率和强度、发生频率和强度。

2）地质灾害风险性评价模块。该模块包括3个子模块：①定性分析评价子模块，以地质灾害的危险性和易损性等级划分为基础，对电力工程建设项目地质灾害风险性进行定性分级评价；②半定量分析评价子模块，将风险性分析中定性描述的内容换成了数值，每一个数值与实际的后果和可能性程度并不存在精确的关系，数值仅仅是用来辨识量度范围，主要适用于危险和风险初始辨识阶段，当所应对的风险级别（预先估计）不需要耗费太多时间和精力时以及当所获得数值数据的可能性是有限时，从单独的一个斜坡到覆盖整个更大的区域都可以应用半定量的风险分析方法进行评价；③定量分析评价子模块，在资料十分完备时采用，并且是分析损害的具体数值和发生的可能性，分析结果给出每种风险发生的概率值和发生后的严重程度。

风险定量分析评估通常被用于特定的地质灾害或非常小的研究区域，适用面较窄。计算方法中，将灾害发生的概率作为危险性，把风险结果作为易损性。

当对大流域范围进行区域比例尺地质灾害风险评价时，主要采用的是定性和半定量分析方法，在危险性评价基础上，进行易损性分析评价，最终对风险评价值作分类及其排序分级。在对单体地质灾害风险评价时，主要采用定量分析。

（7）创建风险决策和管理功能。地质灾害风险决策和管理都是根据风险辨识、确定和量度分析评价结果，结合不同电力建设工程本身的特点，从系统的观点出发，整体考虑风险管理的思路和步骤，协商制定、选择和实施风险处理方案的过程。目的主要是做到风险回避、风险控制、风险自留和风险转移。该功能主要包括以下几个子模块：

1）电力建设工程区对应的国内、国际地质灾害评价的相关文件和技术规范文件包。

2）电力建设工程负责专家、地质灾害方面的专家库，包括他们的工作经历、专业特长以及联系方式等。

3）气象天气预报、地震预报台查询链接。

4）专家诊断信息及相应控制措施实施发布台。

5）风险管理及控制绩效回馈发布台。

电力建设工程地质灾害危险源辨识与风险控制系统结构见图 7.2。

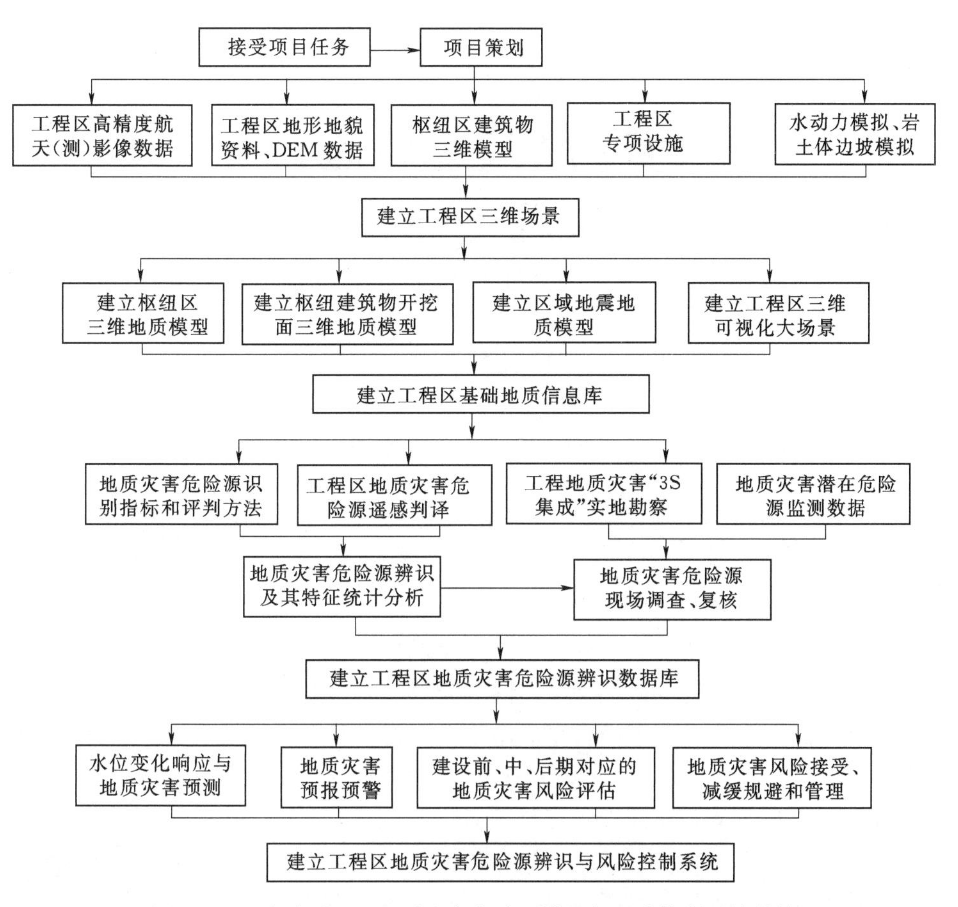

图 7.2 电力建设工程地质灾害危险源辨识与风险控制系统结构

第8章 电力建设工程风险评价实践与应用

8.1 澜沧江黄登水电站

8.1.1 工程概况

黄登水电站位于云南省兰坪县境内，是澜沧江古水（含库区）—苗尾规划河段的第五级水电站，采用堤坝式开发，以发电为主。水库正常蓄水位1619m，其相应库容为15.49亿m^3，调节库容为8.28亿m^3，水库具有季调节性能。枢纽主要水工建筑物由碾压混凝土重力坝、坝身泄洪表孔、左岸和右岸泄洪放空底孔、左岸折线坝坝身进水口、左岸地下引水发电系统等组成。工程最大坝高为203m，为当时国内在建的最高碾压混凝土重力坝。装机容量为1900MW，枢纽布置三维效果图见图8.1。2008年12月工程筹建，2010年3月导流洞工程开工，2013年11月大江截流，2015年3月开始大坝混凝土浇筑，2017年11月28日导流洞下闸蓄水，2018年7月首台机组投产发电，2018年底全部机组投产发电。

黄登水电站工程区为云南省西北部高山峡谷地貌，地形陡峻，地震地质构造背景十分复杂，属云南省地质灾害高发区，工程区崩塌、滑坡、泥石流等自然地质灾害发育，施工开挖诱发或加剧的边坡变形失稳、地下洞室坍塌、涌水及潜在不稳定斜坡等地质灾害问题也较普遍，所采取的防治措施及方法总体有效，具有典型代表意义。

8.1.2 工程区自然与地质环境条件

（1）气象条件。黄登水电站工程区多年平均气温为11.1℃，极端最高气温为31.7℃，极端最低气温为−10.2℃；多年平均年降水量为973.5mm、年蒸发量为1645.2mm、相对湿度为74%；多年平均风速为1.6m/s，最大风速为16.3m/s，最大风速风向为南南西。

（2）水文条件。工程区位于澜沧江上游，河道蜿蜒曲折，流向自北向南，区内主要河流为澜沧江，主要支流有：右岸的弥罗岭河、猴子岩河、布纠河、罗场松河、黄柏河、老王庄河、德庆河、拉戛鲁河、妥洛河、其普河、拉向洛河；左岸的梅冲河、格拉河、碧玉河、南淌洛诶河。各支流均以大角度与澜沧江相交。暴雨强度：5年一遇重现期24h降雨

图 8.1 黄登水电站枢纽布置三维效果图

量为 83.1mm，10 年一遇重现期 24h 降雨量为 99.69mm，20 年一遇重现期 24h 降雨量为 115.32mm。

（3）地质环境条件。黄登水电站位于云南省西北部，地处横断山脉，工程区地势总体为北高南低，为滇西纵谷山原区地貌单元，西部缅甸境内恩梅开江以西为低山丘陵区，东南部为云贵高原部分，由海拔 1500～4000m 的高原和中高山组成。大地构造跨越扬子准地台、松潘-甘孜地槽褶皱系、唐古拉-兰坪-思茅地槽褶皱系和冈底斯-念青唐古拉地槽褶皱系，区域地质构造背景十分复杂。新构造分区上属察隅-兰坪差异隆起区的高黎贡山断陷隆起区中部，具整体掀斜式隆升运动。总体上工程区区域构造稳定性较差。枢纽工程区位于川滇菱形块体的西南部，印支地块和滇缅地块的北部，是新构造运动比较弱的地区。近场区范围内无晚更新世以来活动断裂，不具备发生较强地震的构造条件，属构造相对稳定地区。坝址区 50 年超越概率为 10%的基岩峰值加速度为 0.123g，相对应的地震基本烈度为Ⅶ度。

黄登水电站水库区为高山峡谷地貌，地形切割强烈，山势雄伟，沟壑纵横。区内澜沧江总体呈近南北向展布，枯水期江水面宽 50～150m，江水位高程为 1446～1619m，河床纵坡约 0.20%。区内河谷多呈对称的 V 形，两岸岸坡陡峻，岸坡自然坡度一般为 30°～50°，局部为悬崖峭壁，仅水库库尾河段河谷相对较宽阔，发育有Ⅰ级、Ⅱ级及Ⅲ级阶地。

枢纽区河段长约2.2km，河谷狭窄，为横向谷，呈V形，两岸地形基本对称，山坡陡峻，自然坡度一般大于45°，局部为陡壁，两岸岸坡冲沟发育，岸坡呈沟、脊相间，坝址左岸上游发育梅冲河，右岸下游发育七登河。黄登水电站工程区原始地貌见图8.2。

(a) 水库区

(b) 枢纽区

图8.2　黄登水电站工程区原始地貌

水库区出露地层以中生界为主，有少量上古生界及新生界地层。主要出露地层有石炭系下统石登组上段（C_1s^2）、二叠系上统（P_2a）、三叠系上统小定西组（T_3xd）、侏罗系中统花开左组（J_2h）、侏罗系上统坝注路组（J_3b）及第四系（Q）地层。在库尾局部有印支期侵入的辉长岩岩体分布。

枢纽区出露的地层主要为三叠系上统小定西组（T_3xd）、侏罗系中统花开左组下段（J_2h^1）及第四系（Q）。三叠系上统小定西组为变质火山岩系，岩性主要为变质玄武岩、凝灰质火山角砾岩及火山角砾岩夹凝灰岩及绢云母千枚岩。变质玄武岩、变质凝灰质火山角砾岩、变质火山角砾岩一般呈块状、次块状结构，变质凝灰岩及灰绿色绢云母千枚岩呈薄层状结构。侏罗系中统花开左组下段岩性为板岩、千枚状板岩夹变质粉、细砂岩。第四系按成因类型可分为冲积层、洪积层、坡积层、崩积层、滑坡堆积层、泥石流堆积和冰川等多种作用的松散堆积体，厚度为10～90m。

枢纽区位于科登涧同斜倒转向斜的东翼、黄登同斜倒转背斜的西翼，岩层横河展布，产状为N10°～20°E，NW∠75°～90°。枢纽区未见Ⅰ级、Ⅱ级结构面，揭露的主要为Ⅲ级、Ⅳ级及Ⅴ级结构面；Ⅲ级结构面主要为断层（F），枢纽区揭露25条，Ⅳ级结构面主要为小断层（f）、挤压面（gm），枢纽区揭露104条小断层，挤压面及Ⅴ级结构面较为发育。结构面走向总体与区域构造迹线一致，以近南北向陡倾角为主。

枢纽区岩体风化以均匀风化为主，在变质凝灰岩及构造发育部位部分地段存在夹层风化现象。枢纽区无全风化岩体，强风化岩体仅在局部有分布，弱风化岩体底界埋深右岸一般为20～52m，左岸一般为25～74m，河床部位一般为10～13m。枢纽区强卸荷岩体仅在山梁部位局部分布，厚度一般小于10m，弱卸荷岩体底界水平埋深右岸一般为18～40m，左岸一般为20～50m；微卸荷岩体底界水平埋深右岸一般为40～80m，左岸一般为42～74m，河床部位卸荷岩体厚度一般小于10m。

枢纽区由变质玄武岩组成的岸坡地下水位埋深变化较大。变质火山细砾岩、变质火山角砾岩与变质玄武岩相比，岩体中节理相对不发育，岩体块度相对较大，透水性相对较差，地下水位埋深相对较小。变质玄武岩、变质火山细砾岩和变质火山角砾岩中，由于分布有相对隔水的变质凝灰岩夹层，因此，在相对完整的变质凝灰岩夹层两侧的岩体中可出水位不连续现象，枢纽区两岸地下水位埋深右岸一般为30～145m，左岸一般为50～128m。枢纽区弱风化岩体渗透性以中等透水—弱透水为主，微风化—新鲜岩体渗透性以弱透水—微透水为主。

8.1.3 地质灾害危险源辨识

工程所在区域属云南省地质灾害高发区，兰坪县和维西县都是地质灾害重点防治区。黄登水电站工程区现状地质灾害较发育，据现场调查，现状条件下的地质灾害类型主要有崩塌、滑坡、泥石流及潜在不稳定斜坡，共发育崩塌5个，其中，3个分布于库区，2个分布于枢纽区；滑坡28个，其中，27个分布于库区，1个分布于枢纽区；泥石流6处，全部分布于库区；潜在不稳定斜坡9个，其中，8个分布于库区，1个分布于枢纽区。

（1）水库区近坝库段已有自然地质灾害现状下主要发育1个倾倒变形体、2个大型堆积体及1条泥石流沟。

1）1号倾倒松弛岩体。1号倾倒松弛岩体位于坝址上游右岸、梅冲河河口对岸山坡及山梁高程1650m以上部位，以1号冲沟为界分为两部分，1号冲沟上游部分分布高程为1480～1840m，下游部分分布高程为1650～1910m，宽度为400～500m，水平厚度为50～75m，垂直厚度大于80m，土方量为700万～800万m^3（图8.3）。该倾倒松弛岩体表部为厚10～20m的坡、崩积层，下部基岩为变质玄武岩、变质凝灰质火山角砾岩夹变质凝灰岩，岩层走向平行岸坡，陡倾山里，在岸坡应力作用下，岩体向河谷方向倾倒变形，岩体中节理、裂隙普遍张开，一般张开宽度为1～5cm，有些宽达25～50cm，一般无充填，少量充填碎石和泥，岩体破碎，结构松弛。

(a) 正面全貌

(b) 侧面局部

图8.3 黄登水电站工程区1号倾倒松弛岩体

2）1号松散堆积体。1号松散堆积体位于坝址上游左岸2.8～3km地段，分布高程为1480～1720m，沿左岸公路宽约210m，勘探揭露的堆积体垂直厚度为40.56m，水平厚度为13.50m，土方量为100万～150万m^3，主要由块石、碎石混粉土或块石、碎石质黏土组成，含少量孤石，由冰水、洪水及崩塌等多种作用综合形成。

3）2 号松散堆积体。2 号松散堆积体位于坝址上游左岸 2～2.6km 地段，上游部分分布高程为 1580～1810m，下游部分分布高程为 1480～1755m，后缘最低分布高程约为 1640m，钻孔揭露的堆积体垂直厚度一般为 20～50m，最大垂直厚度达 68.8m，估计土方量为 600 万～800 万 m^3。边坡主要为由冰水、洪水及崩塌等共同作用形成的松散堆积体，堆积体与基岩接触面在地形平缓的山坡处呈近水平状，在自然状态下稳定条件较好。

4）梅冲河泥石流。梅冲河为澜沧江左岸一级支流，流域汇水面积为 19.6km^2，梅冲河流向基本垂直干流，出口段略偏向上游发育。流域最高点高程为 3231m，最低点位于梅冲河与澜沧江交汇处，高程约为 1480m，相对高差达 1751m。主沟谷深沟窄，沟谷呈 V 形，多陡坎，两侧山坡陡峭，部分地方呈直立状，主沟长 7.35km，沟床纵比降较大，沟床平均纵比降为 235.5‰。整个流域上宽下窄，外形上呈规则的漏斗状，汇流条件较好。据调查，1994 年 7 月 10 日下午 7 时左右暴发 200 年一遇大型泥石流。梅冲河位于枢纽区上游左岸，在梅冲河河口部位分布有大量的泥石流堆积物，综合分析，梅冲河具有再次发生较大规模泥石流的可能，黄登水电站工程区梅冲河泥石流沟见图 8.4。

(a) 前期

(b) 施工期

图 8.4 黄登水电站工程区梅冲河泥石流沟

（2）枢纽区两岸山坡陡峻，物理地质作用较强，地质灾害现象较发育。枢纽区崩塌堆积主要分布于冲沟中及澜沧江江边，规模一般较小，土方量一般为数百立方米至数千立方米，主要由孤石、块石及碎石组成，孤石、块石及碎石缝隙中填充粉砂土，自然条件下处于稳定状态。枢纽区规模较大或对工程具有一定影响的已有自然地质灾害主要包括 1 个倾倒松弛岩体、两岸倾倒蠕变岩体及多个大型综合成因堆积体：

1）2 号倾倒松弛岩体。2 号倾倒松弛岩体位于右岸 7 号冲沟右侧山坡，分布高程为 1560～1830m，宽度为 70～150m，水平厚度为 20～70m，土方量为 120 万～150 万 m^3。倾倒松弛岩体分布地层为变质火山角砾岩夹变质凝灰岩和板岩，倾倒后岩层倾角为 30°～45°，岩体破碎，裂隙普遍张开，一般张开宽度为 1～5cm，岩块间架空不明显，呈镶嵌状。钻孔中揭露的 2 号倾倒松弛岩体底界部位岩芯呈散体状，岩层倾角由 30°～40°突变为 80°～90°，倾倒松弛岩体与下伏正常基岩之间存在较明显的折断面，但折断面不连续，且起伏较大。该倾倒松弛岩体在自然条件下处于基本稳定-稳定状态。

2）倾倒蠕变岩体。左岸倾倒蠕变岩体分布于尾水出口高程 1560m 以上至缆机边坡下游侧高程 1690m 以上岸坡部位，右岸倾倒蠕变岩体主要分布在高程 1800m 以上岸坡。该部位山坡陡峻，地形坡度一般为 25°～50°，地表覆盖第四系坡积层，下伏基岩为变质凝灰岩及千枚状板岩，薄片状结构，岩性软弱。岩体的倾倒主要表现为薄层状岩体在弯矩作用下，岩体前缘向临空方向发生倾倒，并逐渐向坡内连续发展，岩体内部沿早期构造成因的片理面发生层与层之间的剪切蠕滑错动。自然状态下，边坡部位地下水埋藏深，无制约边坡稳定的倾向坡外的结构面，边坡整体处于稳定，但表部岩体易产生牵引式浅层圆弧形滑移失稳。

3）甸尾堆积体。甸尾堆积体位于坝址下游左岸甸尾村部位，分布高程为 1470～1780m，平面上呈近东西向似扇形展布的突出三角形山包，东高西低，上窄下宽，地形后缘较陡，中部较平缓，前缘较陡，分布阶梯状梯田，自然坡度为 15°～35°。甸尾堆积体形态属于典型的山岳冰川作用形成的冰川、冰水地貌，其 1900m 高程附近分布有由玄武岩块石构成的终碛堤，终碛堤以下较窄且地形较陡似扇柄部位为冰水流通区，流通区至澜沧江边的扇状地形为冰水堆积扇，终碛堤以上较平缓部位可隐约见冰阜、冰丘分布，属冰川消融堆积区，后缘黄登水库以上地形陡峻，为冰斗地形。甸尾堆积体堆积体边界界线较为明显，下伏底界为与基岩接触带，底界面形态较连续舒缓，其平均坡角为 15°～20°。堆积体厚度一般为 60～80m，最厚处达 120m，估算堆积土方量大于 5000 万 m^3，甸尾堆积体成因分布示意见图 8.5。

图 8.5　甸尾堆积体成因分布示意图

（3）工程建设期间发生的地质灾害主要为附属临建工程边坡地质灾害。

1）梅冲河料仓及混凝土系统。梅冲河料仓及混凝土系统场地位于澜沧江右岸支流梅冲河左岸山坡部位（图 8.6），场地最高开挖边坡约 100m。目前正在进行边坡开挖及支护，料仓部位施工过程中开挖边坡出现了开裂变形的现象，该边坡场地高程在 1700m 以上，上、下游侧为山脊，中部分布一条较大的冲沟。场地范围内分布的覆盖层厚度不均匀，一般山脊部位分布浅，中部凹槽古冲沟部位覆盖层厚度为 50～80m，且在覆盖层中分布有丰富的脉状上层滞水带，地质条件差。边坡开挖施工过程中，曾产生了两期变形开裂现象：一期变形产生于覆盖层内部，属边坡开挖切脚引起的浅表层圆弧形滑移变形；二期变形深度及范围均有所扩大，形成了一条贯穿的弧形拉张裂缝和底滑面，并出现逐级牵引拉裂，属沿基覆界面产生的滑移。经综合治理后，边坡变形已趋缓。

2）油库工程。油库工程布置于左岸进场公路K0＋900～K1＋090的内侧，最高边坡达80m。边坡部位覆盖层厚度较大，一般厚度为25～35m，开挖边坡主要由覆盖层构成，稳定条件差，易产生圆弧形滑移破坏。油库边坡在开挖施工过程中，曾于2010年3月发生较大的变形，后经抗滑桩、网格梁、锚索综合治理后，边坡已稳定。油库及其后边坡现状见图8.7。

图8.6 梅冲河混凝土系统成品料仓全貌

图8.7 油库及其后边坡现状

3）布纠河弃渣公路。该公路起点位于右岸上坝公路K0＋420处，终点位于布纠河渣场右侧山梁，全长约6802m。布纠河弃渣K0＋000～K3＋780段沿澜沧江展布，该段路基多为河床阶地冲积层，厚度一般大于20m，结构松散。K3＋780～K6＋801.775段主要沿斜坡展布，地表主要为坡积层及倾倒蠕变岩体，覆盖层厚度一般小于5m，基岩为千枚状泥质板岩夹变质砂岩，岩体破碎，并且公路坡面分布有松渣。公路开挖边坡主要由侏罗系薄层状泥质板岩组成，边坡稳定条件较差，易产生崩塌和圆弧形滑移失稳。其中罗松场泄槽上游边坡曾发生圆弧形滑移。此外，在布纠河弃渣公路开挖过程中，因受切脚影响，布纠河泄槽上游堆积体曾发生变形开裂，后采用回填反压进行处理。

4）拉关河弃渣公路。该公路沿线地形较平缓，路基采用挖填结合方式形成，开挖边坡一般高度较小，但沿线覆盖层较厚，且在公路通过段有一滑坡体分布，边坡及路基稳定条件较差。在汛期雨水的作用下，边坡及路基发生崩塌及塌陷变形，对渣场公路及下方沿江公路的正常运行、过往的车辆、行人安全造成威胁。

5）布纠河渣场。布纠河渣场位于坝址下游右岸布纠河冲沟内，渣场堆渣高程为1490～1740m，渣场容积为1900万m^3。布纠河冲沟切割深，沟内常年有流水，渣场内冲沟两岸坡地形不对称，呈右陡左缓。左岸及沟底均覆盖第四系地层，厚度一般为5～40m。下伏基岩为千枚状板岩夹变质砂岩，岩体破碎。在布纠河渣场前期排水系统施工过程中，曾引发了上部堆积体前缘坍滑及大范围开裂变形，主要是由于堆积体前缘开挖明渠形成陡坡，导致局部边坡出现滑坡，中上部出现大范围变形开裂，民房地基开裂下沉，后缘拉张裂缝基本贯通，张开宽度一般为10～30cm，最大为60cm，局部错台高度为10～15cm，最大张开可见深度为50cm。变形体体积约为100万m^3，后经回填反压和变更隧洞方案后，堆积体变形已趋于稳定。黄登水电站布纠河渣场堆积体变形示意见图 8.8。

图 8.8　黄登水电站布纠河渣场堆积体变形示意图

注：1. 红色区域为堆积体出现裂缝的范围；2. 蓝色区域为裂缝比较严重的范围。

通过遥感解译识别和现场复核，枢纽工程区现状下发育滑坡 3 处、崩塌 1 处、泥石流沟 13 条、潜在不稳定斜坡 3 处、人工高边坡 13 处。黄登水电站枢纽工程区地质灾害识别及发育分布见图 8.9。

图 8.9　黄登水电站枢纽工程区地质灾害识别及发育分布图

8.1.4　工程区地质灾害危险性评价

危险性评价是通过对影响因素的分析，圈定出可能产生地质灾害的坡体及其影响范围并区划其相对危险程度。根据评价指标体系的构建原则和思路，结合对地质灾害机理及影响因素的分析，选取了 6 个评价指标，其中，基本环境因素包括地形坡度、高差、工程地质岩组、地质构造、河流水系（水系距离），诱发因素包括人类工程活动（道路距离）。

8.1.4.1　危险性评价指标选取

（1）地形坡度。坡度对滑坡地质灾害的发生有很明显的控制作用，坡度不同，不仅会影响坡体内部沿已有或潜在滑动面的剩余下滑力的大小，还在很大程度上确定了斜坡变形破坏的形式和机制。地形坡度越大，发生崩塌、滑坡、泥石流的概率也就越大，其破坏性也越大，地形坡度直接反映评估单元内的地形起伏状况。利用 ArcGIS 空间分析栅格表面功能，在 DEM（数字高程模型）生成坡度图层的基础上进行重分类，并用不同的颜色标志不同危险度等级。

（2）高差。流域相对高差越大，提供的位势能越大，山坡稳定性越差，崩塌、滑坡和泥石流等不良地质现象越发育。相对高差反映发生灾害的危害程度，黄登水电站区域高差指标分级见图 8.10。

图 8.10　黄登水电站区域高差指标分级图

（3）工程地质岩组。作为斜坡的物质组成，岩土体的性质对斜坡的稳定性有很大的控制作用。在收集基础地质资料的时候，获得的往往是地质图，即地质意义上的岩性，而不是工程意义上的岩土体类型，所以评价前还要将之转化为符合工程评价需要的工程岩土类型，这个过程中除了考虑岩土体的类型、物理力学性质外，还要适当结合岩土体的结构特征。

利用已有的区域地质资料，将岩土体划分为松散体、软弱岩体、较软弱岩体、较坚硬岩体、坚硬岩体 5 类。黄登水电站区域工程地质岩组指标分级见图 8.11。

（4）地质构造。地质构造对斜坡的稳定性也有一定的影响。断层的存在使得断层带及其附近一定范围内的岩土体遭到破坏，从而降低坡体的完整性程度，同时作为重要的地下水通道，对斜坡的变形和破坏也必然带来不可避免的不利影响。因而考虑断层对斜坡结构

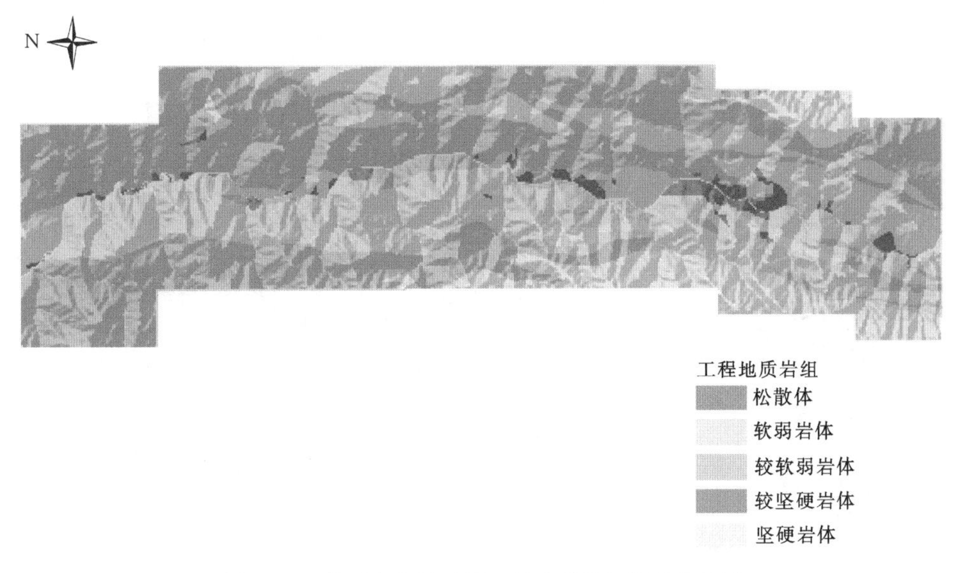

图 8.11 黄登水电站区域工程地质岩组指标分级图

类型的影响也主要是鉴于其对岩土体完整性的破坏和为地下水提供了运营通道。按照断层影响距离进行 buffer 分析，将断层距离按0～100m、100～200m、200～300m、大于300m 划分为 4 级。黄登水电站区域断层距离指标分级见图 8.12。

图 8.12 黄登水电站区域断层距离指标分级图

(5) 河流水系。滑坡、崩塌的发育与河流地质作用密切相关。河流的下切往往会形成陡壁或悬崖，坡体原来平衡的应力状态遭到破坏，并引起应力释放，导致产生与河岸或与开挖平行的卸荷裂隙，并不断加深、扩大，最后形成崩塌。而且，作为水体的主要集合，临河流越近的区域土壤与岩石中往往有较高的含水量，对土体的破坏性也较高。根据河流侵蚀切割影响的距离进行缓冲区分析，将河流距离按 0～50m、50～100m、100～200m、200～300m、大于 300m 划分为 5 级。黄登水电站区域河流距离指标分级见图 8.13。

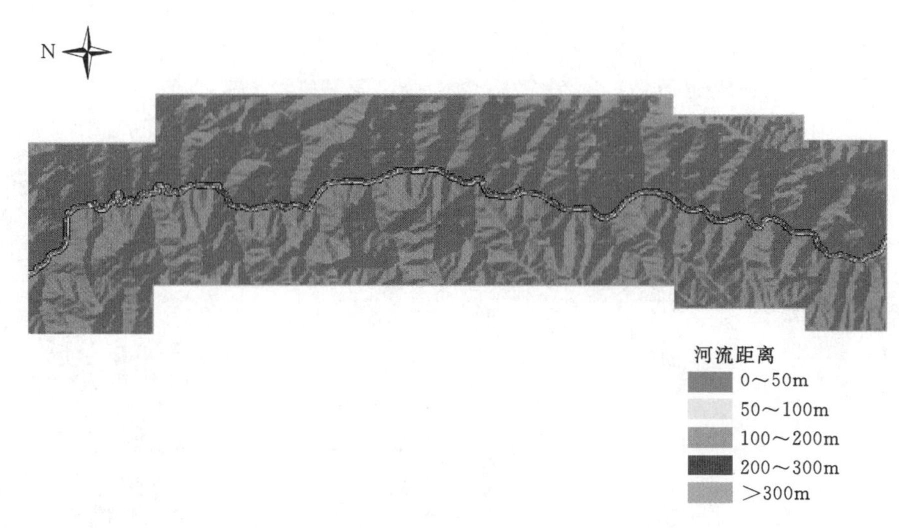

图8.13　黄登水电站区域河流距离指标分级图

（6）人类工程活动。随着人类社会的进步和发展，人类活动，尤其是人类工程活动，对自然的改造强度和频度比以往任何时候都大，这些活动必然也会对工程周围一定范围内的斜坡的稳定性产生影响，成为斜坡失稳的最为活跃的诱发因素。人类的活动强度越大，对地质生态环境的破坏能力越强，地质灾害危险度等级越高。根据资料，将公路距离按0～100mm、100～200mm、200～300mm、大于300m划分为4级。黄登水电站区域公路距离指标分级见图8.14。

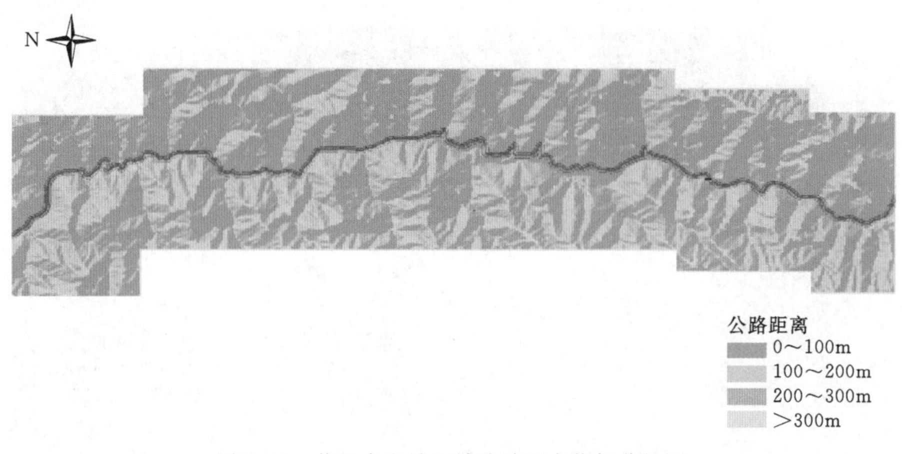

图8.14　黄登水电站区域公路距离指标分级图

8.1.4.2　评价指标权重的确定

在进行地质灾害易发性分区评价时，所选定的评价指标既有定量因素，也有定性因素，而且评价指标数量往往较大，这就给指标权重的确定带来了很大的困难。目前有很多定权方法，如专家打分法、层次分析法、调查统计法，序列综合法、公式法、数理统计法、复杂度分析法等。

目前，在所有的定权方法中，层次分析法被一致认为是一种较为合理、可行的定权方法。它结合了专家打分法定性分析的优点，又采用适当的数学模型进行定量分析，弥补了定性与定量的不足，比较适合于既有定性指标又有定量指标的评价领域，具体步骤如下：

（1）构造判断矩阵。对于 X_1，X_2，…，X_n 个评价指标，采用两两比较得到判断矩阵 $\boldsymbol{X}$，见表 8.1。

表 8.1　判　断　矩　阵

标度	含　义
1	表示两个因素相比，具有同等重要
3	表示两个因素相比，一个因素比另一个因素稍微重要
5	表示两个因素相比，一个因素比另一个因素明显重要
7	表示两个因素相比，一个因素比另一个因素更重要
9	表示两个因素相比，一个因素比另一个因素极端重要
2，4，6，8	上述两相邻之中指，表示重要性判断之间的过渡性
倒数	因素 i 与 j 比较得到判断 b_{ij}，因素 j 与 i 比较得到判断 $b_{ji}=1/b_{ij}$

（2）层次分析法确定权值。假设有一同阶正向量 $\boldsymbol{A}$，使得存在 $\boldsymbol{XA}=\lambda_{\max}\boldsymbol{A}$，则 $\lambda_{\max}$ 为矩阵 $\boldsymbol{X}$ 的最大特征根，$\boldsymbol{A}$ 为对应于 $\lambda_{\max}$ 的特征向量。解其特征方程得 $\boldsymbol{A}$，经正规化后，其各分量即为所对应的 X_1，X_2，…，X_n 的权值。从理论上讲，上式是可以解出的，但如果评价指标过多，则其计算方法较为复杂，计算量较大，很难解出。实践中可以采用求和法与求根法来计算特征向量的近似解。

1）求和法。将判断矩阵按列归一化：

$$b_{ij}=\frac{\boldsymbol{X}_{ij}}{\sum\limits_{k=1}^{n}\boldsymbol{X}_{kj}}\qquad i,j=1,2,\cdots,n$$

按行求和：

$$V_{ij}=\sum_{j=1}^{n}b_{ij}\qquad i,j=1,2,\cdots,n$$

归一化：

$$W_i=\frac{V_i}{\sum\limits_{k=1}^{n}V_k}\qquad i=1,2,\cdots,n$$

求最大特征根：

$$\lambda_{\max}=\frac{1}{n}\sum_{i=1}^{n}\frac{(\boldsymbol{XA})_i}{a_i}\qquad i=1,2,\cdots,n$$

2）求根法。将判断矩阵按行求：

$$V_i=\sqrt[n]{\prod_{j=1}^{n}x_{ij}}\qquad i=1,2,\cdots,n$$

归一化：

$$W_i=\frac{V_i}{\sum\limits_{k=1}^{n}V_k}\qquad i=1,2,\cdots,n$$

求最大特征根：

$$\lambda_{max}=\frac{1}{n}\sum_{i=1}^{n}\frac{(\boldsymbol{XA})_i}{a_i} \qquad i=1,2,\cdots,n$$

（3）进行一致性和随机性检验。由于客观事物的复杂性及对事物认识的片面性，构造的判断矩阵不一定是一致性矩阵，但当偏离一致性过大时，会导致一些问题的产生。因此得到λ_{max}后，还须进行一致性和随机性检验，检验公式为：

$$CI=(\lambda_{max}-n)/(n-1)$$

$$CR=CI/RI$$

式中：CI 为一致性指标；λ_{max}为最大特征根；n 为矩阵阶数；RI 为平均随机一致性比率。

只有当 $CR<0.10$ 时，判断矩阵才具有满意的一致性，求出的权值才比较合理。

（4）层次分析法确定权重是一种较为合理可行的系统分析方法，它是多位专家的经验判断结合适当的数学模型再进一步运算确定权重，具体步骤如下：

1）选定专家组。请一些对地质条件、机理和危险性有一定研究和认识的专家组成专家组开展调查，调查的目的是应用专家们集体的智慧，对影响因素的相对重要性进行评估。

2）构造判断矩阵。信息是系统分析最基础的数据，任何系统分析都要掌握一定的信息才能进行，层次分析法也需要有相应的信息作为分析的基础，其信息的主要来源于人们对不同层次中各个因素之间的相对重要性所作出的判断。通过引入适当的判断标度将这些判断用数值的形式表示出来，构成判断矩阵，以便比较本层次的各因素与某一因素之间的相对重要性。

按照层次分析法，针对各种因子，从不同角度和影响出发，构造判断矩阵，见表8.2。

表8.2　　　　层次分析法构造判断矩阵

项目	河流水系	坡度	地质构造	高差	工程岩组	人类活动
河流水系	1	1/2	2	2	2	1
坡度	2	1	5	3	1	2
地质构造	1/2	1/5	1	2	1/3	1/2
高差	1/2	1/3	1/2	1	1/2	2
工程岩组	1/2	1	3	2	1	2
人类活动	1	1/2	2	1/2	1/2	1

利用线性代数知识，精确求出判断矩阵的最大特征根所对应的特征向量（即为各评价因子的重要性），归一化处理后，也就是权重。然后根据各因子的相对权重进行排序，从而得到影响地质灾害发生的主要因子、一般因子及次要因子。一般情况下可采用方根法或和积法求解，这里用方根法，各因子权重计算结果见表8.3。在危险性评价时，对构建的参评因子判断矩阵进行计算得：$\lambda_{max}=6.3782$，$CI=0.0756$。计算表明，$CR<0.1$，认为判断矩阵具有一致性，是合理的。

表 8.3 各因子权重计算结果

因子	河流水系	坡度	地质构造	高差	工程地质岩组	人类活动
权重	0.1907	0.2994	0.0858	0.1000	0.2040	0.1201

8.1.4.3 危险性评价结果

在评价指标量化的基础上，利用 ArcGIS 空间分析功能实现黄登水电站区域地质灾害危险性区划，用 ArcGIS 的栅格计算工具（Spatial Analyst/Raster Calculator）进行层次分析法计算，重分类得出黄登水电站区域地质灾害危险性分区图（图 8.15）。

图 8.15 黄登水电站区域地质灾害危险性分区图

8.1.5 工程区易损体易损性评价

由于地质灾害自身的危险性以及受灾体对地质灾害抵抗的能力有着较大的差异，在地质灾害易损性评价的实际工作中，不可能把所有的影响因素都加入地质灾害易损性评价指标体系之中。因此，在选取地质灾害易损性评价指标的时候，必须充分分析地质灾害受灾体特性，有针对性地进行指标选取。最终建立的地质灾害易损性评价指标体系应满足以下几点要求：

（1）所选指标简单明了，易于量化，且不过于复杂烦琐。

（2）能较为全面地反映区域特征，可以代表区域易损性的主要内容。

（3）要具备合理性以及可操作性，信息要易于获取，并且切实反映出受灾体的易损特性。

从地质灾害受灾体特性的角度尽可能地全面考虑影响受灾体的各种因素，通常将该指标划分为社会易损性因素、资源易损性因素和物质易损性因素三大类。

在对研究区受灾体类型空间分布、数量特征和实际价值统计分析的基础上，建立地质灾害易损性评价的计算模式。基于现有资料，同时考虑到对受灾体进行统计难度较大且过于追求细节往往对结果影响不大，所以仅考虑道路及其附属财产、房屋及其附属财产等主要方面的易损性问题。黄登水电站区域易损性分区见图 8.16。

图 8.16　黄登水电站区域易损性分区图

8.1.6　工程区地质灾害危险源风险评价

风险分析包括危险性分析和易损性分析两部分，根据风险定义，风险性=危险性×易损性。利用 ArcGIS 软件将危险性图层与易损性图层叠加，用危险性和易损性相乘得到风险性评价分区图，见图 8.17。

图 8.17　黄登水电站区域风险性评价分区图

根据空间分析计算结果，将黄登水电站区域风险性划分为极低风险区、低风险区、中风险区、高风险区。

（1）高风险区：集中位于黄登水电站枢纽区。枢纽区坡度较陡，人类工程活动频繁，危险性较大。由于是水电站坝址所在地，有大量民房和施工场地，易损性大，风险性高。

（2）中风险区：大部分位于库区中上游靠近河流区域。该区岩体较软弱，较易发生灾害，且距河流近，河流作用会对该地区域质环境稳定产生影响。该区居民房屋集中，易损性较大，风险中等。

(3) 低风险区：位于断层附近区域。该区地质构造强烈，对区域岩土体产生影响，恶化该区的稳定性，由于该区居民区较少，易损性小，总体上属于低风险区。

(4) 极低风险区：位于研究区域高山地带。该区受不利因素影响小，少有人类活动，危险性和易损性小。比较而言，该区为极低风险区。

8.1.7 工程区地质灾害危险源风险控制

8.1.7.1 已有地质灾害的风险控制

(1) 近坝库岸。

1) 1号倾倒松弛岩体：整体处于稳定状态，但在部分工况下的稳定性安全储备较低。在下部公路开挖切脚扰动的现状下，存在局部坍塌失稳的可能，并可能牵引上部倾倒松弛岩体变形失稳。采取的风险控制措施为：分别开展施工期及永久运行期的安全监测，并加强巡视、检查。结合蓄水及水位骤降工况下的稳定状态对前缘进行锚固。

2) 1号松散堆积体：整体处于稳定状态，但在暴雨工况、地震工况条件下，堆积体前缘局部将存在变形失稳的可能，其变形失稳模式为牵引式破坏。鉴于堆积体位于近坝库段，采取的风险控制措施为：开展简易观测，汛期进行巡视、检查。

3) 2号松散堆积体：在天然工况下整体均处于稳定状态，但在地震工况下前缘局部处于临界状态，可能会发生牵引式变形破坏，但破坏规模较小，不会对枢纽区建筑物安全造成影响。鉴于堆积体位于近坝库段，采取的风险控制措施为：开展简易观测，汛期进行巡视、检查。

4) 梅冲河泥石流：在强降雨的情况下，泥石流中等易发，可能对冲沟内桥墩造成危害，并可能对导流洞过流造成威胁，危害性大，风险高。采取的风险控制措施为：在冲沟内设置3道拦渣坝对泥石流进行拦蓄，并进行预报和预警，同时做好防范的应急预案，并且在每年汛前对拦渣坝内淤积物进行清理。

(2) 枢纽区。

1) 2号倾倒松弛岩体：分布范围为右岸坝肩及缆机边坡范围，开挖扰动后可能诱发滑坡地质灾害，对建筑物危害性大。采取的风险控制措施为：结合建筑物布置进行全部挖除，局部外围残留或者未挖除部分进行强支护，同时做好监测和防排水系统。

2) 倾倒蠕变岩体：左右岸倾倒蠕变岩体基本分布于左右岸建筑物的中上部及开挖线以外，稳定条件较差。采取的风险控制措施为：对开挖边坡进行锁口及强支护，尽量减少对倾倒蠕变岩体的扰动，并做好截排水系统、加强开挖边坡边缘及外围的监测、巡视及预警工作。

3) 甸尾堆积体：堆积体下部布置了承包商营地、施工场地等临时建筑物及鱼类增殖站等永久建筑物。采取风险控制措施为：对局部开挖部位进行支挡，每年汛前检查、修复截排水系统，汛期加强监测、巡视，做好预警及应急预案。

8.1.7.2 诱发或加剧地质灾害的风险控制

(1) 地面工程。

1) 主体工程：包含左右缆机平台、大坝坝基、500kV开关站工程、尾水边坡、水垫塘边坡、鱼类增殖站等。对于已开挖边坡未支护部位应及时进行支护，并在汛前完成；未开挖边坡部位要求该部位边坡在上部边坡支护好以后再进行开挖，遇地质条件差的部位，边坡开挖时分台分段进行，并及时按设计要求进行支护。汛前要求全面检查、修补完善边坡截排水沟、排水孔，确保边坡工程截排水系统通畅，加强监测、巡视工作，并做好预警及应急预案。

2）临建工程辅助企业：包含大格拉砂石系统、梅冲河料仓及混凝土系统、甸尾混凝土系统工程、供电系统、油库工程及炸药库及筹建期供水系统等。其中，梅冲河料仓及混凝土系统正在进行开挖和边坡支护，应及时完成已开挖边坡的支护，并在汛前完成料仓边坡治理的回填反压；甸尾混凝土系统工程扩建部位应及时做好开挖面的支护封闭。汛前排查、完善所有项目截排水系统，汛期加强监测、巡视，做好预警工作。

3）交通工程：包含营盘至梅冲河公路、进场公路、上游左右岸联络线公路、左右岸上坝公路、缆机支线、弃渣公路等，各公路目前均已投入使用。汛前，应排查所有公路路基及边坡的截排水系统，进行修复和清理；排查清理所有公路隧洞的洞口及高陡边坡部位危岩及坡面挂渣；完成已塌方部位边坡支护；清理公路边坡危险源并按设计要求进行防护。汛期加强公路沿线的安全检查、巡视，对发生过变形的部位进行观测，对存在风险的部位进行警示并做好应急预案。

4）营地及移民安置区：①承包商营地：1～3号承包商营地均位于甸尾堆积体上，目前处于稳定状态。汛前须对1～3号承包商营地的边坡支护、截排水系统进行全面排查，对存在缺陷的部位及时进行处理。汛期加密变形监测，加强检查、巡视并做好预警和应急预案。对于1～3号承包商营地以外、各工程项目分包人在施工区内自建的临时营地及加工场地和仓库等施工临时设施，应进行专门的地质灾害评估，并做好地质灾害防治工作。②移民安置区：坝尾移民安置点场地目前处于稳定状态。汛前，应检查、修复边坡及场地的截排水系统。汛期，应加强观测及巡视，做好预警及应及预案。对于堆渣体的变形，应加强观测，并进行防范。

5）料场渣场：包含大格拉石料场，甸尾弃渣场、罗松场弃渣场、布纠河弃渣场、拉关河渣场、应和村弃渣场、甸尾表土堆放场及大格拉临时堆渣场等。大格拉石料场应充分检查处理料场周边危岩及挂渣、坡面渣体，检查渣体周边的防排水系统，防止塌落及坡面泥石流威胁人员、设备安全。各弃渣场须按设计要求，全面检查排水系统和挡渣坝，完善渣场布置和防护，确保防洪标准达到设计要求。对于临时堆渣，已有处理方案的，按确定的处理方案进行治理；尚没有处理方案的，则要求清除堆渣并作好防排水措施；雨季加强观测和巡视，并做好预警及应急预案。

6）七登河泥石流沟：在河道内设置拦渣坝对泥石流进行拦挡，并在汛前完成泥石流防治设施，同时做好应急撤离预案。

（2）地下工程。

1）地下引水发电系统：开挖揭露的洞室围岩总体较完整，洞室稳定条件较好。应及时按设计要求做好开挖洞室的支护，加强预测预报，重视交叉洞段、软弱夹层及结构面部位的开挖支护，避免大规模坍塌。还应加强低于河床水位地下洞室地下水的预测，做好涌水的应急预案。

2）骨料运输洞：受外围区域构造环境影响，构造发育，地下水丰富，洞室工程地质差。洞室开挖做到“短进尺、弱爆破”并及时支护。做好预测预报及应急预案，防止坍塌、围岩大变形、流沙、涌水及地下泥石流等地质灾害。各洞口采取防护措施，防止周边冲沟雨季洪水和小型泥石流进入隧洞。

3）导流工程：全面检查并疏通进出口边坡截排水系统，加强对出口边坡的监测。七登河需要清理沟内积渣，疏通排水渠，并在汛前完成防护设施，做好预警及撤离的应急预案。

各地下工程汛期须加强监测及检查，并做好预警及撤离预案。

8.1.7.3 经验总结

黄登水电站工程地质灾害防治经验总结如下：

（1）前期勘测工作深度、精度非常关键，查明工程地质条件对地质灾害的预测预防至关重要。

（2）设计方案应充分考虑地质条件，并与地质条件相适应且具有针对性。对于地质条件差的部位，应适当降低边坡分台高度。

（3）边坡施工应处理好开挖与支护的关系，支护的及时性、支护措施的有效性对边坡稳定影响较大。地质灾害防治的措施应充分考虑“投保比”。

（4）边坡变形预警应以监测成果为基础，充分考虑地质专业工程师的经验判断。

（5）地下水对堆积体边坡、软弱岩质边坡稳定性影响极大，应重视地下水的疏排。

（6）地质灾害的防治应建立台账管理制度，并根据实施情况实时更新，进行动态化管理。

黄登水电站开工建设以来，地质灾害多发，特别是堆积体开挖边坡稳定问题较突出，但由于建设、监理、设计及施工各方对地质灾害防治较为重视，对地质灾害建立了防治台账，并实行动态管理，取得了较好的防治效果。

8.2 老挝南欧江六级水电站

8.2.1 工程概况

南欧江六级水电站位于老挝人民民主共和国丰沙里省境内，为南欧江七级开发方案的第六级，坝址位于南欧江右岸支流南艾河河口下游约 1km 至南龙河河口间长约 3km 的河段内，距下游的哈洒渡口约 3.7km。坝址距丰沙里公路里程 27km，距老挝万象市公路里程 828km，距我国昆明市公路里程 1040km。

南欧江六级水电站坝址部位多年平均流量为 161m^3/s。水库正常蓄水位为 510m，相应库容为 4.09 亿 m^3，装机容量为 180MW，保证出力为 72.8MW，多年平均年发电量为 7.39 亿 kW·h。大坝为复合土工膜面板堆石坝，最大坝高约为 88m。水电站枢纽布置见图 8.18，左岸、右岸施工期全貌分别见图 8.19 和图 8.20。该水电站于 2011 年 12 月开始筹建，2013 年 11 月实现截流，2015 年 10 月下闸蓄水，2015 年 12 月建成发电。

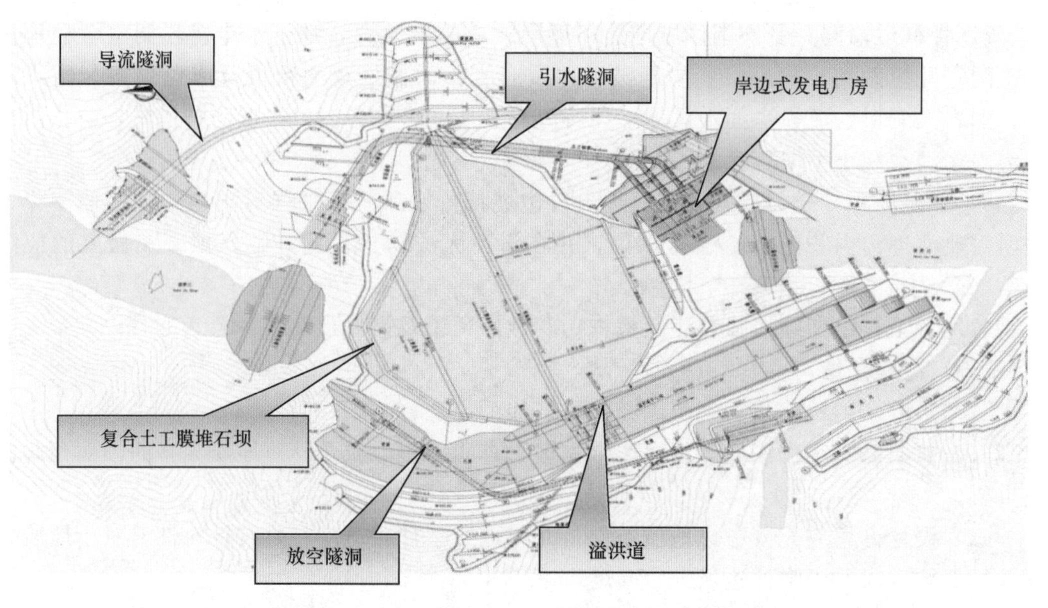

图 8.18 老挝南欧江六级水电站枢纽布置图

图 8.19 南欧江六级水电站左岸施工期全貌

图 8.20 南欧江六级水电站右岸施工期全貌

8.2.2 工程区自然与地质环境条件

（1）气象条件。南欧江流域内现有气象、雨量站较少，以丰沙里站气象观测资料为参考，根据丰沙里站16年的气象观测资料，其降雨特征见表8.4。

表8.4 丰沙里站降雨特征表 单位：mm

项 目	1月	2月	3月	4月	5月	6月	7月	8月	9月	10月	11月	12月
多年平均降雨量	21.9	22.3	58	80.5	203	231	355	293	139	98.2	35.6	28.8
最大降雨量	113.0	52.2	110.8	184.1	420.1	406.5	683.9	438.4	298.7	208.8	109.4	91.4
最小降雨量	0.0	0	0	20.4	0	74.8	193.1	134.6	54.2	32.4	0	0

（2）水文条件。南欧江流域位于老挝北部高原，流域为热带雨林山区，流域的上游被森林覆盖，其余大部分区域分布落叶林和灌木林，植被良好，森林覆盖率高。流域的径流主要由降水补给。坝址多年平均流量为160m^3/s。

（3）地质环境条件。工程区属于云南高原的南延部分，区域内主要发育三级夷平面，高程分别为1600～1800m、1200～1400m和800～1000m；区域内山脉受区域构造制约，以北西向为主，西南部则以北东向居多。流经区内的河流，主要有红河水系和澜沧江（湄公河）水系等。红河和澜沧江切割深度最大可达1500m以上。工程区位于昌都-思茅褶皱系思茅-南塔褶皱带内，区域内断裂构造发育，主要为北东向断裂、北西向断裂和近东西向断裂三组。

水库区为中山峡谷地貌，两岸相对高差一般为400～1000m，地形坡度一般为25°～35°，沿河两岸局部地段分布有Ⅰ级阶地，阶地拔河高度为5～20m。枯水期江水面宽50～150m，江水水位为440～510m。两岸支流发育，较大的支流（自上游至下游）左岸有南怒河、南坎河、南瓦河，右岸有南盘河、南广河、南艾河。

南欧江六级电站坝址位于南欧江右岸支流南龙河上游约0.5km，南欧江自北向南流经坝段。河谷呈V形，两岸地形坡度为30°～40°。地形沟梁相间，冲沟发育，规模较大冲沟左岸有1号、5号、7号、9号、11号冲沟，右岸有2号、4号冲沟。右岸下游发育支流南龙河，南龙河与南欧江交汇处山体单薄。

坝址区出露的地层主要为石炭系下统（C_1）和第四系（Q）。石炭系下统岩性为灰黑色钙质板岩夹灰、灰白色变质钙质长石粉-细砂岩，部分板岩含粉砂，坝轴线部位夹一层厚为15～25m的变质钙质长石细砂岩（Mss）。钙质板岩属软岩，多呈薄层状结构，部分具轻微的失水崩解现象，但崩解后一般无泥化现象。微风化—新鲜的变质钙质长石粉-细砂岩呈次块状或块裂状结构，强度相对较高，属坚硬岩。第四系覆盖层广泛分布，主要为冲积层（Q^{al}）和坡积层（Q^{dl}），冲积层主要为卵石、砾石及砂，厚度一般为1～6m，坡积层主要为碎石质粉土，厚度一般为1～7m。

坝址区岩层产状变化大，褶皱发育。未见Ⅰ级、Ⅱ级结构面发育，发育Ⅲ级结构面3条（F_4、F_5、F_6）。Ⅳ级顺层挤压面（带）发育，地表浅部发育间距一般为4～5m，宽为0.5～10cm，主要由片状岩、碎裂岩及少量断层泥组成。Ⅴ级结构面发育，主要为板理，间距1～10cm，其他结构面相对不发育，产状零乱，延伸大部分较短。

坝址区两岸全、强风化岩体底界垂直埋深一般为10～20m，弱风化岩体底界垂直埋深一般为20～50m，河床部位基本无全、强风化岩体，弱风化岩体底界垂直埋深一般为11～17m。

地下水位垂直埋深一般为10～40m，局部区域受地形影响，地下水位垂直埋深达56～75m。弱风化岩体渗透性以中等透水—弱透水下带为主，其中弱风化变质砂岩以中等透水为主；微风化—新鲜岩体渗透性以弱透水下带和微—极微透水为主。弱透水岩体下带顶界埋深两岸一般为30～60m，河床部位约为30m，其中变质粉-细砂岩体，因结构面发育，岩体破碎，弱透水岩体下带顶界埋深达80～90m。

8.2.3 枢纽工程区地质灾害危险源辨识

（1）滑坡灾害发育情况。枢纽工程区及附近主要分布7个滑坡，其中H_1、H_2、H_3、H_5、H_7均为表层土滑，规模较小，H_4、H_6规模相对较大。工程区滑坡特征见表8.5。表8.5中H_4规模较大，位于坝址上游，距离坝轴线约600m。滑坡表面布3个滑坡平台，公路内侧（高程570m）有季节性泉水出露，物质组成杂乱，滑坡平台宽约150m，厚度为20～30m。地表未见变形迹象，目前处于稳定状态。水库蓄水后，滑坡体前缘会受到库水位升降的影响。H_4滑坡和H_7滑坡分别见图8.21和图8.22。

表8.5 工程区滑坡特征一览表

滑坡	出露位置	分布高程/m	规模/万m^3	现状稳定性
H_1	右岸公路内侧	539～564	0.20～0.25	雨季在活动
H_2	右岸公路内侧	559～577	0.08～0.10	雨季在活动
H_3	右岸公路内侧	565～585	0.09～0.12	雨季在活动
H_4	右岸村庄部位	515～603	80～100	稳定状态
H_5	坝址上游右岸	465～485	0.20～0.25	稳定状态
H_6	支流南龙河左岸	445～510	40～60	稳定状态
H_7	坝址左岸R7道路	高差约10	0.25～0.50	前部已经垮塌

图8.21 H_4滑坡

图8.22 H_7滑坡

R7道路滑坡H_7位于坝址下游左岸，距离坝轴线约500m。滑坡的主要物质为第四系覆盖层土体，前后缘高差约为10m，滑坡厚度约为5m，宽50～100m。目前该滑坡前部已经发生垮塌，主要威胁R7工程道路。

导流洞出口边坡滑塌位于导流洞洞脸边坡上部，导流洞开挖导致洞脸边坡失稳，形成滑坡。目前导流洞出口涵洞为明洞，其上部负地形即为滑坡区域。根据现场考察，滑坡体主要是上部深厚覆盖层和强风化岩体。滑坡体高约80m，宽30～40m，厚度约为20m，总方量为4.8万～6.4万m^3。

滑坡发生后堆积体被清理，目前仍在边坡顶部开展位移监测工作。监测变形曲线虽然没有收敛，但是位移速率已经在降低，斜坡已经在趋稳状态。

（2）崩塌灾害发育情况。枢纽区两岸地形坡度为25°～40°，地形相对较缓，且两岸植被较发育，崩塌现象不明显，仅在局部地形较陡处，由于岩体陡倾角板理、节理发育，易发生散落型崩塌，常在坡脚部位分布一些小范围的崩塌堆积物，土方量较小。

与枢纽区不同的是，南龙河石料场附近岸坡陡峻，坡度约为40°，石料厂附近覆盖层较薄，为2～3m，岩体主要发育3组结构面：层面，反坡向，坡度约40°；节理面2组，倾向分别为顺坡向和垂直于山脊走向。在结构面和层面的共同组合下，岩质斜坡极易发生滑移型崩塌。

（3）泥石流灾害发育情况。坝址区地形不完整，沟梁相间，冲沟发育，规模较大的冲沟左岸有1号、5号、7号、9号、11号冲沟，右岸有2号、4号冲沟；多数冲沟内常年有流水，但由于冲沟内植被较发育，松散碎屑堆积物较少，不具备发生大规模泥石流地质灾害的条件。

8.2.4 枢纽工程区地质灾害危险性评价

8.2.4.1 危险性评价指标选取

根据评价指标体系的构建原则和思路，结合对地质灾害机理及影响因素的分析，选取6个评价指标，其中，基本环境因素包括地形坡度、高差、工程地质岩组、地质构造、河流水系（水系距离）；诱发因素包括人类工程活动（道路距离）。

（1）坡度。利用ArcGIS空间分析栅格表面功能，在DEM（数字高程模型）生成坡度图层的基础上进行重分类，并用不同颜色标识不同危险度等级，南欧江六级水电站枢纽工程区坡度指标区划见图8.23。

（2）高差。利用ArcGIS空间分析栅格表面功能，在DEM（数字高程模型）生成高差图层的基础上进行重分类，南欧江六级水电站枢纽工程区高差指标区划见图8.24。

（3）工程地质岩组。研究区内出露的地层地层较为单一，主要为石炭系下统（C_1）、侏罗系下统（J_1）和第四系（Q）。石炭系下统主要为薄层状板岩主要分布于坝址附近河流两岸；侏罗系下统（J_1）为砂岩、泥岩夹砂岩；第四系（Q）覆盖层广泛分布，主要为坡积层和冲、洪积层。坡积层在南欧江两岸山坡广泛分布，主要为碎石质粉土或粉质黏土。冲积层主要分布在南欧江和两岸支流江中，主要为卵石、粉细砂及黏土。洪积层主要分布在两岸支流河口部位，主要为块石、碎石、卵石、粉细砂及黏土。利用已有的区域地质资料，将其划分为松散体、软弱岩体、中等坚硬岩体、坚硬岩体4类，南欧江六级水电站枢纽工程区工程地质岩组指标区划见图8.25。

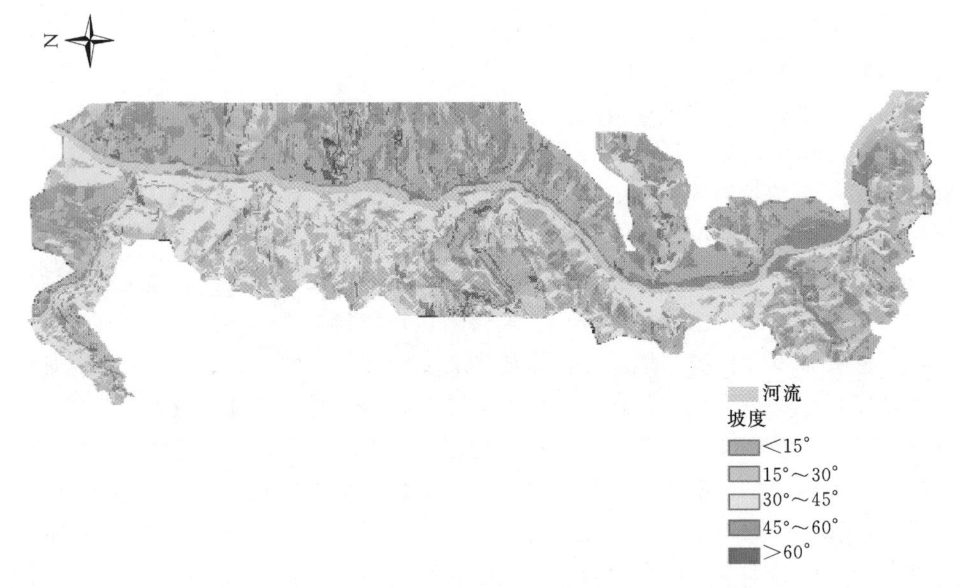

图 8.23 南欧江六级水电站枢纽工程区坡度指标区划图

图 8.24 南欧江六级水电站枢纽工程区高差指标区划图

(4) 地质构造。按照断层影响距离进行缓冲区（buffer）分析，将断层距离指标按 0～100mm、100～200mm、200～300mm、大于 300m 划分为 4 级，南欧江六级水电站枢纽工程区断层距离指标区划见图 8.26。

(5) 河流水系。根据河流侵蚀切割影响的距离，进行缓冲区分析，将河流距离按 0～100mm、100～200mm、200～300mm、大于 300m 划分为 4 级，南欧江六级水电站枢纽工程区河流距离指标区划见图 8.27。

(6) 人类工程活动。人类工程活动，如修建公路、开挖边坡等必然会对周围一定范围内的区域地质的稳定性产生影响，是地质灾害的活跃诱发因素。

图 8.25 南欧江六级水电站枢纽工程区工程地质岩组指标区划图

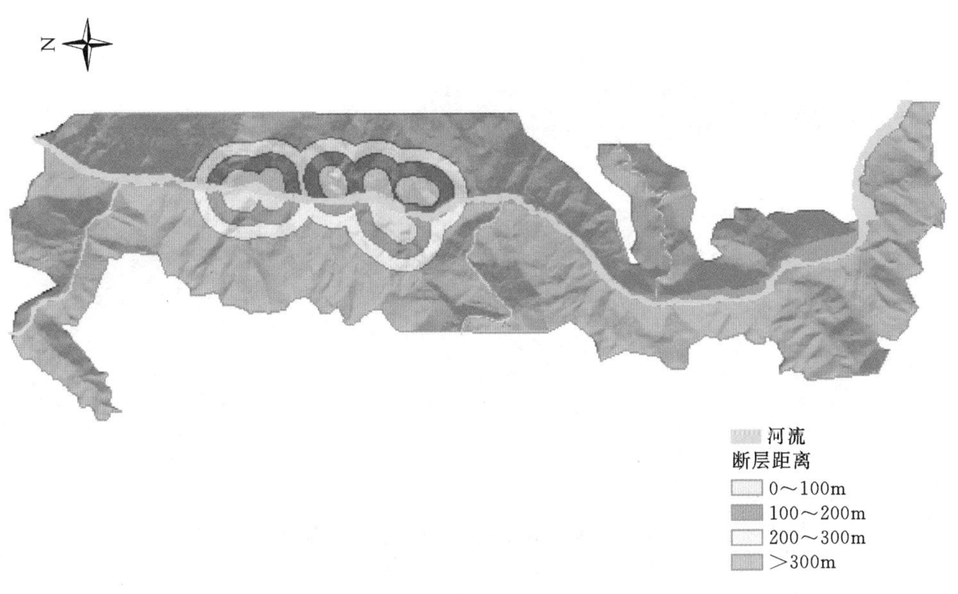

图 8.26 南欧江六级水电站枢纽工程区断层距离指标区划图

根据资料，将道路距离按 0～50m、50～100m、100～200m、大于 200m 划分为 4 级，南欧江六级水电站枢纽工程区道路距离指标区划见图 8.28。

8.2.4.2 评价指标权重的确定

在进行地质灾害易发性分区评价时，所选定的评价指标既有定量因素，也有定性因素，并且评价指标数量往往较大，这就给指标权重的确定带来了很大困难。目前有很多定权方法，如专家打分法，层次分析法、调查统计法，序列综合法，公式法，数理统计法，复杂度分析法等。工程实践中按要求权重使用层次分析法。

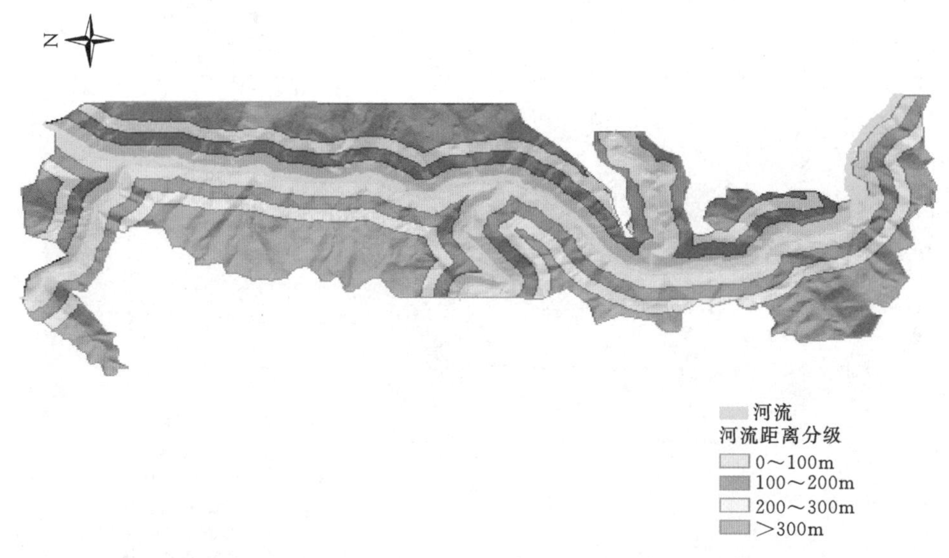

图 8.27　南欧江六级水电站枢纽工程区河流距离指标区划图

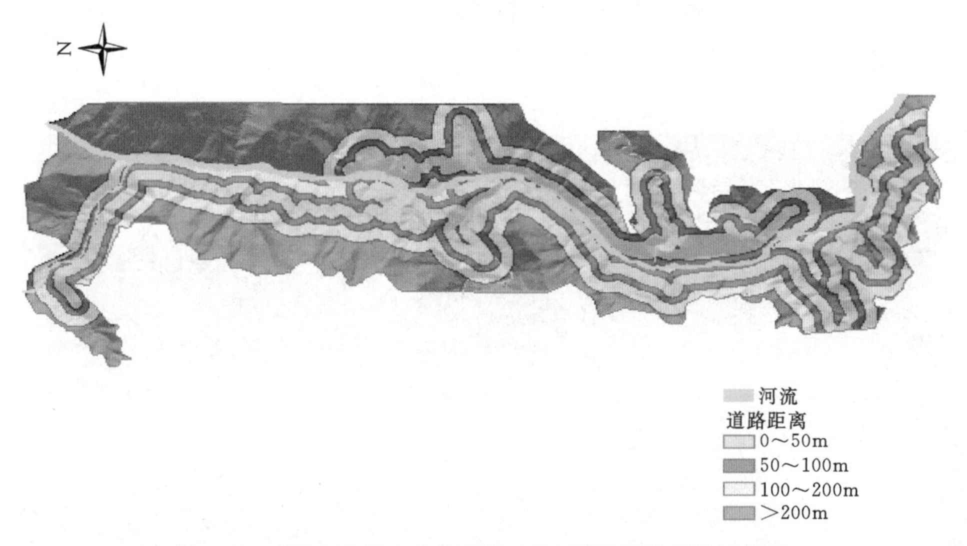

图 8.28　南欧江六级水电站枢纽工程区道路距离指标区划图

8.2.4.3　危险性评价结果

在评价指标量化的基础上，利用 ArcGIS 空间分析功能来实现对南欧江六级水电站枢纽工程区地质灾害危险性区划，用 ArcGIS 的栅格计算工具进行层次分析法计算，重分类得出地质灾害危险性区划，见图 8.29。

8.2.5　枢纽工程区易损体易损性评价

基于现有资料，考虑到对受灾体进行统计难度较大，所以仅考虑道路及其附属财产、房屋及其附属财产等主要方面的易损性问题，枢纽工程区易损性区划见图 8.30。

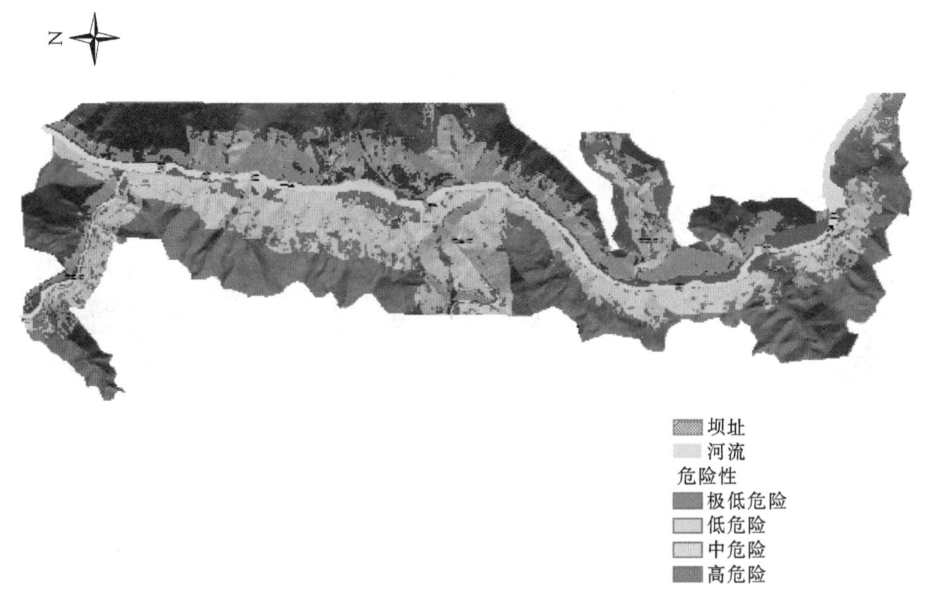

图 8.29　南欧江六级水电站枢纽工程区地质灾害危险性区划图

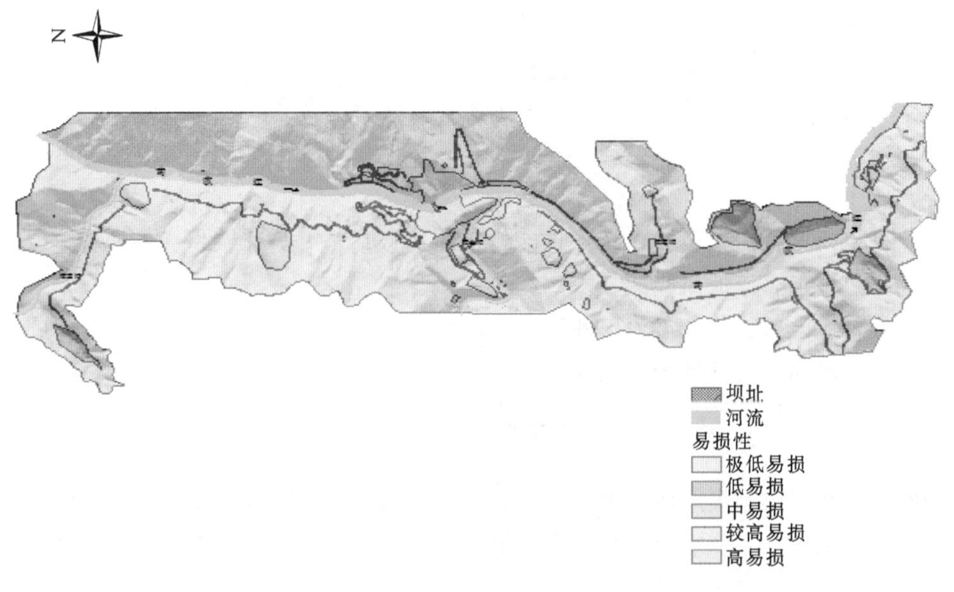

图 8.30　南欧江六级水电站枢纽工程区易损性区划图

8.2.6　枢纽工程区地质灾害危险源风险评价

根据风险定义，风险性=危险性×易损性。利用 ArcGIS 软件将危险性图层与易损性图层叠加，用危险性和易损性相乘得到风险性评价区划图（图 8.31）。

根据空间分析计算结果，将南欧江六级水电站枢纽工程区风险性划分为极低风险区、低风险区、中风险区、高风险区。

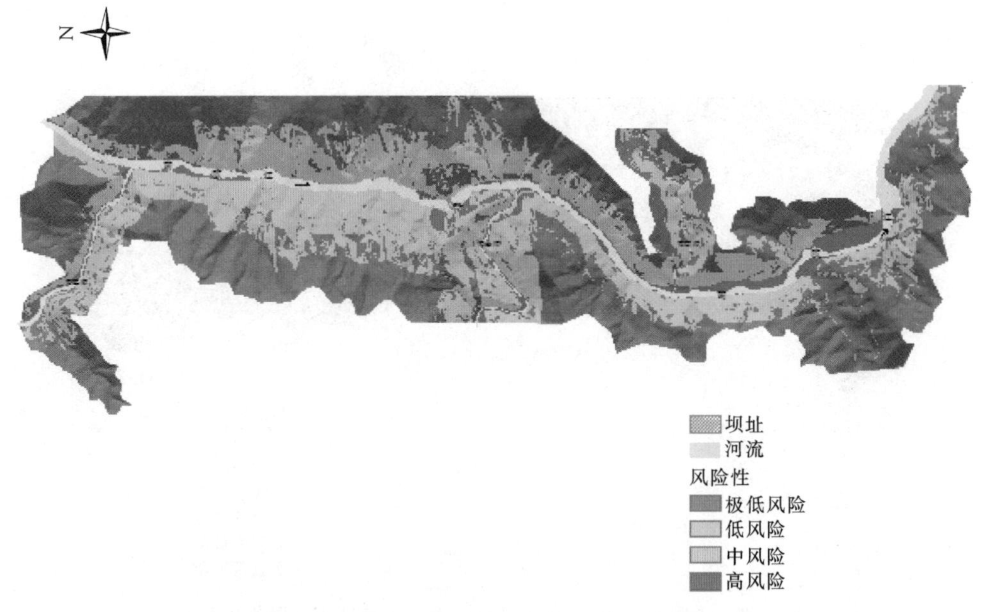

图 8.31 南欧江六级水电站枢纽工程区风险性区划图

（1）高风险区：集中位于坝址区。坝址区岩性较软弱，且人类工程活动频繁，危险性较大。该区易损体多，易损性大，风险性高。

（2）中风险区：大部分位于坝址区上坝段。该区岩体较软弱，开挖较频繁，易发生灾害。且距河流近，河流作用会对该地区域质环境稳定产生影响。该区易损体较集中，易损性较大，属于中等风险。

（3）低风险区：面积较大，离工程区较远。该区岩性较好，人类工程活动相对较少，易损性小，总体上属于低风险区。

（4）极低风险区：位于工程区外围。该区受不利因素影响小，人类活动少，危险性和易损性小。比较而言，该区为极低风险区。

8.2.7 枢纽工程区地质灾害危险源风险控制

南欧江六级水电站枢纽区岸坡地形坡度中等，两岸植被覆盖较好，冲沟内松散堆积物少，历史地震较少，无强震记录，属自然地质灾害易发性小区；地质灾害主要为施工诱发引起。由于该枢纽区地处热带雨林山区，其多年平均年降雨量达1600mm，雨季中5—8月平均降雨量达1080mm，单月最大降水记录可达680mm，降雨集中，强度大，枢纽工程区岩性以板岩为主，为软岩，强度低，两岸坡覆盖层及全强风化岩体厚度大，属于高风险区工程开挖后极易引发次生地质灾害。

（1）边坡工程控制。

1）在雨季到来时，须加快完成导流洞出口及厂房上部边坡变形区锚索施工，保证施工质量，加强排水。

2）做好各开挖边坡的封闭，加强边坡监测，及时反馈监测信息。

3）南龙河左岸桥台位于 H_6 滑坡体范围，组成物质杂乱，其上部边坡开挖较陡，且分布有施工营房，建议搬迁，同时应做好桥台下部锥坡防护工作，防止河水暴涨对滑坡前缘岸坡的掏蚀。

4）坝前 H_4 滑坡体方量大，蓄水后前缘位于水下，受水岩相互作用及岩土体软化效应等影响，存在坍塌、滑坡变形等库岸再造现象，若产生涌浪对下游大坝等建筑物危害大，须进一步分析评价及研究工程处理和监测措施。

5）场内公路边坡设计原则为：尽可能降低公路边坡高度，部分地段允许变形，产生变形后再及时进行处理，因此，对已变形破坏的边坡应及时完成清坡，完善排水，增加警示牌等。

（2）地下工程控制。放空洞闸门井尺寸大，结构体型复杂，围岩以Ⅳ类为主，稳定条件差，需精细化施工，同时加强支护；放空洞开挖中控制开挖质量，及时支护，其中钢支撑与围岩空腔需喷护密实，必要时增加副拱，以防止围岩的塑形变形及大面积塌方。

（3）地基工程控制。

1）趾板一次开挖已完成，二次开挖后须重视清基验收工作，并加强防渗，尤其对右岸，由于山梁单薄，且分布较多砂岩夹层，岩体破碎，风化较深，其下游南龙河切割深，存在向南龙河产生绕坝渗漏的可能，须与溢洪道等建筑物形成有效的防渗体系，必要时可布置双排帷幕。

2）左岸堆石区范围内地形凌乱，冲沟发育，适当清挖以利于施工，确保碾压质量。

（4）料场及渣场控制。

1）加强拉哈料场局部边坡的支护及排水，特别是已变形滑移边坡及里侧开挖较陡的覆盖层及全强风化边坡，必要时增加防护网。

2）施工方补充的南龙河堆石料场，质量满足要求，层面总体有利于边坡稳定，但分布有顺坡中缓节理及陡倾角节理等，边坡存在楔形体滑动及结构面组合后产生的掉块、塌滑及倾倒性变形破坏现象；从边坡稳定及减少支护考虑，可扩大开采范围，适当放缓开挖坡比。

3）按设计方案进行渣场整治和防护，完善截排水措施，雨季加强巡视观测，避免发生泥石流等次生地质灾害。

4）拉哈料场弃渣堆存于公路外侧斜坡地带，且下方有汇水面积较大的冲沟发育，一旦弃渣滑坡引发泥石流对下游危害极大，应采取相应的防范措施。

（5）认真落实防洪度汛措施及地质灾害应急预案，确保安全生产。

8.3 大渡河猴子岩水电站

8.3.1 工程概况

猴子岩水电站位于四川甘孜康定县，为Ⅰ等大（1）型工程。水电站总装机容量为1700MW，多年平均年发电量为74.1亿kW·h。枢纽工程建筑物由最大坝高223.5m的混凝土面板堆石坝、泄洪及引水发电建筑物等组成。水库正常蓄水位为1842m，死水位为1802m，总库容为7.042亿m^3，水库长约42.2km，部分库区在丹巴县和小金县，具备季调节能力。蓄水后坝前水位抬升达147m，蓄水运行期间库水升降幅度达40m，水库长约42.2km，水库塌岸是影响水电站运营和库区S211复建公路安全的重大工程地质问题。因此，开展了库区塌岸危险源分析及风险评价研究。

8.3.2 工程区地质环境条件

（1）地形地貌。库区属中高山深切河谷地貌。大渡河自丹巴四道沟口—成都河坝河段流向为南南东向，成都河坝—亲家沟河段由东西向转为南东向，亲家沟—坝址区河段由南东向折转为南西向流经坝址区。水库河段具深切曲流地貌特征，河谷呈V形侵蚀谷，但宽窄相间，近坝磨子沟—乌龟石河段河谷稍狭窄，岸坡坡度一般在40°以上，局部岸坡坡度可达65°以上；乌龟石—格宗段河谷狭窄，岸坡陡峻；格宗—库尾段河谷较宽缓，岸坡坡度一般在25°～40°，局部岸坡坡度大于40°。坝址区的河谷高程为1690m左右，库尾丹巴的河谷高程为1830m左右，库区河段长42.2km，河谷纵坡降平均约为3‰。

（2）地层岩性。库首至库尾分布泥盆系中下统捧达组（$D_{1-2}pd$）结晶灰岩、大理岩，中上统河心组（$D_{2-3}h$）白云岩，中下统的危关组（$D_{1-2}w$）片岩，志留系的通化组（St）片岩、石英岩，奥陶系大河边组（Od）大理岩、结晶灰岩，震旦系水晶组（Z_2s）大理岩、石英片岩，蜈蚣口组和木座组片岩，以及元古界的花岗岩。第四系松散堆积层类型繁多，包括泥石流堆积、崩坡积、冲洪积、河湖相沉积和冰水堆积等。

（3）构造和地震。库区地处松潘-甘孜地槽褶皱系巴颜喀拉冒地槽褶皱带内，北界为玛沁-略阳深断裂，南东界为后龙门山深断裂，南西界为鲜水河断裂。工程区位于金汤弧形构造带北西翼，主要弧形断层有贝母山断裂、跃坝-贵强湾断裂等，南北向构造的红锋断裂沿水库右岸延展，猴子岩水电站区域构造和地震见图8.32。

8.3.3 库岸地质结构及潜在塌岸分析

8.3.3.1 岸坡结构类型

据调查统计，猴子岩水库回水长约42.2km，沿正常蓄水位1842m库岸线总长约109.7km，其中，岩质岸坡库岸线长99.85km，占库岸线总长91%；土质岸坡库岸线长9.85km，占库岸线总长9%。分析归纳有以下岸坡结构类型（图8.33）：

（1）第四系松散堆积层岸坡。该岸坡是库区孕育塌岸的主要地层。但是由于其成因不一，所形成的堆积层地质结构和沉积构造也存在较大差异，其结构和构造则是控制第四系松散堆积层岸坡稳定性的关键因素。

1）坡残积。坡残积层随机分布于库岸坡脚或坡面缓坡、槽状地带，地形坡度为30°～50°，平均坡度为38°，主要由碎石、砂和黏土组成，碎石磨圆度差，粗略分选和微具斜层理结构，从坡顶至前缘由粗变细，可见透镜结构。坡残积层是猴子岩库区塌岸易发地层。莫玉隧道出口坡残积层特征见图8.34。

2）泥石流堆积。库岸沿线沟谷发育，泥石流大多已进入衰退期，这些泥石流堆积体规模较大，主要由大小混杂的块碎石和泥砂质组成，块径从几厘米到数十厘米，最大达数

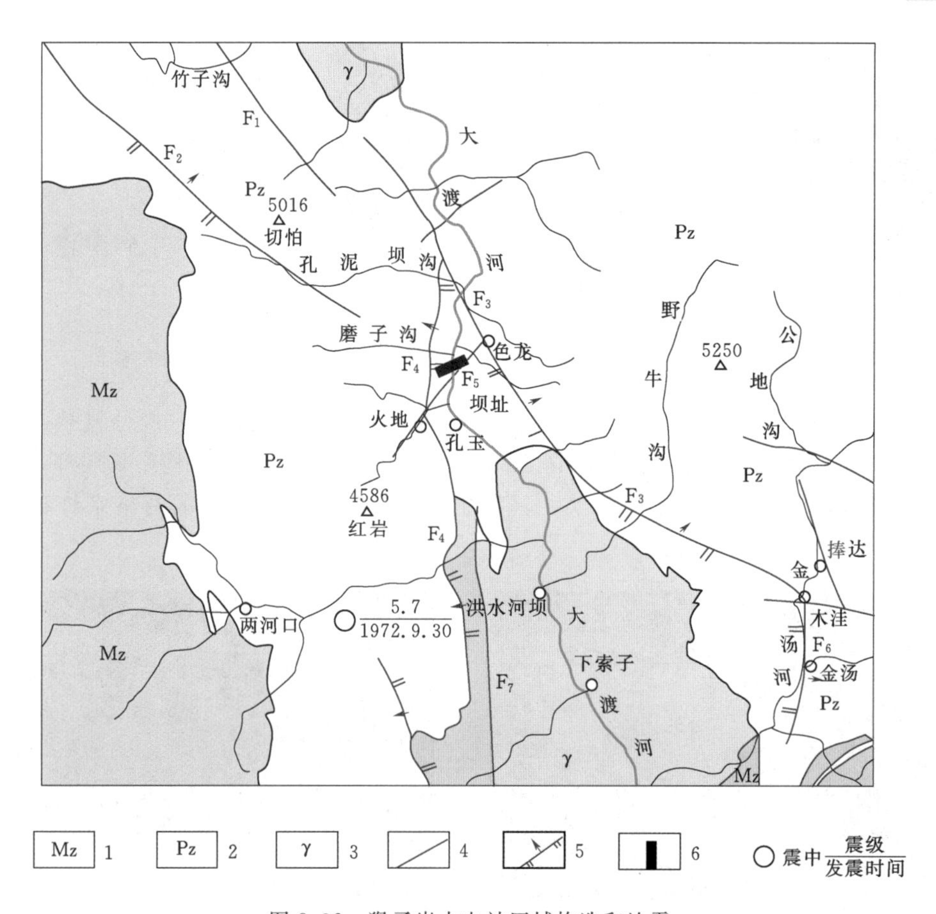

图 8.32　猴子岩水电站区域构造和地震

1—中生界；2—前中生界；3—元古代侵入岩；4—早中更新世断裂；5—逆断裂；6—坝址；F_1—水子断裂；F_2—玉科断裂；F_3—贝母山断裂；F_4—红锋断裂；F_5—火地断裂；F_6—大渡河断裂；F_7—龙衣寨断裂

米。老泥石流堆积物致密，有一定的胶结，直立高度可达30～50m。新近泥石流堆积物结构相对疏松，直立高度仅几米。典型的有泥巴沟、溪河沟、开绕1号沟、鱼日沟、林邦沟、季家沟泥石流堆积体（图8.35），是猴子岩库区塌岸易发地质体。

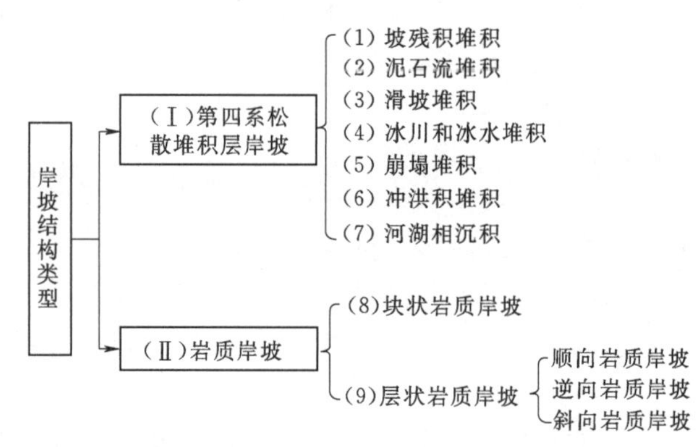

图 8.33　猴子岩水库区岸坡结构类型

3）滑坡堆积。滑坡堆积在库区内零星分布，主要由土夹块石和碎石组成，结构较松散，滑带含角砾和黏土，呈可塑状，可由崩坡积和冰水堆积体演化形成。典型的有林邦隧道进口滑坡（图8.36）、鱼公山隧道进口段滑坡，属易塌地层之一。

图 8.34 莫玉隧道出口坡残积层特征

图 8.35 季家沟泥石流堆积体

4）冰川和冰水堆积。库区冰川和冰水堆积体的厚度和规模较大，成分复杂，一般由块碎石土组成，颗粒粒径分布范围广，表部可见少量较大的孤石；结构略具层理，局部可见透镜体条带，结构中等密实—密实，具泥质或弱钙质胶结。典型的有格宗堆积体（图8.37），是塌岸发育的地层之一。

图 8.36 林邦隧道进口滑坡及后缘变形

图 8.37 格宗堆积体

5）崩塌堆积。规模最大的是河坝下游崩塌堆积体，由大块石夹碎石土组成，如多次活动，则从坡表至里可见块石层、块碎石土层，大块石常裸露于坡面，抗冲刷能力强，潜在塌岸危险性小。

6）冲洪积和河湖相沉积。冲洪积和河湖沉积库区沿线分布较少，且规模不大，潜在塌岸危险性小。

(2) 岩质岸坡。岩质岸坡分为块状岩质岸坡和层状岩质岸坡，包括由花岗岩及花岗闪长岩组成的块状岩质岸坡和由碳酸盐岩和变质岩组成的层状岩质岸坡，具有潜在塌岸危险的是顺向层状片岩和千枚岩岩质岸坡。溪河沟至开绕顺向岩质库岸段见图 8.38。

通过分析，将猴子岩水电站库区 S211 沿线库岸按上述岸坡结构类型分为 4 段（图8.39）：

第一段（Ⅰ）：泥巴沟—溪河沟，库段长度 8.15km，以碳酸盐类坚硬—较坚硬的中—厚层状灰岩、大理岩、白云岩岩组为主。

第二段（Ⅱ）：溪河沟—乌龟石（林邦），库段长度 9.62km，以变质岩类较坚硬—软的中—薄层状石英岩、片岩、绿片岩组为主。

第三段（Ⅲ）：乌龟石（林邦）—格宗，库段长度 12.13km，以岩浆岩类坚硬的块状

图 8.38 溪河沟至开绕顺向岩质库岸段

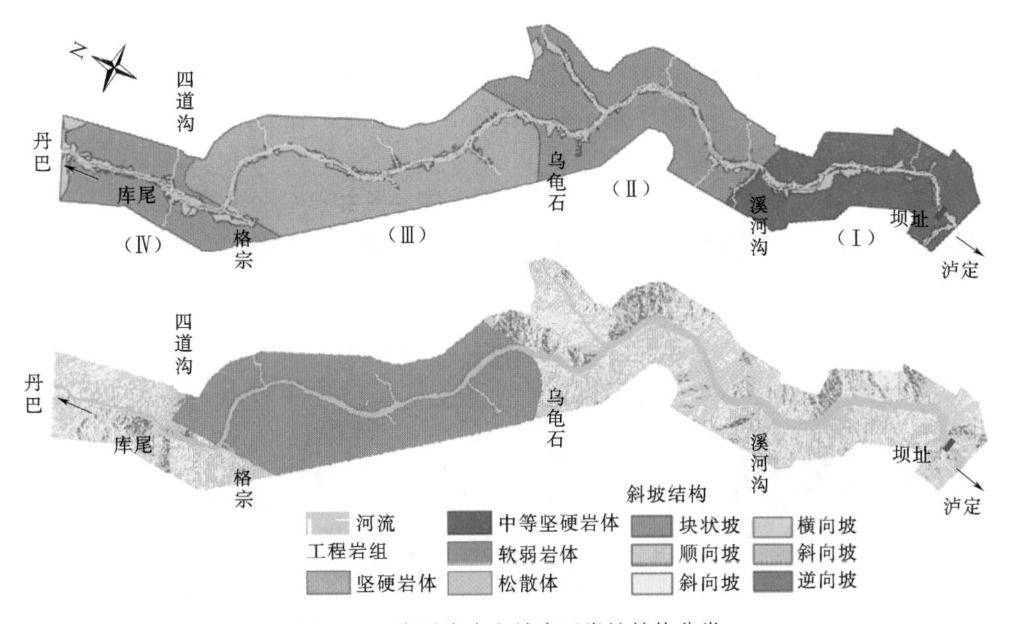

图 8.39 猴子岩水电站库区岸坡结构分类

花岗岩组为主。

第四段（Ⅳ）：格宗—四道沟口，库段长度 5.65km，以变质岩类较坚硬—软的中—薄层状石英岩、片岩、绿片岩组为主。

第四系松散堆积层则随机分布于各段。

8.3.3.2 潜在塌岸危险源分析

通过对岸坡结构类型和已有变形破坏迹象与机理进行研究，得出存在以下 3 类潜在塌岸模式：

(1) 坍塌型（图 8.40 和图 8.41）。坍塌型指在库水作用下，土质岸坡或岩质岸坡强风化带的坡脚被软化、冲刷和掏蚀，紧邻水面上部岩土体失去平衡而产生下错变形或坍塌，然后被河水逐渐搬运带走的一种渐进再造型水库塌岸形式，多发生于堆积层岸坡和岩质岸坡强风化带，是猴子岩水电站库区 S211 复建工程沿线最为普遍的一种塌岸类型，分布范围大、涉及岸线长。该库岸塌岸模式具有一定突发性，特别容易发生在暴雨期和库水位急剧变化期。

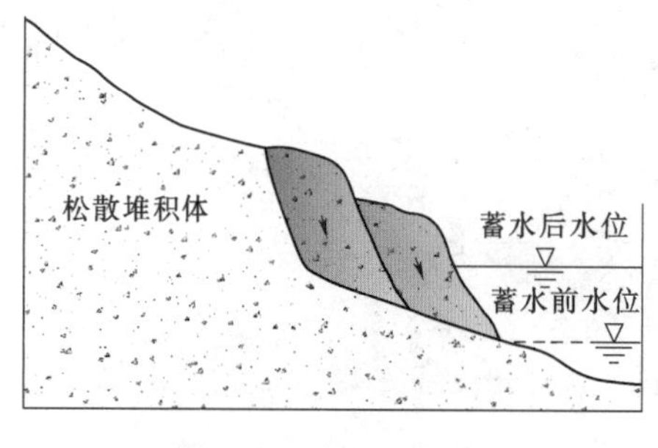

图 8.40　坍塌型塌岸

图 8.41　泥巴沟对岸既有的坍塌型塌岸现象

（2）土质滑移型（图 8.42）。土质滑移型指在库水作用、降雨及其他因素的影响下，岸坡岩土体沿着软弱结构面或已有的滑动面向江河发生整体滑移的一种突发性水库塌岸形式，即发生滑坡。通过分析，猴子岩水电站库区 S211 复建工程沿线岸坡结构存在土质滑移型（古滑坡复活型和堆积体局部滑移型）。

（3）岩质顺层滑移型（图 8.43）。岩质顺层滑移型指由于库水作用，顺层岩质斜坡沿下伏软弱结构面发生滑移变形而造成的塌岸，易发生于下伏软弱结构面被切穿、前缘临空的顺层岩质斜坡。

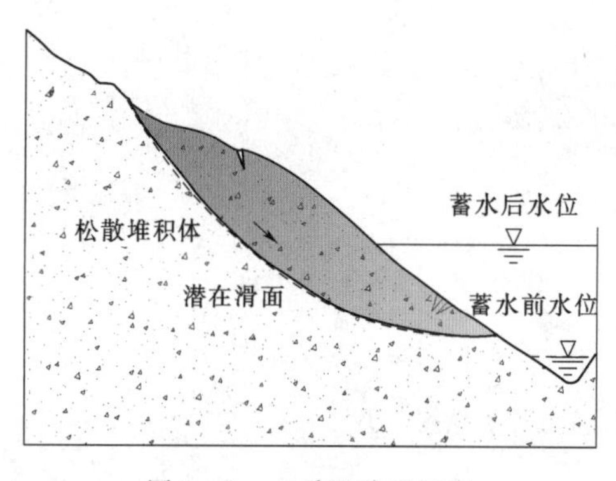

图 8.42　土质滑移型塌岸

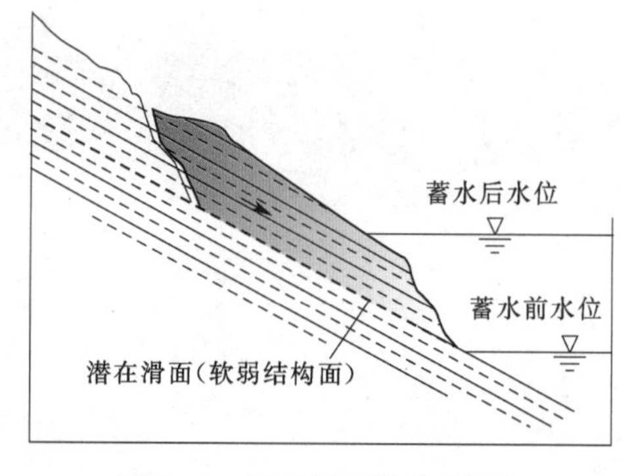

图 8.43　岩质顺层滑移型塌岸

8.3.4　库区塌岸危险性评价

8.3.4.1　指标选取

水库塌岸是指岸坡在水库水动力条件下发生改变的行为，是库岸岸坡地质环境变异的结果，而库岸岸坡是一个由众多因素确定的复杂体系，塌岸危险性评价的难点正是在于如何合理地把握这些因素，因此，为了保证水库塌岸危险度评价的科学性和客观性，首先必须建立一套科学合理的评价指标体系。

根据评价指标体系的构建原则和思路，结合猴子岩水电站库区 S211 沿线塌岸地质调查，分析选取了7个评价指标，其中，基本环境因素分别是坡度、工程地质岩组、高差、地质构造、斜坡结构；诱发因素分别是水位变动、人类工程活动。

（1）坡度。坡度反映评估单元内的岸坡地形的起伏状况，是影响塌岸的主要因子之一。据统计，塌岸发生概率随坡度大致呈正态分布，中等坡度岸坡的塌岸发生概率最大，坡度越小或越大时，岸坡的塌岸概率变小。塌岸的坡度危险度分级见表8.6。

表8.6　塌岸的坡度危险度分级表

坡度/(°)	0～15	15～30	30～45	45～60	>60
危险度	低	中	高	较低	低
分级	1	3	4	2	1

利用ArcGIS空间分析栅格表面功能，在DEM（数字高程模型）生成坡度图层的基础上进行重分类，并用不同的颜色标志不同危险度等级，见图8.44。

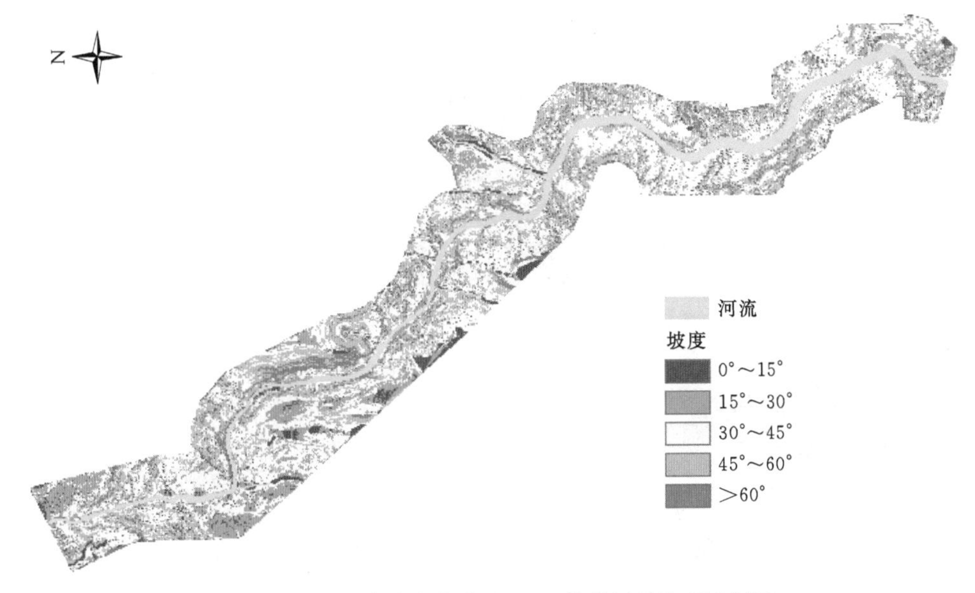

图8.44　猴子岩水电站库区S211沿线区域坡度区划图

（2）工程地质岩组。不同地层岩性的库岸岸坡，其塌岸发育的频度、大小和规模一般不同。研究显示，不同的地层岩性有着不同的矿物成分，其亲水特性以及抗风化能力各不相同，所以，岩性特征对岸坡的变形破坏有着直接影响。

在收集基础地质资料的时候，获得的往往是地质图，即地质意义上的岩性，而不是工程意义上的岩土体类型，所以评价前还要将之转化为符合工程评价需要的工程岩土类型。这个过程中除了考虑岩土体的类型、物理力学性质外，还要适当地结合岩土体的结构特征。

研究区域出露地层主要分布有震旦系、奥陶系、志留系、泥盆系及沿河谷地带分布的第四系等。根据岩土体的形成条件、岩性组合特征及岩土的工程地质性质，可将区域花岗岩岩体归类为坚硬岩体工程地质岩组，泥盆系的微—细晶白云岩、板岩及千枚岩归类为中等坚硬岩体，奥陶系的泥岩、碳酸盐岩等归类为软弱岩体，第四系堆积体（包括滑坡堆积、崩坡积、泥石流堆积以及冰水堆积等）归类为松散体。

利用已有的猴子岩库区该研究区域的地质资料，将其划分为松散体、软弱岩体、中等坚硬岩体、坚硬岩体 4 类，工程地质岩组危险度分级见表 8.7。通过 ArcGIS 处理，得到猴子岩水电站库区 S211 沿线区域工程地质岩组区划图（图 8.45）。

表 8.7　　工程地质岩组危险度分级表

工程地质岩组	坚硬岩体	中等坚硬岩体	软弱岩体	松散体
危险度	低	较低	中	高
分级	1	2	3	4

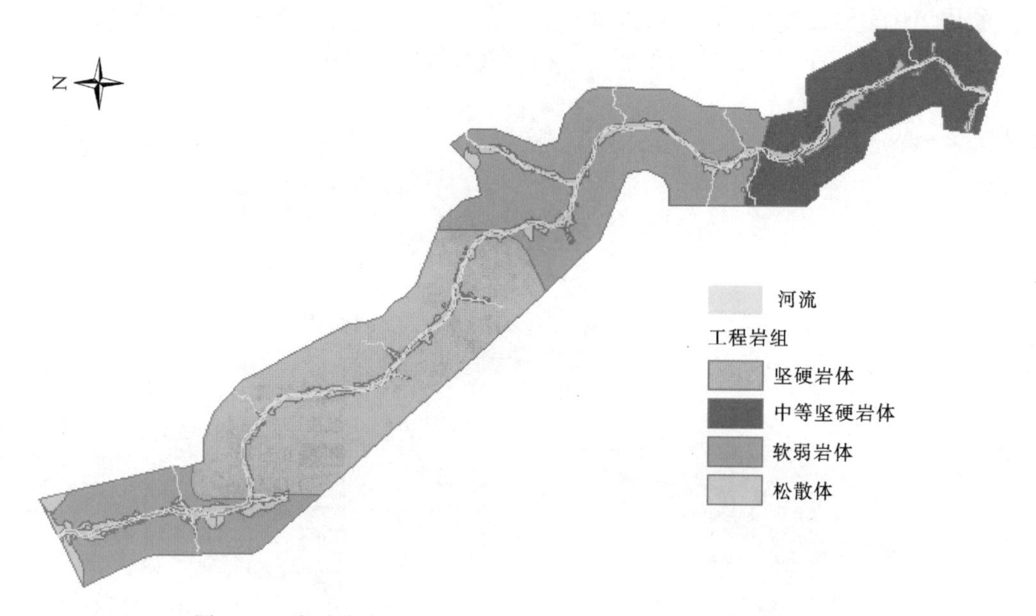

图 8.45　猴子岩水电站库区 S211 沿线区域工程地质岩组区划图

（3）高差。一般来说，斜坡高差越大，上部岩体的位势能越大，危险性越大。但是对于库岸岸坡，塌岸主要是受库水冲刷等作用而引起，因此坡脚部位距离库水越近，越容易受库水冲刷而产生塌岸，高差越大的部位受库水直接影响的程度越小。塌岸的高差危险度分级见表 8.8。

表 8.8　　塌岸的高差危险度分级表

高差/m	0～200	200～400	400～600	600～800	>800
危险度	高	中	较低	较低	低
分级	4	3	2	2	1

对于岸坡，随着高差的增加，岸坡坡体在坡面附近承受的应力量值将会增加，而由此在坡脚引起的剪应力集中也会随着岸坡高度的增加而增加，而坡脚正是河流或库水冲刷最

为强烈的部位，容易产生塌岸现象。

采用 DEM（高程数字模型）进行分析操作，对高差值图层重新分类，得到猴子岩水电站库区 S211 沿线区域高差区划图（图 8.46）。

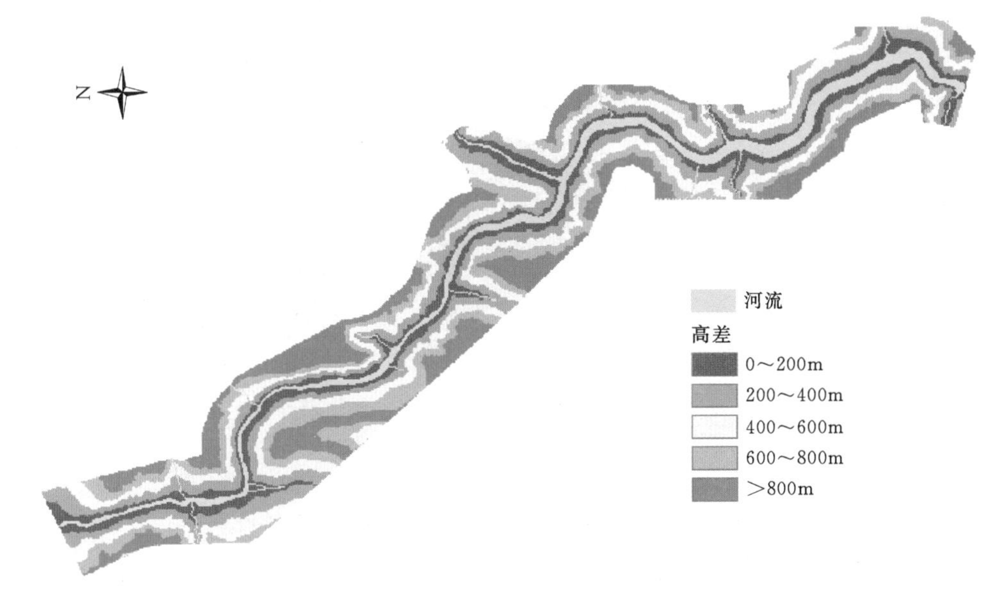

图 8.46 猴子岩水电站库区 S211 沿线区域高差区划图

（4）地质构造。构造对库岸岸坡的稳定性也有一定的影响。断层的存在使得断层带及其附近一定范围内的岩土体将遭到破坏，从而降低坡体的完整性程度，同时作为重要的地下水通道，对岸坡的变形和破坏也必然带来不可避免的不利影响。因而考虑断层对斜坡结构类型的影响也主要是鉴于其对岩土体完整性造成破坏以及为地下水提供了运营通道。断层距离危险度分级见表 8.9。

表 8.9 断层距离危险度分级表

断层距离/m	<50	50～100	100～200	200～500	>500
危险度	高	较高	中	较低	低
分级	5	4	3	2	1

现代活动构造引起的附近岩体内部的地应力状况的改变也是不容忽视的，特别是在活动断层附近的斜坡稳定性评价中更应给予应有的重视。

猴子岩水电站库区 S211 沿线研究区域有两条相交断层，按照断层影响距离进行缓冲分析，将断裂构造影响距划分为 4 级，区域断层距离区划图见图 8.47。

（5）斜坡结构类型。坡体结构类型是指在层状岩体组成的斜坡中，由坡面、岩层产状、河流或沟谷流向之间特定的组合方式所决定的斜坡形态。

坡体结构类型对坡体的稳定性也具有很重要的控制作用。大量野外滑坡调查表明，在河流流域地区，坡体结构类型不同，坡体变形发展乃至最终破坏的形式是截然不同的。斜坡结构危险度分级见表 8.10。

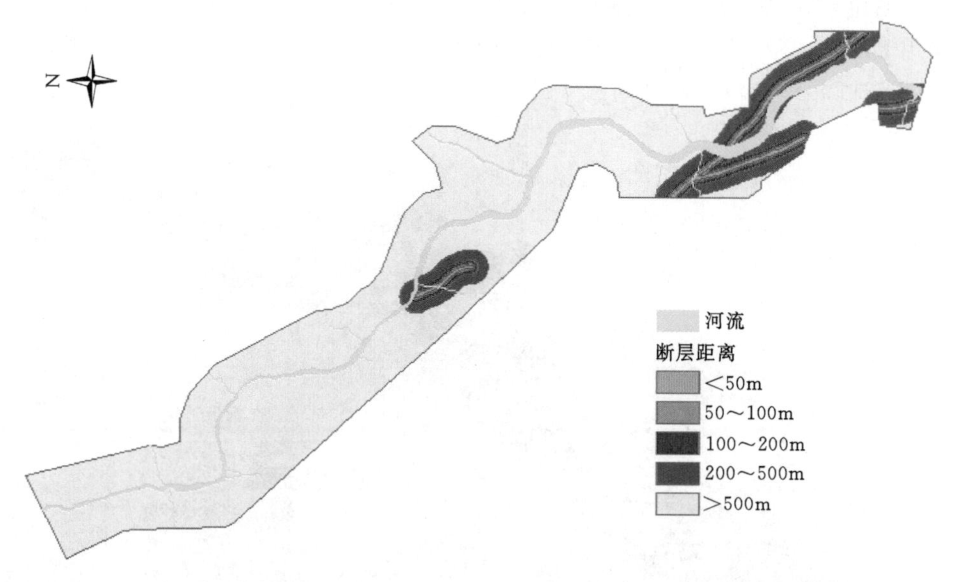

图 8.47 猴子岩水电站库区 S211 沿线区域断层距离区划图

表 8.10 **斜坡结构危险度分级表**

斜坡结构	块状坡	顺向坡	横向坡	斜向坡	逆向坡
危险度	低	高	中	较高	低
分级	1	4	2	3	1

按照岩层产状与斜坡倾向间的相互关系，将斜坡按坡型划分为块状坡、顺向坡、横向坡、斜向坡、逆向坡 5 类。分析形成如图 8.48 所示的猴子岩水电站库区 S211 沿线区域斜坡结构区划图。

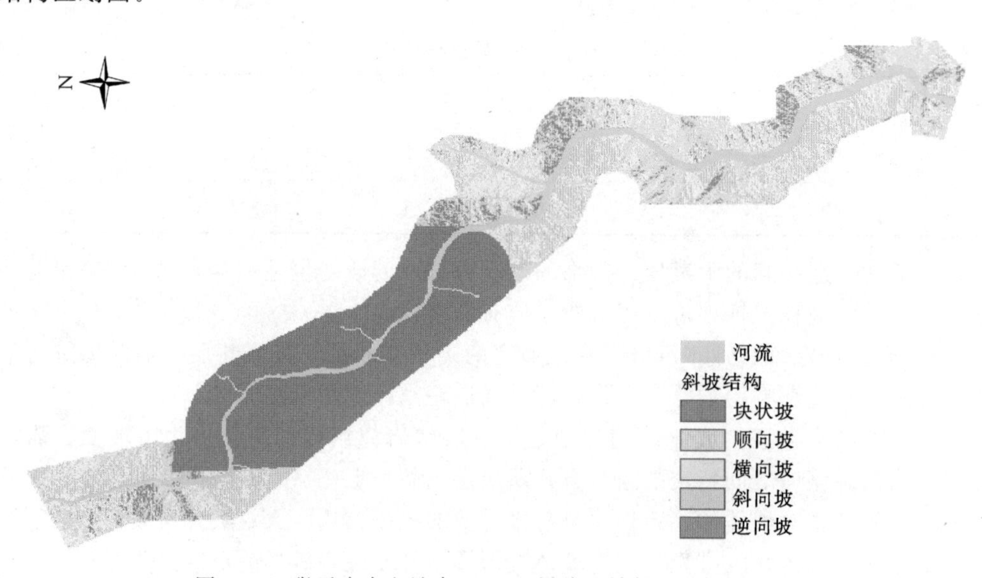

图 8.48 猴子岩水电站库区 S211 沿线区域斜坡结构区划图

（6）库水位。水库的蓄水以及库水位周期性的升降变化不仅使得原已稳定的滑坡再度失稳，同时还将导致潜在失稳岸坡的失稳，形成塌岸。水库蓄水将明显改变库岸的水文地质条件，从而影响岸坡的稳定性：一方面水库在蓄水过程中可能会诱发水库地震，蓄水位上升导致坡体浸水体积增加，岩土体滑面上的有效应力减少，饱水后的部分滑带强度相应地降低；另一方面库水位突然下降时，由于坡体中地下水位下降相对滞后，导致坡体内产生超孔隙水压力，使得岸坡的稳定性大大降低。库水位危险度分级见表 8.11。

表 8.11　　　　库水位危险度分级表

库水位高程/m	＜1802	1802～1842	1842～1857	＞1857
危险度	高	较高	中	低
分级	4	3	2	1

猴子岩水库蓄水后，死水位为 1802m，水库正常蓄水位为 1842m。考虑到蓄水后，某一范围内塌岸作用明显，取其影响高程 15m 进行研究，将水位分为 4 个影响区域，分别是死水位 1802m 以下、死水位与正常蓄水位之间、正常蓄水位 1842m 至水位 1857m 以及 1857m 以上 4 个区域。猴子岩水电站库区 S211 沿线区域水位区划图见图 8.49。

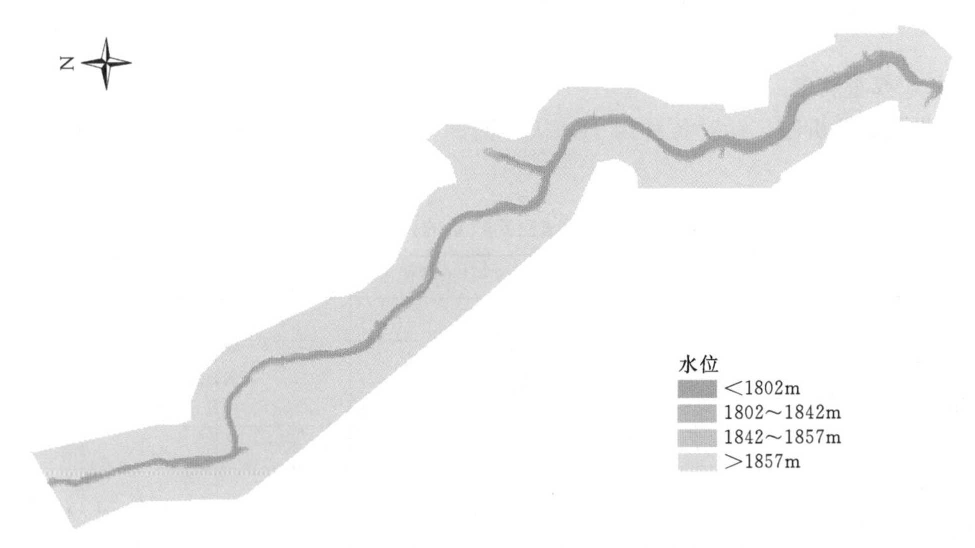

图 8.49　猴子岩水电站库区 S211 沿线区域水位区划图

（7）人类工程活动。随着人类文明的进步和发展，人类工程活动对自然的改造强度和频度比以往任何时候都大，这些活动（如修建公路）必然也会对周围一定范围内的岸坡稳定性产生影响，成为斜坡失稳的最为活跃的诱发因素。道路距离危险度分级见表 8.12。

表 8.12　　　　道路距离危险度分级表

道路距离/m	＜100	100～200	200～300	＞300
危险度	高	中	低	无
分级	4	3	2	1

针对人类工程活动因素，根据沿河道路距离进行分级统计。利用缓冲分析功能，将猴子岩水电站库区 S211 沿线区域道路距离进行 4 级划分，见图 8.50。

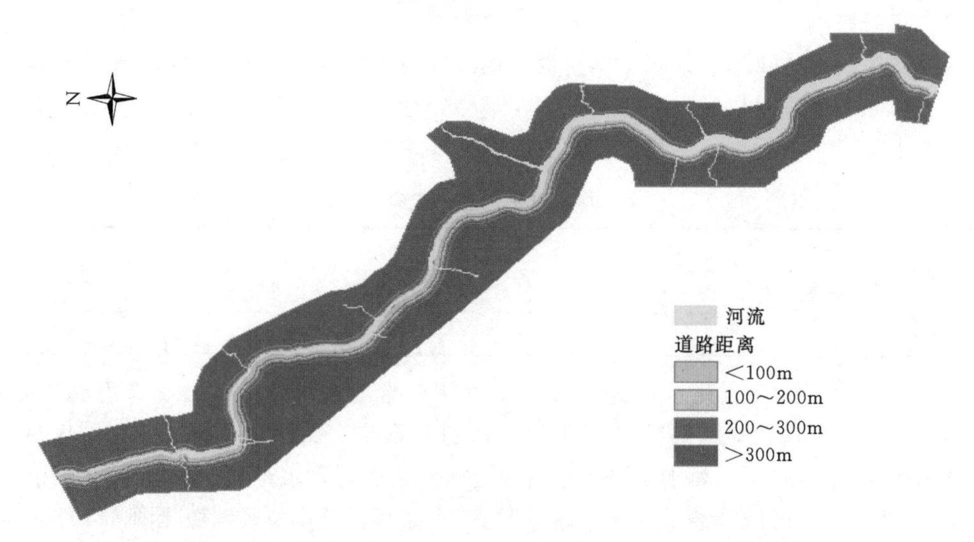

图 8.50 猴子岩水电站库区 S211 沿线区域道路距离区划图

8.3.4.2 权重确定

按照层次分析法，针对各种因子，从不同的角度和影响出发确定权重的判断矩阵见表 8.13。

表 8.13 层次分析法确定权重的判断矩阵

项目	坡度	工程岩组	高差	地质构造	斜坡结构	库水位	人类活动
坡度	1	1	3	5	3	1	3
工程岩组	1	1	1	3	3	1/3	3
高差	1/3	1	1	1	1	1/2	2
地质构造	1/5	1/3	1	1	1/2	1/3	1
斜坡结构	1/3	1/3	1	2	1	1/3	1/2
库水位	1	3	2	3	3	1	3
人类活动	1/3	1/3	1/2	1	2	1/3	1

根据判断矩阵，利用线性代数知识，求出构造矩阵的最大特征根，其所对应的特征向量即为各评价因子的重要性，归一化处理后，也就是权重。最后根据各因子的相对权重进行排序，从而得到影响地质灾害发生的主要因子、一般因子及次要因子。一般情况下可采用方根法或和积法求解，本书采用方根法，各因子权重见表 8.14。

表 8.14 各因子权重表

因子	坡度	高差	工程岩组	构造	斜坡结构	库水位	人类活动
权重	0.2492	0.1058	0.1694	0.0651	0.0773	0.2559	0.0773

在进行危险性评价时，对专家构建的参评因子判断矩阵进行计算得到：$\lambda_{max}=7.3784$，$CI=0.0631$。计算表明，$CR<0.1$，判断矩阵具有满意的一致性，是合理的。

8.3.4.3　评价结果分析

根据以上所述，将塌岸危险性评价指标用ArcGIS的栅格计算工具（Spatial Analyst/Raster Calculator）进行计算，重分类后得出猴子岩水电站库区S211沿线区域工程危险性区划图（图8.51）。

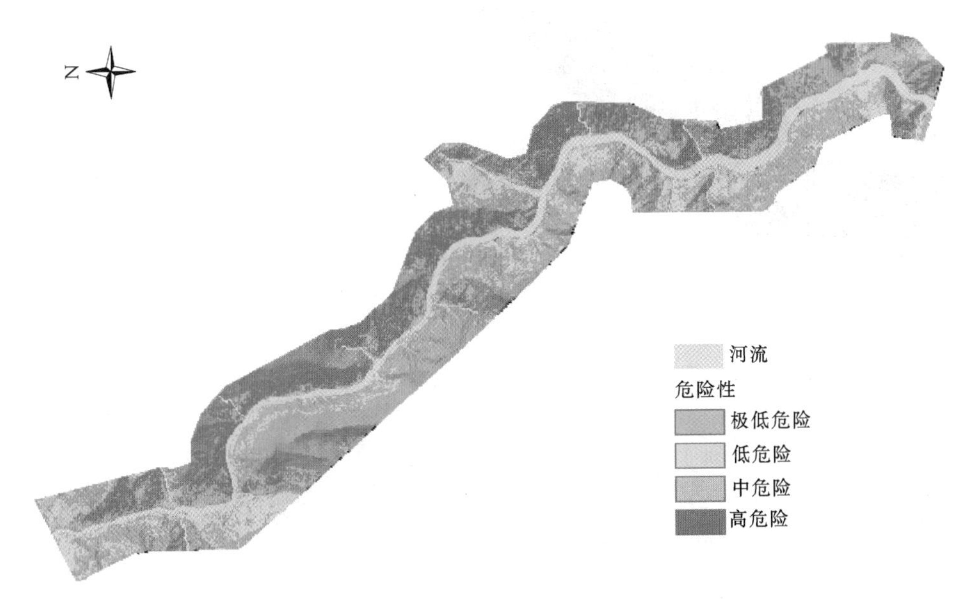

图8.51　猴子岩水电站库区S211沿线区域工程危险性区划图

8.3.5　库区易损性评价

由于塌岸自身危险性以及受灾体对塌岸灾害抵抗的能力有着千差万别的差异，在地质灾害易损性评价的实际工作中，并不可能把所有的影响因素都列入地质灾害易损性评价指标体系之中。因此，在选取地质灾害易损性评价指标的时候，必须充分分析地质灾害受灾体特性，并有针对性地进行选取。最终建立的地质灾害易损性评价指标体系应该满足以下几点要求：①所选指标简单明了，易于量化，且不过于复杂烦琐；②能较为全面地反映区域特征，可以代表区域易损性的主要内容；③要具备合理性以及可操作性，信息要易于获取，并且能切实反映出受灾体的易损特性。

从地质灾害受灾体特性的角度尽可能全面地考虑影响受灾体的各种因素，将该指标划分为社会易损性因素、资源易损性因素和物质易损性因素3类。

本书在分析猴子岩水电站库区S211沿线塌岸风险时，考虑到研究区的受灾体类型较少，受灾对象主要是S211省道，在综合受灾对象空间分布、数量特征和实际价值的统计分析的基础上，初步分析工作的易损体重点集中于S211省道上。猴子岩水电站库区S211沿线区域易损性区划见图8.52。

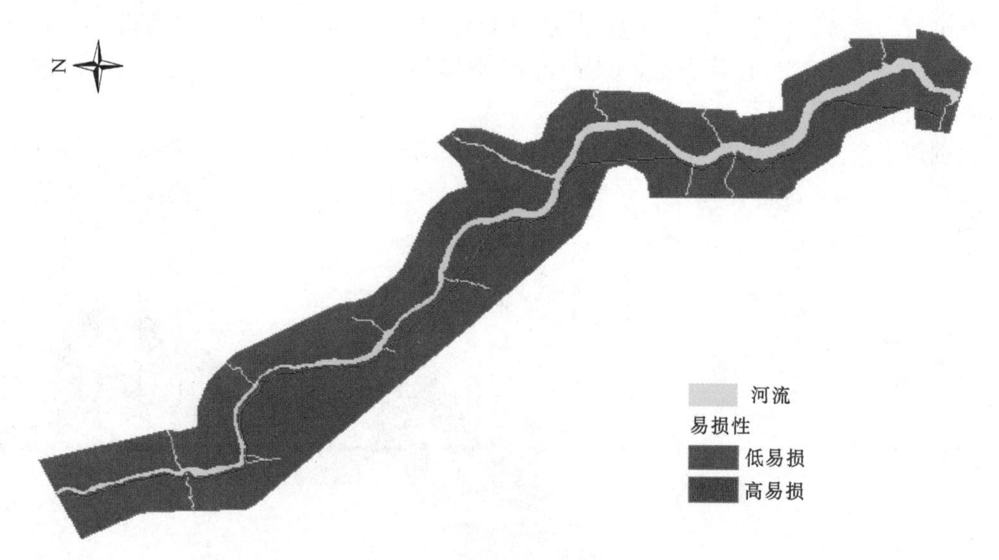

图8.52　猴子岩水电站库区S211沿线区域易损性区划图

8.3.6　库区塌岸危险源风险评价

根据风险定义，风险性＝危险性×易损性。因此，风险分析包括危险性分析和易损性分析两部分，在此利用ArcGIS软件将危险性图层与易损性图层叠加，得到风险性评价区划图。猴子岩水电站库区S211沿线区域工程风险区划见图8.53。

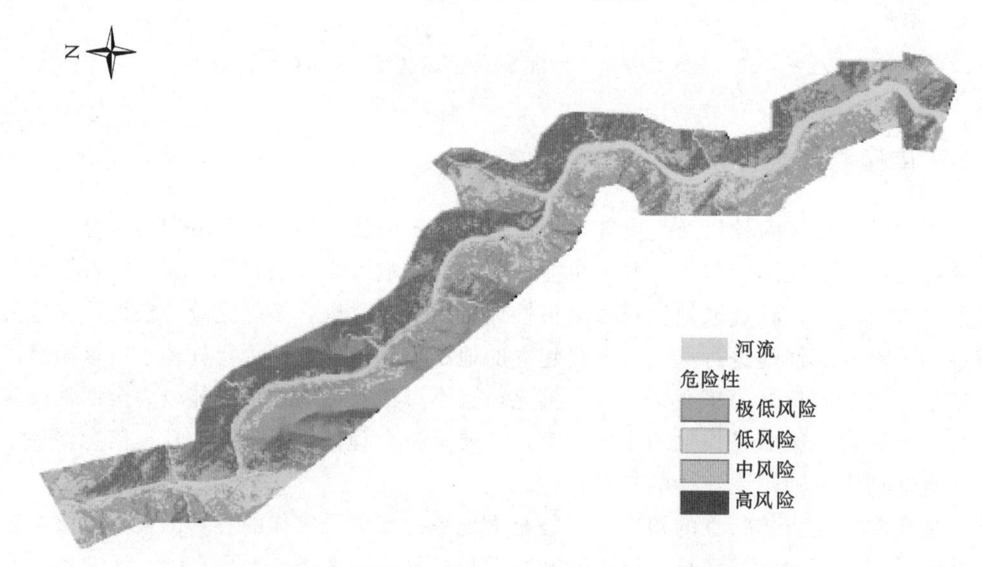

图8.53　猴子岩水电站库区S211沿线区域工程风险区划图

（1）高风险区：所占比例小，主要是位于S211公路各隧道出入口处，但具体部位又有差别。明线路段主要分布坡残积、滑坡堆积、泥石流堆积等松散堆积体，易受到水库水位升降作用的影响；复建公路修建于高风险区之上，该区域易损性较大。综合评价其塌岸风险高。

（2）中风险区：所占比例较小，大部分是位于松散堆积处，而且是离公路距离较近的部位。这些堆积体距离水系较近，水库水位升降在一定程度上会影响该区域的地质环境和斜坡稳定。

（3）低风险区：所占比例较大，主要沿河流两岸的高中山地区分布，低风险区距离研究区内主要的断裂带和河流也有一定的距离。由于距离水系较远，水库水位升降可能会对该地区地质环境稳定产生影响，但影响较小。

（4）极低风险区：所占比例大，该区域内海拔高程相对较高，植被覆盖率较好，斜坡以基岩为主，少有人类工程活动，发生地质灾害的可能性较小。由于距离水系远，海拔较高，几乎不受水库水位升降影响，该地区塌岸风险极低。

将评价结果与现场调查分析情况进行对比得出：分析计算结果符合猴子岩水电站库区S211淹没复建工程沿线塌岸发育状态，对沿线塌岸防护工程布置和重点防护部位确定具有指导价值，可为库区塌岸风险管理提供决策依据。

第9章 结论及建议

9.1 结论

确保工程安全是贯穿电力建设工程始终的目标要求，是保障国家和人民生命财产安全的基本底线，电力建设工程地质灾害危险源防治工作是一项长期性、基础性的工作。电力工程投资大、技术密集，对工程质量要求高，且更关注安全。由于建设周期长，面临的风险种类多，如何有效控制工程建设与运行管理过程中的地质灾害风险已成为影响行业健康发展的突出问题。开展电力建设工程地质灾害危险源辨识与风险控制研究，并积极推广应用研究成果，对促进电力建设工程健康协调发展有重要而深远的意义。

（1）电力建设工程地质灾害危险源是电力工程建设中引发或遭受地质灾害可能导致伤害或疾病、财产损失、工作环境破坏或这些情况组合的根源或状态，它既包括客观的自然环境因素，又涉及主观的诱发因素。危险的地质环境（不良地质条件）是地质灾害事故发生的前提和基础，决定地质灾害的易发性及危险程度；诱发因素是危险地质环境造成地质灾害的必要条件，决定地质灾害发生的可能性和危害性。

（2）根据电力建设工程特点，地质灾害危险源辨识应分阶段进行：规划设计阶段主要为项目建设的前期阶段，地质灾害危险源辨识主要针对已经存在的自然地质灾害进行，由项目勘察设计单位完成，为工程的可行性及投资决策提供依据；施工建设阶段的地质灾害危险源辨识由项目建设方负责，勘察设计、监理、施工及监测检测单位共同参与，主要针对项目建设诱发或加剧的地质灾害开展，随施工进展进行动态辨识；运营管理阶段主要为项目投产后运行阶段，该阶段的地质灾害危险源辨识由项目建设方负责，对已经进行治理的地质灾害及项目运行过程中新产生的地质灾害危险源开展辨识。只有对具体的危险源对象进行辨识，确定关键致灾因子，才能确定其危险因素种类、数量、特性及危险程度，进而确定安全管理和危险控制的对象及其内容。对于危险环境，尤其是大型隐蔽性崩滑地质灾害危险源，应进行早期识别和前兆识别，并采取有针对性的防治措施。

（3）地质灾害危险源分析预控是实现对地质灾害的超前防范，其基础是对地质灾害危险源进行辨识、分析与评价，其关键是控制措施的制定和落实。危险源控制实际上是进行危险因素的控制。地质灾害重大危险源是电力建设工程地质灾害风险控制的难点与重点，地质灾害高易发区、地质灾害危险性大区及存在地质灾害险情（或隐患）地区，均应作为地质灾害重大危险源加以识别和控制。电力建设工程应在不同设计阶段的地质灾害危险源辨识基础上，对潜在的地质灾害风险进行分析评价，并采取合理的预防和应对措施。

（4）电力建设工程应建立以建设、勘察、设计、施工、监理等单位为安全责任主体的地质灾害重大危险源监控与应急管理机制及应急救援体系。地质灾害风险管理与控制须体现“以人为本、预防为主、避让与治理相结合和全面规划、突出重点”的原则，采取综合控制措施，全面落实项目建设单位的主体责任，建立健全责任保障体系。电力企业和电力工程建设单位应严格遵守国家规定的基本建设程序，委托具有相应资质的单位从事设计、施工和监理等工作，认真履行管理职责，严格安全生产制度，定期开展地质灾害隐患排查，重视地质灾害危险性评估与防洪度汛检查，加强重大危险源管理，制订防灾应急预案，规范建设过程中的工程质量管理行为，重视工程监理工作，明确地质灾害监测预警工作程序，落实责任单位和人员，畅通监测预警渠道，并按照国家有关规定，做好电力设施和电力建设工程及周边地区环境保护和水土保持工作，实现地质灾害的综合防治；勘察、设计单位应严格按照有关规程规范的要求，做好电力建设工程勘察设计工作，包括重视地质勘察、因地制宜进行设计、加强危险源排查、做好技术服务等；施工单位应开展危险源的预评价、施工期评价及后评价工作，同时，实施安全技术控制，应用系统安全工程，按分层次属地管理的原则，充分利用现有资源，使各类危险因素实现分类管理，在措施落实上实现分级控制；监理单位应审查施工单位的地质灾害防治方案，审查防洪度汛方案，严格监理施工单位全面履行地质灾害防治的各项措施，组织开展地质灾害防治的监督、检查工作。

（5）电力建设工程的孕灾环境、自然地质灾害以及人为地质灾害都可能对工程建设、周边居民生活及生态环境等造成灾害性破坏，无论是国际工程还是国内工程，都要高度关注地质灾害对工程安全、人员安全及环境安全的影响。由于电力建设工程具有复杂性、开放性和系统性特征，尤其是国际工程，须建立一个开放的、实时更新的、多角度的地质灾害风险控制信息化管理平台，以有利于社会、政府、各行业人士参与工程地质灾害风险管理，达到人与自然和谐发展，确保电力工程建设安全。

9.2 建议

（1）深化对电力建设工程地质灾害危险源监测预警及风险控制系统研究，研发基于三维及3S技术的可视化管理预警软件平台及企业局域版和网络开放版的地质灾害诊断系统，建立一套地质灾害危险源综合研判与监测预警技术体系，使地质灾害风险控制管理逐步迈入互联网时代，实现三维、开放、多源的信息化及可视化管理，在无扰动的情况下快速、准确、高效、低成本地实现危险源的性状识别、动态监测、安全评价及预警，进一步提高地质灾害危险源的辨识技术水平及风险控制的科学化、标准化和规范化管理水平，保障电力建设工程及公共安全。

（2）东南亚、南亚、西亚及非洲等地区电力资源丰富，开发潜力巨大，是我国电力企业实施“走出去”战略的主战场。在复杂的地质背景下，地质灾害是上述地区电力开发中广泛存在且必须解决好的问题。开发建设中要以加强地质生态环境保护为基础，以地质灾害防治为重点，完善地质环境监测和地质灾害预测预警体系，按照“在开发中保护，在保护中开发”的原则，有序、合理地开发，并走“以地质灾害预防为主、综合治理与生态建设相结合”的健康协调发展之路，让中国的“绿色电力”走向世界。

（3）本书中的研究成果对目前正在开发或即将开工建设的电力建设工程防灾、减灾与治灾工作有重要的指导作用，必将为全面建设形成电力建设工程地质灾害防范工作体系和地质灾害监测预警、隐患排查、应急联动工作机制打下基础，对其他工程（如水利工程、交通工程及建筑工程等）建设也具有参考或借鉴价值，可推广应用。

参　考　文　献

［1］王自高，何伟，许强，等. 西南水利水电工程地质灾害问题与预防措施研究［M］. 北京：中国水利水电出版社，2013.

［2］董家兴，徐光黎，申艳军，等. 水电工程环境边坡危险源危险度评价体系及其应用［J］. 岩石力学与工程学报，2013，32（S2）：3829-3836.

［3］董家兴，徐光黎，李志鹏，等. 卜寺沟水电站环境边坡危险源分类及危险度评价［J］. 工程地质学报，2012，20（5）：760-767.

［4］吉峰，邓忠文. 水电工程环境边坡危险源危险性评价体系初步研究［J］. 长江科学院院报，2011，28（7）：24-27.

［5］丁新国，赵云胜. 危险源与危险源分类的研究［J］. 安全与环境工程，2005，12（3）：87-90.

［6］潘懋，李铁锋. 灾害地质学［M］. 北京：北京大学出版社，2011.

［7］段建军，董士名，张国义. 危险源分类分级控制管理［C］//2014年十一省（市）金属（冶金）学会冶金安全环保学术交流会论文集. 2014：211-213.

［8］门红卫. 煤矿地质灾害危险源问题及其因素分析［J］. 山东工业技术，2013（15）：125-126.

［9］钟茂华，温丽敏，刘铁民，等. 关于危险源分类与分级探讨［J］. 中国安全科学学报，2003，13（6）：18-20.

［10］王自高. 天生桥一级水电站导流洞围岩变形失稳分析及塌方处理［J］. 红水河，1995，14（4）：62-66.

［11］王自高. 天生桥一级水电站水库滑坡塌岸影响区勘察［J］. 中国水力发电年鉴，2002.

［12］王志强. 水电工程地质灾害评价技术要点研究［J］. 甘肃水电技术，2005（4）：44-45.

［13］张红兵. 云南省地质灾害预报预警模型方法［J］. 中国地质灾害与防治学报，2006（1）：46-48.

［14］陈自生. 论滑坡学［J］. 山地研究，1996，14（2）：96-102.

［15］黄润秋. 地表过程与岩石高边坡稳定性［A］. 第七届全国工程地质大会论文，2005.

［16］黄润秋. 岩石高边坡的时效变形分析及其工程地质意义［J］. 工程地质学报，2000，8（2）：201-206.

［17］倪化勇，刘希林. 泥石流灾害对社会影响的度量分析［J］. 地质灾害与环境保护，2005（1）：3-7.

［18］姜云，李永林，李天斌，等. 隧道工程围岩大变形类型与机制研究［J］. 地质灾害与环境保护，2004（4）：46-51.

［19］张梁. 地质灾害防治投资机制研究［J］. 地质灾害与环境保护，2005（3）：29-33.

［20］丁俊，倪师军，魏伦武，等. 西南地区城市地质环境风险性分区评价方法［M］. 成都：四川科学技术出版社，2006.

［21］董邦平. 滑坡前常见的宏观征兆［J］. 水土保持通报，1985（6）：11-12.

［22］樊晓一，乔建平. 滑坡危险度评价的地形判别法［J］. 山地学报，2004，22（6）：730-734.

［23］王贤能，黄润秋，黄国明. 深埋长大隧洞中地下水对地温异常的影响［J］. 地质灾害与环境保护，1996，7（4）：23-27.

［24］柳金峰，欧国强. 泥石流危险性评价的新思路［J］. 地质灾害与环境保护，2004（1）：5-8.

［25］成永刚. 近二十年来国内滑坡研究的现状及动态［J］. 地质灾害与环境保护，2003（4）：3-7.

［26］仵彦卿. 地下水与地质灾害［J］. 地下空间，1999（4）：301-310.

［27］缪吉伦，肖盛燮，彭凯. 库岸再造机理及坍岸防治研究［J］. 重庆交通学院学报，2003（2）：126-128.

[28] 唐朝晖，周爱国，蔡鹤生．三峡库区巫山县城新址库岸再造预测［J］．水文地质工程地质，1999（5）：39-41．

[29] 方鸿琪，杨闽中．城市工程地质环境与防灾规划［M］．北京：中国建筑工业出版社，1999．

[30] 蒋征，张正禄．滑坡变形的模式识别［J］．武汉大学学报（信息科学版），2002，27（2）：127-132．

[31] 蒋能强．滑坡宏观征兆的初步分析与研究［J］．西北地震学报，1985（2）：58-63．

[32] 黄润秋．岩石高边坡稳定性工程地质分析［M］．北京：科学出版社，2013．

[33] 乔建平，吴彩燕，田宏岭．三峡库区云阳—巫山段坡形因素对滑坡发育的贡献率研究［J］．工程地质学报，2006，14（1）：18-22．

[34] 乔建平．滑坡体结构与坡形［J］．岩石力学与工程学报，2002，21（9）：1355-1358．

[35] 卡森，窦葆璋，柯克拜．坡面形态与形成过程［M］．北京：科学出版社，1984．

[36] 刘鹏，高振海，刘琼．雨水入渗诱发滑坡灾害的机制分析［J］．土工基础，2010，24（3）：33-35．

[37] 刘华磊，徐则民，张勇，等．降雨条件下边坡裂缝的演化机制及对边坡稳定性影响——以云南省双柏县丁家坟滑坡为例［J］．灾害学，2011（1）：26-29．

[38] 王广德，石豫川，等．岩爆与围岩分类［J］．中国工程地质学报，2006，14（1）：83-89．

[39] 张倬元，宋建波，李攀峰．地下厂房洞室群岩爆趋势综合预测分析法［J］．地质科学进展，2004，19（3）：451-456．

[40] 王广才，侯胜利，等．某区放射性环境地质评价研究［J］．中国工程地质学报，2006，14（1）：96-100．

[41] 邹丽春，王国进，汤献良，等．复杂高边坡整治理论与工程实践［M］．北京：中国水利水电出版社，2006．

[42] 李军．地面滑坡信息图谱的浅析［J］．地球信息科学，2001，9（3）：64-71．

[43] 苗天德，艾南山．滑坡发育的灾变模型［J］．兰州大学学报（自然科学版），1988，24（4）：45-50．

[44] 孙广忠，姚宝魁．中国滑坡地质灾害及其研究［C］//中国岩石力学与工程学会．中国典型滑坡．北京：科学出版社，1988．

[45] 孙贵儒．滑坡在地形图上的表现特征和识别——以六盘水煤田为例［J］．中国煤炭地质，2009，21（5）：61-63．

[46] 沈芳．山区地质环境评价与地质灾害危险性区划的GIS系统［D］．成都：成都理工大学，2000．

[47] 沈芳，黄润秋，苗放，等．区域地质环境评价与灾害预测的GIS技术［J］．山地学报，1999，17（4）：338-342．

[48] 阮沈勇，黄润秋．基于GIS的信息量法模型在地质灾害危险性区划中的应用［J］．成都理工学院学报，2001（1）：89-92．

[49] 唐川．三江并流区泥石流危险区划［J］．地理学报（台湾），2004（38）：31-46．

[50] 唐川．滑坡风险图编制探讨［J］．自然灾害学报，2004，13（3）：8-12．

[51] 童立强，郭兆成．典型滑坡遥感影像特征研究［J］．国土资源遥感，2013，25（1）：86-92．

[52] 王治华．大型个体滑坡遥感调查［J］．地学前缘，2006，13（5）：517-525．

[53] 王治华．中国滑坡遥感［J］．国土资源遥感，2005（1）：1-7．

[54] 向俊红．概论滑坡稳定性影响因素［J］．铁道勘察，2009，35（4）：27-28．

[55] 向喜琼．区域滑坡地质灾害危险性评价与风险管理［D］．成都：成都理大学，2005．

[56] 向喜琼，黄润秋．基于GIS的人工神经网络模型在地质灾害危险性区划中的应用［J］．中国地质灾害与防治学报，2000（3）．

[57] 吴香根．工程滑坡滑带土抗剪强度与地形坡度的关系［J］．地质灾害与环境保护，2000，11（2）：145-146．

[58] 王文俊，向喜琼，黄润秋，等. 区域崩塌滑坡的易发性评价——以四川省珙县为例 [J]. 中国地质灾害与防治学报，2003，14 (2)：31-34.
[59] 许强，汤明高，徐开祥，等. 滑坡时空演化规律及预警预报研究 [J]. 岩石力学与工程学报，2008，27 (6)：1104-1112.
[60] 许强，黄润秋，向喜琼. 地质灾害发生时间和空间的预测预报 [J]. 山地学报，2000 (S1)：112-117.
[61] 许建聪，尚岳全，王建林. 松散土质滑坡位移与降雨量的相关性研究 [J]. 岩石力学与工程学报，2006 [S1]：2854-2860.
[62] 杨顺安，晏同珍. 预测滑坡学概要 [J]. 中国地质灾害与防治学报，1998，9 (S1)：1-6.
[63] 殷跃平，李媛. 区域地质灾害趋势预测理论与方法 [J]. 工程地质学报，1996，4 (4)：75-79.
[64] 张万良. 遥感岩性识别的发展趋势——遥感与航空放射性信息集成 [J]. 矿物岩石地球化学通报，2005，24 (1)：88-91.
[65] 张倬元. 国际滑坡研究趋向与进展——第六届国际滑坡学术讨论会述评 [J]. 中国地质灾害与防治学报，1993，4 (3)：96-100.
[66] 张建江，杨胜元，裴永炜，等. 贵州省人为地质灾害及其防治 [J]. 贵州地质，2007，24 (4)：298-302.
[67] 赵健. 活动断裂与滑坡关系的探讨 [J]. 中国水土保持，1992 (4)：20-21.
[68] 赵英时，等. 遥感应用分析原理与方法 [M]. 北京：科学出版社，2003.
[69] 卓宝熙. 工程地质遥感判译与应用 [M]. 北京：中国铁道出版社，2002.
[70] 邹成杰，庞声宽，方平德，等. 典型层状岩体高边坡稳定分析与工程治理 [M]. 北京：水利电力出版社，1995.
[71] 周春宏. 某水电站长探洞的岩爆特征 [J]. 地质灾害与环境保护，2006 (1)：78-80.
[72] 卓万生. 地质灾害风险管理对策论 [J]. 地质灾害与环境保护，2006 (1)：50-53.
[73] 李志雄. 水电建设项目风险管理初探 [J]. 云南水力发电，2005 (2)：5-9.
[74] 毛玉平，艾永平，付虹，等. 云南水电站建设和大型水库诱发地震的监测与研究 [J]. 云南水利水电，2008 (4).
[75] 王斌，等. 水力发电工程地质手册 [M]. 北京：中国水利水电出版社，2010.
[76] DL/T 5274—2012 水电水利工程施工重大危险源辨识及评价导则 [S]. 北京：中国电力出版社，2012.
[77] 丁秀美. 西南地区复杂环境下典型堆积（填）体斜坡变形及稳定性研究 [D]. 成都：成都理工大学，2005.
[78] 向喜琼. 区域滑坡地质灾害危险性评价与风险管理 [D]. 成都：成都理工大学，2005.
[79] 沈芳，黄润秋，苗放，等. 区域地质环境评价与灾害预测的 GIS 技术 [J]. 山地学报，1999，17 (4)：338-342.
[80] 黄润秋，许向宁，唐川，等. 地质灾害环境评价与地质灾害管理 [M]. 北京：科学出版社，2008.
[81] 潘旭能. 浅谈水利水电工程项目风险管理 [J]. 水利水电工程造价，2009 (1)：59-61.
[82] 罗元华，张梁，张业成. 地质灾害风险评估方法 [M]. 北京：地质出版社，1998.
[83] 樊运晓，罗云，陈庆寿. 承灾体脆弱性评价指标中的量化方法探讨 [J]. 灾害学，2000，15 (2)：78-81.
[84] 彭满华，张海顺，唐祥达. 滑坡地质灾害风险分析方法 [J]. 岩土工程技术，2001 (4)：235-240.
[85] 吴树仁，石菊松，张春山，等. 地质灾害风险评估技术指南初论 [J]. 地质通报，2009 (8)：995-1005.
[86] MALONE A W，黄润秋. 边坡安全与滑坡风险管理——香港的经验 [J]. 国土资源科技管理，1999 (5)：6-18.

[87] HUANG R Q. Mechanisms of large-scale landslides in China [J]. Bull Eng. Geol. Environ, 2012, 71: 161-170.

[88] GUZZETTI F, CARRARA A, CARDINALI M, REICHENBACH P. Landslide hazard evaluation: a review of current techniques and their application in a multi-scale study, Central Italy [J]. Geomorphology, 1999, 31: 181-216.

[89] CHIGIRA M, DUAN Fengjun, YAGI H, et al. Using an airborne laser scanner for the identification of shallow landslides and susceptibility assessment in an area of ignimbrite overlain by permeable pyroclastics [J]. Landslides, 2004 (1): 203-209.

[90] MONTGOMERY D R, DIETRICH W E. A physically—based model for the topographic control on shallow landsliding [J]. Water Resources Research. 1994, 30: 1153-1171.

[91] NADIM F, OKJEKSTAD P, PEDUZZI C, et al. Global landslide and avalanche hotspots [J]. Landslides, 2006, 3 (2): 159-173.

[92] BAUM R L, GODT J W. Early warning of rainfall-induced shallow landslides and debris flows in the USA [J]. Landslides, 2010 (7): 259-272.

[93] SIDLE R C, Ochiai H. Landslides: Processes, Prediction, and Land Use [M]. Washington, D.C.: Water Resour. Monogr. Ser., 2006.

[94] TANG Chuan, ZHU Jing. Use of GIS Technology for Torrent Risk Zonation in the Upstream Red River Basin, China [J]. Geographical Sciences, 2006, 16 (4): 1-8.

[95] WASOWSKI J, SINGHROY V. Special issue from the symposium on Remote Sensing and Monitoring of Landslides [J]. Engineering Geology, 2003, 68 (1-2): 1-2.

[96] WOODCOCK C E, SLRAHLER A H. The factor of scale in remote sensing [J]. Remote sensing of Environment, 1987 (21): 311-332.

[97] WOODCOCK C E, SLRAHLER A H, JUPP D L B. The use of varioarams in remote sensing Ⅰ: Scene models and simulated image [J]. Remote Sensing of Environment, 1988 (25): 323-348.

[98] THOURET J C. Urban hazards and risks; consequences of earthquakes and volcanic eruptions: an introduction [J]. Geo. Journal, 1999, 49 (2): 131-135.

[99] 廖方，石豫川，吉峰. 大渡河上游某水电站库区滑坡的危险性评价 [J]. 防灾减灾工程学报，2006 (3): 337-342.

[100] 杜榕桓，刘新民，袁建模，等. 长江三峡库区滑坡与泥石流研究 [M]. 成都：四川科学技术出版社，1990.

[101] 黄润秋，许强，等. 中国典型灾难性滑坡 [M]. 北京：科学出版社，2008.

[102] 黄润秋，许强，戚国庆. 降雨及水库诱发滑坡的评价与预测 [M]. 北京：科学出版社，2007.

[103] 黄润秋，许强，陶连金，等. 地质灾害过程模拟和过程控制研究 [M]. 北京：科学出版社，2002.

[104] 汤明高. 山区河道型水库塌岸预测评价方法及防治技术研究——以三峡水库为例 [D]. 成都：成都理工大学，2007.

[105] 黄润秋，王文远，许强，等. 小湾水电站库岸稳定性蓄水响应及失稳预测专题研究 [R]. 2010.

[106] 向明明，闫世浩，王锲，等. 金安桥水电站水库区树底滑坡体安全监测蓄水前技术总结报告 [R]. 2010.

[107] 殷跃平. 汶川八级地震地质灾害研究 [J]. 工程地质学报，2008，16 (4): 433-444.

[108] 黄润秋. 汶川 8.0 级地震触发滑坡灾害机制及其地质力学模式 [J]. 岩石力学与工程学报，2009，28 (6): 1239-1250.

[109] 何元宵，许强，朱占雄. 典型山区河道型水库塌岸模式研究 [J]. 地质灾害与环境保护，2011，22 (1): 63-66.

[110] 文宝萍. 滑坡预测预报研究现状与发展趋势 [J]. 地学前缘，1996，3 (1-2)：86-91.
[111] 姚运生. “长江三峡水库诱发地震监测研究”项目成果介绍 [J]. 国际地震动态，2006 (9)：67-69.
[112] 刘传正. 重大地质灾害防治理论与实践 [M]. 北京：科学出版社，2009.
[113] 张楠，许模. 水库库岸滑坡成因机制研究 [J]. 甘肃水利水电技术，2011，47 (1)：18-22.
[114] 胡卸文，吕小平，陈卫东，等. 四川省大渡河瀑布沟水电站工程区建设用地地质灾害危险性评估报告 [R]. 2003.
[115] 宴志勇，王斌，周建平，等. 汶川地震灾区大中型水电工程震损调查与分析 [M]. 北京：中国水利水电出版社，2009.
[116] 王尚庆，陆付民，徐进军. 三峡库区崩塌滑坡监测预警与工程实践 [M]. 北京：科学出版社，2011.
[117] 彭土标，袁建新，王惠明，等. 水力发电工程地质手册 [M]. 北京：中国水利水电出版社，2011.
[118] 李超，刘波，张勇. 向家坝水电站右岸马延坡蠕滑体深部变形监测 [J]. 人民长江，2010，41 (20)：35-38.
[119] 李名哲，李金河，宋燕敏. 溪洛渡水电站左岸进水口堆积体变形分析 [J]. 人民长江，2007，38 (10)：68-73.
[120] 易丹，李金河，张宇. 溪洛渡水电站左岸堆积体边坡安全监测与分析 [J]. 人民长江，2010，41 (20)：32-34.
[121] 万宗礼，刘昌，聂德新，等. 水电站工程滑坡及特殊边坡研究 [M]. 北京：中国水利水电出版社，2012.
[122] 刘承朴，任杰. 漫湾水电站枢纽布置问题研究 [J]. 云南水力发电，2014，30 (1)：28-33.
[123] 武方圆，黄宇鹏，李国杰. 云南省可再生能源开发战略研究 [J]. 云南水力发电，2014，30 (1)：21-24.
[124] 郑承忠. 福建省滨海火电厂地质灾害问题及风险控制探讨 [J]. 中国地质灾害与防治学报，2005，16 (2)：47-51.
[125] 杨梅忠，闰嘉棋，王贵荣. 陕西韩城电厂滑坡成因的探讨 [J]. 西安矿业学院学报，1995，15 (3)：236-240.
[126] 姚强. CPECC 国际业务发展与重点区域市场分析报告 [R]. 2010.
[127] 胥良，屈伯强. 地质灾害预警发布体系的完善研究 [J]. 地质灾害与环境保护，2014，25 (3)：35-37.
[128] 曹永兴，常鸣，唐川，等. 丹巴康定输电走廊滑坡泥石流遥感调查及预警对策 [J]. 地质灾害与环境保护，2013，24 (2)：8-15.
[129] 王述祥. 地质灾害对输电线路安全的影响及预防措施 [J]. 生产与安全技术，2013 (10)：187-189.